SHIMOXI GONGNENG QIJIAN DE
YANJIU YU YINGYONG

石墨烯功能器件的 研究与应用

王慧慧　汪　勇——编著

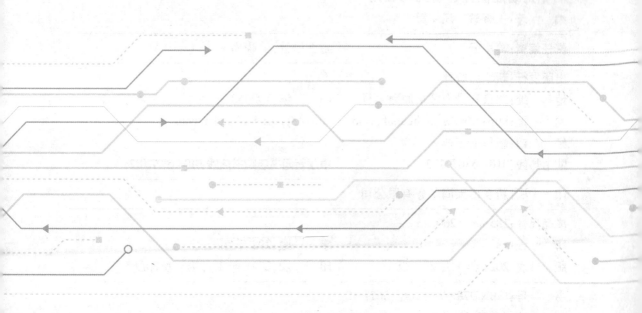

新 华 出 版 社

图书在版编目(CIP)数据

石墨烯功能器件的研究与应用／王慧慧，汪勇编著.—北京：
新华出版社，2021.1
ISBN 978-7-5166-5611-2

Ⅰ.①石… Ⅱ.①王… ②汪… Ⅲ.①石墨—纳米材料—应
用—电子器件 Ⅳ.①TB383 ②TN6

中国版本图书馆 CIP 数据核字(2021)第 019039 号

石墨烯功能器件的研究与应用

编　　著：王慧慧　汪　勇

责任编辑：蒋小云　　　　　　　　封面设计：吴晓嘉

出版发行：新华出版社
地　　址：北京石景山区京原路 8 号　　邮　　编：100040
网　　址：http://www.xinhuapub.com　http://press.xinhuanet.com
经　　销：新华书店
购书热线：010-63077122　　　　中国新闻书店购书热线：010-63072012

印　　刷：新乡市天润印务有限公司

成品尺寸：185mm×260mm
印　　张：18　　　　　　　　　　字　　数：292 千字
版　　次：2021 年 1 月第一版　　　印　　次：2021 年 1 月第一次印刷

书　　号：ISBN 978-7-5166-5611-2
定　　价：46.00 元

图书如有印装问题请与印刷厂联系调换：4006597013

编 委 会

序

　　石墨烯，是由单层碳原子组成、具有蜂窝状结构的二维材料。石墨烯作为目前最薄的材料，具有优异的力学、热学和电学等性能，拥有高度的柔性、透光性和超高的导电性，成为新材料界的璀璨明珠，是主导未来高科技竞争的重要战略材料。

　　2004 年，曼彻斯特大学的 Adnre K. Geim 与 Konstantin S. Novoselov 等人利用胶带反复剥离石墨的方法首次制得了单层石墨烯。两人因在石墨烯研究领域的突出贡献分享了 2010 年的诺贝尔物理学奖。自从石墨烯这种独特的材料被发现后，各国便开始了广泛的研究和应用。回顾短短十余年的石墨烯材料发展史，科学家们一直试图利用"奇迹材料"石墨烯推动半导体、能源、电子传感器、电子显示器件等行业革命性的进步。随着研究的深入，石墨烯越来越多的优异性能被人们所揭示。据悉，近期科学家在石墨烯超导领域获得了奇迹般的突破。将两片叠放的石墨烯交错至一个特殊的"魔角"，直接将石墨烯转变为零电阻导电的超导体，电子在其间畅行无阻，实现了无数科学家前赴后继的百年愿望：常温超导。这项技术可用于改进超级计算机和制造纳米机器、量子机器等方面，也为开发"梦想芯片"提供更多可能。引领"技术革命"的 8 英寸石墨烯晶圆也相继问世，类似众多物理化学性能及制备技术的突破，极大地促进了工业产品的发展。

　　理论上来看，石墨烯由于其出色的特性在应用方面具有巨大潜力，但目前工艺技术尚不成熟，面向工业化应用仍具较大差距。如何剥茧抽丝，深化认识，迅速掌握石墨烯材料的关键技术及潜在应用，系统梳理石墨烯结构性质与功能器件开发应用之间的关系十分必要。该书恰从石墨烯的结构入手，系统地介绍了石墨烯的七大特性。聚焦电子器件、光电探测器件、传感器件、光学器件及能源器件五个专题，分析凝练了过去十余年石墨烯功能器件开发与应用的研究现状及发展趋势，相信能够带给读者帮助，使读者有所收获，在此向读者隆重推荐。

前　言

　　石墨烯是一种由 sp^2 杂化碳原子以蜂窝状排列的单原子层二维原子晶体,具有狄拉克锥形的能带结构。石墨烯独特的晶体结构和能带结构赋予了其众多优异的性质,例如:超高的载流子迁移率($-105\ cm^2\cdot V^{-1}\cdot s^{-1}$),超高的机械强度($-1.1\ TPa$),良好的柔性,高热导率($-5000\ W\cdot m^{-1}\cdot K^{-1}$),高透光性(97.7%@550nm),以及良好的化学稳定性。这些优异的性质使得石墨烯在诸多领域具有广泛的应用前景。

　　石墨烯作为一种颠覆性材料,由于其独特和跨界的材料性能,引起了全社会的普遍关注。科研人员和产业界都对其技术研发突破和颠覆性应用寄予厚望。世界各国,特别是美国、中国、英国、日本、德国、韩国等都积极投身于石墨烯材料技术的研发和产业布局中,努力争取石墨烯技术和应用的知识产权,占领石墨烯产业技术的价值链高端。根据美国化学文摘社提供的深度标引,当前石墨烯材料和应用技术的研究主要分布在材料性质及制备、复合材料、高性能电子器件、光电探测、能源转换和存储等领域。从时间维度上来看,2009 年以前,研究主要集中在石墨烯的基本性质及制备技术两方面,自2010 年后,石墨烯研发不断向高频晶体管、传感器及超级电容器等应用方向延伸。如此快速的发展,得益于众多科研工作者十余年来坚持不懈的努力。据不完全统计,截至2020 年 6 月,世界学者发表石墨烯相关学术论文超过 30 万篇,反映了世界各国将石墨烯及其应用技术研发作为长期战略予以重点布局。

　　本书的编者们主要从事先进功能器件的开发与应用,对新材料的开发与应用具有敏锐的嗅觉。在实际的科研工作过程中,发现亟须对石墨烯功能器件的研究与应用进行分析凝练,按照材料—原理/结构—功能—应用的逻辑,由浅入深地梳理编写,希望有助于从事相关领域的科研人员快速了解石墨烯应用的方向及面临"卡脖子"的问题。整个编写过程远比预想的困难,涉及材料学、化学、物理、生物及电子科学等诸多领域,经过编者们的不懈努力及各领域专家学者的大力支持,终于成稿,在此向他们表示诚挚的谢意,同时感谢中国博士后科学基金的资助。由于编者技术水平有限,本书难免有编写不当和疏漏之处,加之石墨烯的研究日新月异,本书部分内容可能无法全面反映最新的研究现状,恳请读者批评指正。

目　录 CONTENTS

1

第6章 石墨烯能源器件

第1章 石墨烯概述

1.1 石墨烯的发现及基本结构

1.1.1 石墨烯的发现历史

众所周知,石墨烯最早是在2004年由曼彻斯特大学的Andre K. Geim和Konstantin S. Novoselov两位科学家首次从石墨中剥离出来[1],并由此获得了2010年的诺贝尔物理学奖。但在此之前,大量关于石墨烯的理论研究工作早已发表,石墨烯的概念最早可以追溯到70多年前。Philip R. Wallace于20世纪40年代首次提出石墨烯的概念,并对石墨烯的电子结构进行了理论研究[2],计算出石墨烯的线性色散关系。J. W. McClure随后建立起石墨烯激发态的波动方程[3]。G. W. Semennoff在1984年提出了石墨烯激发态的狄拉克方程[4],与波动方程具有一定的相似性。1986年,Hanns Peter Boehm首次提出并使用"graphene"这个词来描述单层石墨[5],这也是今天我们所熟知的石墨烯的由来。1995年,国际纯粹与应用化学联合会(IUPAC)对石墨烯的定义进行了明确和统一:"The term graphene should be used only when the reactions, structural relations or other properties of individual layers are discussed"。2009年,石墨烯的发现者Andre K. Geim对石墨烯做了如下定义:"A single atomic plane of graphite, which-and this is essential-is sufficiently isolated from its environment to be considered free-standing"[6]。

早期的经典二维晶体理论认为准二维晶体材料受到其本身的热力学扰动的影响,无法稳定存在于常温常压环境中。后来提出的Mermin-Wagner理论则认为二维晶体的表面起伏会破坏其长程有序性,造成其无法稳定存在[7,8]。因此在很长的一段时间里,石墨烯一直被认为是一种仅存在于理论中的结构。对于石墨烯的理论研究只是作为对石墨、富勒烯和碳纳米管等材料的基本结构组成单元进行研究。尽管理论物理学家不认为石墨烯能够被实际制备出来,但实验物理学家仍然对这种神奇的材料充满了憧憬。在石墨烯被发现之前,有多支研究团队一直致力于通过不同的方法来获得石墨烯。1999 年,当时尚在美国华盛顿大学的 Rodney S. Ruoff 所领导的研究团队一直在尝试通过摩擦的手段来制备石墨烯,他们利用氧化硅片去不断地摩擦高定向热解石墨(Highly oriented pyrolytic graphite,HOPG)[9,10],希望能够得到少层甚至单层的石墨。这种方法与铅笔划痕的原理是一致的,但可惜的是他们并未对摩擦产物进行研究和表征,从而错过了发现石墨烯的机会。同一时期,美国哥伦比亚大学的 Philip Kim 所领导的研究团队也进行了类似的工作,他们利用石墨制作的"纳米铅笔"在一些特定的基底上进行摩擦,获得了层数最低为 10 层的石墨薄片[11]。他们的工作距离发现石墨烯仅有一步之遥。除了摩擦法之外,美国佐治亚理工大学的 Walter de Heer 所领导的研究团队一直致力于利用外延生长的方法来制备石墨烯薄膜。他们的团队在 2004 年早些时候利用 SiC 外延生长方法成功制备出单层石墨烯,并对石墨烯电学性质进行了测量,发现了石墨烯独特的二维电子气特性[12]。可惜的是,Walter de Heer 关于石墨烯的开创性工作并未被诺贝尔奖评审委员会所采纳,从而与诺贝尔奖失之交臂。

在众多为制备石墨烯而不懈奋斗的科学家中,来自曼彻斯特大学的 Adnre K. Geim 和 Konstantin S. Novoselov 无疑是最幸运的。这对昔日的师徒如何发现石墨烯的故事如今已被人们所熟知。在尝试了各种先进的仪器、经历了一系列的失败之后,他们最终从一位扫描隧道显微镜(Scanning tunneling microscopy,STM)专家处得到启发,利用胶带不断解理 HOPG 即可以获得石墨烯样品[13]。如图 1 – 1 所示,他们通过这种简单的胶带机械剥离的手段,成功获得了少层甚至单层的石墨薄片(石墨烯),并将这些石墨薄片加工成场效应晶体管(Field Effect Transistor,FET),对它们的电学性质进行了一系列的表征和测量,发现了石墨烯双极性的场效应特性。2004 年 10 月,他们的这些工作发表在 Science 杂志上[1],这一标志性成果一经发表便在科学界引起了巨大轰动,标志着石墨烯的正式诞生,从此开启了石墨烯乃至二维材料研究领域的大门。

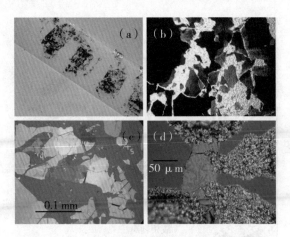

图 1 - 1　胶带机械剥离方法制备的石墨烯样品[13]

(a)胶带上的石墨碎片;(b)光学显微镜下胶带上的石墨碎片;(c)转移到二氧化硅的表面石墨碎片

和石墨烯;(d)用镊子、牙签、银胶做成的第一批石墨烯器件

　　在进入 21 世纪之后,在信息、能源等领域所面临的巨大挑战和困难,使得人类迫切需要开发一种区别于现有材料的"超级材料"。在此背景下,石墨烯自 2004 年诞生之后,凭借其卓越的物理化学性质,迅速在学术界和产业界掀起一股浪潮,石墨烯更是获得了"21 世纪新材料之王""黑金"等诸多美誉。随着石墨烯的研究逐步由基础研究转向产业化应用,迫切需要发展大规模批量化的石墨烯制备技术。如图 1 - 2 所示,Geim等人发明的机械剥离方法获得的石墨烯虽然具有很高的结晶性和物理性能,但其极低的产率和高昂的价格决定了这类石墨烯只能用于科学研究。为了满足石墨烯产业化的需求,更多的石墨烯制备方法被发展出来,其中通过还原氧化石墨烯[14 - 21]、液相剥离[22 - 26]、电化学剥离[27 - 32]等方法从石墨自上而下所获得的粉体石墨烯具有价格低廉、产量大等优势,在能源、涂料、复合材料等诸多领域表现出突出的优势和良好的应用前景,是目前应用最为广泛的石墨烯制备方法。另一类非常有潜力的石墨烯制备方法是化学气相沉积方法(Chemical vapor deposition, CVD)[33 - 55],该方法通过高温条件下碳原子自下而上排列组装形成高品质的石墨烯薄膜,通过这种方法制备的石墨烯结晶性能甚至可以与机械剥离的石墨烯相媲美,而又兼具工业大规模生产的能力,是一种非常适合电子、信息等高端领域应用的石墨烯制备方法。除此之外,SiC 外延生长方法[56 - 62]、电弧放电法[63 - 67]、分子自组装[68 - 70]等方法也常用于石墨烯的制备。

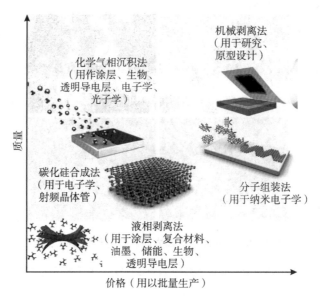

图 1 – 2   不同石墨烯制备方法在产量和质量方面的对比[71]

经过 15 年的爆炸式发展,石墨烯在电子信息、能源、催化、传感、复合材料、防腐、海水淡化等诸多领域展现出广阔的应用前景,石墨烯产业化应用已如火如荼地在全世界范围内展开。我国是石墨烯发展大国,在文章和专利数量方面领先全球,石墨烯产业化发展也呈现出一片欣欣向荣的景象,相信在不远的将来,各种石墨烯产品将出现在我们身边,造福于我们的生活。

1.1.2   石墨烯的基本结构

石墨烯是一种由 sp^2 杂化碳原子组成的六角型蜂窝状二维材料,其厚度仅为一个原子层厚度。碳的原子序数为 6,电子分别占据 $1s^2$、$2s^2$、$2p_x^1$ 和 $2p_y^1$ 轨道。当碳原子与其他原子形成化学键时,只有外层 4 个电子参与成键,其中一个 2s 轨道电子首先激发到空的 $2p_z$ 轨道上形成杂化轨道。根据参加杂化的 2p 轨道电子数,碳原子分为 sp 杂化、sp^2 杂化和 sp^3 杂化三种杂化轨道。其中 sp^2 杂化是 1 个 2s 轨道电子和 2 个 2p 轨道电子进行杂化,形成三个相等的 sp 杂化轨道,每个 sp^2 杂化轨道包含 1/3 个 s 轨道和 2/3 个 p 轨道成分,三个相等的 sp^2 轨道对称地分布在同一平面内,对称轴之间呈 120°夹角。石墨烯面内的 σ 键键能为 615 kJ · mol^{-1},远大于金刚石中碳碳键(sp^3 杂化)的键能(345 kJ · mol^{-1}),因此石墨烯具有很高的机械强度。剩余 1 个未参与杂化的 2p 轨道电子形成 π 键,其结合能较 σ 键低得多,导致石墨烯层与层之间的作用力相对较弱。

石墨烯的晶格结构如图 1-3(a)所示,晶格矢量 $\boldsymbol{a}_1$ 和 $\boldsymbol{a}_2$ 定义了石墨烯的晶胞,每个晶胞包含两个不同的碳原子(A 和 B)。晶格矢量 $\boldsymbol{a}_1$ 和 $\boldsymbol{a}_2$ 分别为[72]

$$\boldsymbol{a}_1 = \frac{a}{2}(3, \sqrt{3}), \boldsymbol{a}_2 = \frac{a}{2}(3, -\sqrt{3}) \qquad (1-1)$$

其中,$a \approx 1.42$ Å 是碳原子间距。图 1-3(b)给出了石墨烯倒易空间中的第一布里渊区,其倒格矢 $\boldsymbol{b}_1$ 和 $\boldsymbol{b}_2$ 分别为

$$\boldsymbol{b}_1 = \frac{2\pi}{3a}(1, \sqrt{3}), \boldsymbol{b}_2 = \frac{2\pi}{3a}(1, -\sqrt{3}) \qquad (1-2)$$

在石墨烯第一布里渊区中,K 点和 K' 点(狄拉克点)尤为重要,它们在动量空间中的坐标为

$$K = \left(\frac{2\pi}{3a}, \frac{2\pi}{3\sqrt{3}\,a}\right), K' = \left(\frac{2\pi}{3a}, -\frac{2\pi}{3\sqrt{3}\,a}\right) \qquad (1-3)$$

狄拉克点是石墨烯导电和价带相交的位置,关于狄拉克点的重要性将在下一节具体介绍。

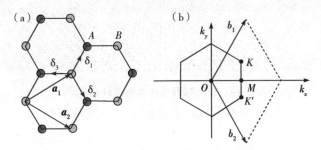

图 1-3　石墨烯的晶体结构

(a)石墨烯晶格结构;(b)石墨烯布里渊区

在早期的理论中认为热扰动会导致二维晶体材料无法稳定存在,直到石墨烯的发现证实了单原子层薄膜可以稳定存在于常温常压条件下。大量的实验[73-80]和理论研究[81-83]发现,石墨烯能够稳定存在的关键在于其晶格在面内和面外均发生扭曲。在对自支撑的石墨烯薄膜进行研究时发现,石墨烯的衍射峰会随着倾斜角而发生变化[78]。如图 1-4(a)所示,电子衍射的峰宽随着倾斜角的增大而展宽。Meyer 等根据这一现象建立起一个波纹起伏的石墨烯模型[图 1-4(b)],他们认为自支撑的石墨烯薄膜并非完全平坦。对于单层石墨烯而言,当表面起伏约为 1 nm 时,相对于曲面法线角度变化约为 5°,而波纹的横向尺寸为 5~20 nm。双层石墨烯的表面起伏明显降低,而对于较厚的多层石墨烯表面起伏则消失。对于基底支撑的石墨烯而言,其表面形貌基本与起

支撑作用的基底完全贴合,因此将石墨烯置于像云母这样具有原子级平整的基底表面时,可以获得"超平"的石墨烯形貌,石墨烯本征的波纹起伏受到界面处范德瓦尔斯相互作用的有效抑制。

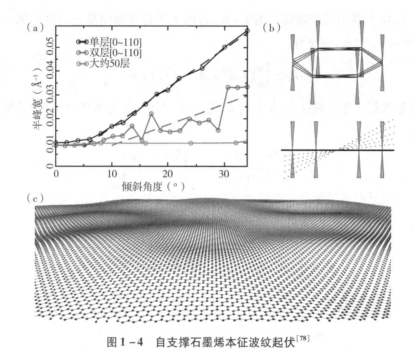

图 1-4   自支撑石墨烯本征波纹起伏[78]

(a,b)石墨烯电子衍射图案峰宽随倾斜角增大而展宽;(c)单层石墨烯波纹起伏的原子结构示意图

虽然严格意义上讲只有单层的石墨烯才能被称为石墨烯,但在实际研究中一般将层数小于10层的薄层石墨都称为石墨烯。石墨烯层与层之间的堆叠方式是影响其电子能带结构的重要因素。一般而言,石墨烯层与层之间存在三种堆叠方式,即:简单的六角堆叠(AA 堆叠)、六角堆叠(ABA Bernal 堆叠)和三角晶系堆叠(ABC 堆叠)。石墨烯 Bernal 堆叠和 ABC 堆叠示意图如图 1-5 所示,其中 Bernal 堆叠的层间距为3.35 Å,而 ABC 堆叠的层间距为 3.37 Å[84]。

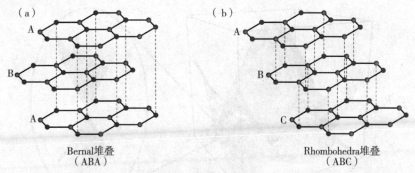

图1-5　石墨烯层与层之间堆叠结构示意图[84]

(a)Bernal 堆叠；(b)ABC 堆叠

1.2　石墨烯的基本性能

1.2.1　石墨烯的电学性能

上一节讲到石墨烯是碳原子通过 sp^2 杂化与相邻碳原子形成 σ 键，而剩下一个未参与杂化的 2p 轨道恰好与 sp^2 轨道垂直，肩并肩相互重叠形成一个离域的大 π 键，这个大 π 键决定了石墨烯特殊的能带结构。1947 年，Philip R. Wallace 利用紧束缚的方法计算得到石墨烯近似线性的能带结构，石墨烯能带结构方程为

$$E_{\pm}(k) = \pm t\sqrt{3} + f(k) - t'f(k) \tag{1-4}$$

$$f(k) = 2\cos(\sqrt{3}k_y a) + 4\cos\left(\frac{\sqrt{3}}{2}k_y a\right)\cos\left(\frac{3}{2}k_x a\right) \tag{1-5}$$

其中，t 和 t' 分别为最近和次近跃迁能，k_x 和 k_y 分别为布里渊区 K 和 K' 点的波矢，$E_{\pm}(k)$ 分别为石墨烯成键轨道 π 和反键轨道 π^* 的能量。石墨烯的能带结构如图 1-6 所示，石墨烯倒空间的顶点分别为布里渊区的 K 和 K' 点。垂直于石墨烯平面的 P_z 轨道电子构成了石墨烯的导带和价带，它们相交于 K 点和 K' 点，因此石墨烯是一种典型的零带隙半金属。在 K 和 K' 点处，石墨烯电子的能量和动量呈线性色散关系[72,85]，而电子的费米速度约为 $10^6\ m \cdot s^{-1}$，是光速的 1/300。尤为重要的是，在 K 和 K' 点处电子的有效质量和态密度均为零，可以通过狄拉克方程进行描述，因此 K 和 K' 点被称为狄拉克点，石墨烯在该点附近的电子被称为狄拉克费米子。

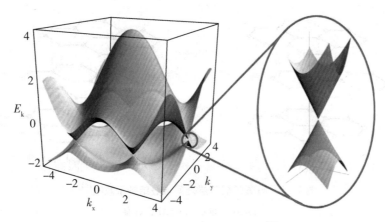

图1-6 单层石墨烯能带结构[72]

石墨烯独特的能带结构使其具有以下特殊的性质,例如石墨烯具有超高的载流子迁移率,室温条件下可达 20 000 cm^2 · V^{-1} · s^{-1}[86,87],在高频电子和光电器件中展现出巨大的优势。由于石墨烯具有线性的能带结构,如图 1-7 所示,通过对石墨烯施加栅压可以有效调控石墨烯费米能级位置,从而对石墨烯的载流子浓度和电导率进行调节[85],这也是基于石墨烯的 FET 的基本原理。除此之外,石墨烯的载流子浓度和极性还可以通过掺杂的方式进行有效的调控,表面掺杂[88]和原子替代掺杂[50,54,89,90]等方式都可以获得高载流子浓度的 p 型或 n 型石墨烯。

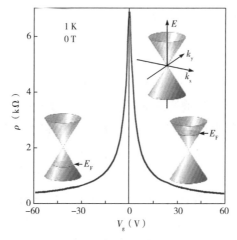

图1-7 栅压对石墨烯载流子浓度和电阻率的调制[85]

由于电子波在石墨烯中的传输被限制在一个原子层厚度的范围内,是一种二维电子气,因此,电子波在强磁场的作用下容易形成朗道能级,并出现量子霍尔效应

（图1-8）[91]。另外,受电子赝自旋的影响,电子在传输过程中对声子散射并不敏感,使得在室温条件下就可以观察到量子霍尔效应。受到石墨烯独特的能带结构的影响,石墨烯表现出一些新的电子传导现象,如分数量子霍尔效应、双极性电场效应、量子隧穿效应等。

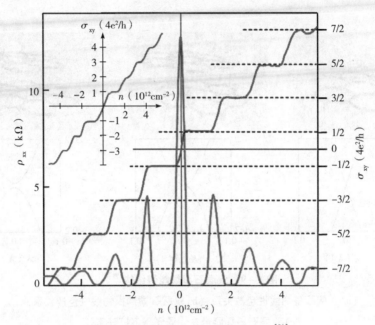

图1-8　石墨烯中的量子霍尔效应[91]

尺寸效应普遍存在于各种材料中。对于石墨烯而言,当对它的一个或两个维度进行压缩,获得宽度在纳米尺度上的石墨烯纳米带(准一维)和石墨烯岛(准零维),受到特殊的边缘电子态的影响,石墨烯纳米带将表现出依赖于纳米带宽度和边缘结构的电子性质。例如,通过制备宽度在 10 nm 以下的石墨烯纳米带,石墨烯将不再是零带隙的半金属,而是将打开一个带隙[92],带隙的大小强烈依赖纳米带的宽度和边缘的原子结构[93-95]。当石墨烯纳米带边缘为 Arm-chair 型时,石墨烯表现出半导体特性,而当边缘为 Zig-zag 型时,石墨烯纳米带为零带隙的金属[96,97]。因此,通过合理地设计不同宽度和边缘类型的石墨烯纳米带并将其组合,可以有效构筑石墨烯基纳米电子器件。

上述关于石墨烯电学性质的讨论均基于单层石墨烯,而由于层间耦合作用的存在,双层和多层石墨烯均表现出不同于单层石墨烯的电学性质。对于双层石墨烯而言,它的能量与动量呈抛物线的形式［图 1-9(b)］[98,99],而非单层石墨烯的线性关系［图 1-9(a)］。尤为重要的是,双层石墨烯受到层间 π 轨道耦合的影响,在外电场作用下会打开带隙而形成半导体[图 1 -9(c)]。双层石墨烯是唯一可以通过外场调节其带隙大小的材料,其带隙大小随外加电场可在 0.1 ~ 0.3 eV 之间变化[100,101]。随着石墨烯层数的增加,其能带结构变得更加复杂。例如,三层石墨烯具有半金属特性,施加栅压可以对其带隙进行控制[102]。石墨烯的电学性质随层数的变化为石墨烯的性能调控提供了一种可行的途径。

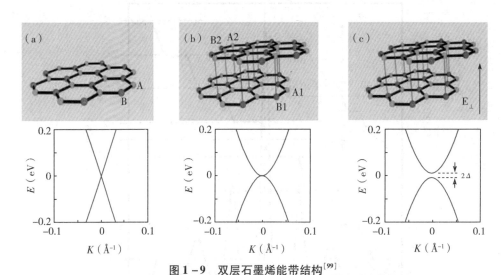

图 1 –9 双层石墨烯能带结构[99]

(a)单层石墨烯线性色散关系;(b)双层石墨烯抛物线性色散关系;

(c)双层石墨烯能带在外场作用下打开带隙

1.2.2 石墨烯的光学性能

石墨烯特殊的能带结构决定了其特殊的光学性质。石墨烯的狄拉克费米子在可见光到红外光区的高频电导率为 $\pi e^2/2h$,是一个与波长无关的常数[103,104]。石墨烯的光学透过率 T 和反射率 R 分别为

$$T = \left(1 + \frac{1}{2\pi\alpha}\right)^{-2} \tag{1-6}$$

$$R = \frac{1}{4}\pi^2\alpha^2 T \tag{1-7}$$

其中,$\alpha = 2\pi e^2/hc = 1/137$ 为精细结构常数,e 是电子电量,c 是光速,h 是普朗克常数。因此,单层石墨烯的光学吸收率为 $1 - T \approx \pi\alpha \approx 2.3\%$,与入射光的波长无关[105]。也就是说,单层石墨烯在从可见光到太赫兹的宽光谱范围内具有很强的光吸收能力,是相同厚度 GaAs 的 50 倍。另一方面,当光垂直入射到石墨烯表面时,其反射率 R 仅为 1.3×10^{-4},

远小于其透过率,可以忽略不计。因此可以认为,石墨烯对光的吸收与石墨烯层数呈线性关系,如图 1-10 所示,石墨烯层数每增加一层,可见光波段吸收率增加 2.3%。

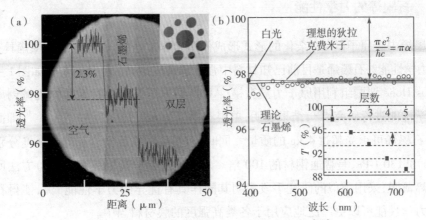

图 1-10　石墨烯的透光性随层数的变化[105]

单层石墨烯锥形能带结构中狄拉克电子的超快动力学和泡利阻隔赋予了石墨烯优异的非线性光学性质。当入射光产生的电场与构成石墨烯的碳原子的外层电子发生共振时,石墨烯内电子云相对于原子核发生偏移,导致极化的产生。当外加光场强度较弱时,电子云偏移所导致的电子极化强度 P 与外加电场 E 呈线性关系:

$$P = \varepsilon_0 \chi^{(1)} E \tag{1-8}$$

其中,ε_0 为真空介电常数,$\chi^{(1)}$ 为一阶非线性极化率。而当外加光场强度很强导致电子云的偏移量很大时,电子极化强度 P 与外加电场 E 呈非线性关系:

$$P = \varepsilon_0 \chi^{(1)} E + \varepsilon_0 \chi^{(2)} E^2 + \varepsilon_0 \chi^{(3)} E^3 + \cdots + \varepsilon_0 \chi^{(n)} E^n, (n = 1, 2, 3, \cdots) \tag{1-9}$$

其中,$\chi^{(2)}$ 和 $\chi^{(3)}$ 分别为二阶非线性极化率和三阶非线性极化率,与石墨烯的饱和吸收、谐波产生、四波混频等非线性光学性质相关。

石墨烯一阶非线性极化率 $\chi^{(1)}$ 中实数部分代表石墨烯折射率的实数部分,虚数部分代表了石墨烯的光学损坏或光学增益。因此,石墨烯的折射率可以通过施加垂直于石墨烯表面的直流电场进行调控。受到石墨烯晶胞反演对称性的影响,通常认为石墨烯的二阶非线性极化率 $\chi^{(2)}$ 为 0。石墨烯的光学非线性大多取决于石墨烯的三阶非线性极化率 $\chi^{(3)}$,$\chi^{(3)}$ 的值取决于单位体积内的极化强度与外加电场三次方的比值。一般而言,石墨烯表面导电性具有各向同性的特点,可采用面电流积分总和的 n 阶导数来描述石墨烯的光学非线性。石墨烯的三阶电流可表示为

$$J_3 = J_3(\omega) + J_3(3\omega) = \frac{\sigma_1 e^2 v_F^2 E_0^2}{\hbar^2 \omega^4} \left[N_1(\omega) e^{j\omega t} + N_3(\omega) e^{3j\omega t} \right] \tag{1-10}$$

其中,$J_3(\omega)$和$J_3(3\omega)$是两个与三光子过程相关的三阶电流,与石墨烯的饱和吸收、光学克尔效应、自聚焦效应、光学双稳态以及孤波传播等非线性光学性质有关。

1.2.3　石墨烯的力学性能

石墨烯中碳原子以 sp^2 杂化的形式形成作用力非常强的 σ 键,使得石墨烯具有非常优异的力学性能。石墨烯是目前已知材料中强度和硬度最高的晶体材料。如图 1-11 所示,James Hone 课题组利用原子力显微镜(AFM)纳米压痕实验对悬浮的机械剥离石墨烯的力学性能进行研究[106],结果表明,单层石墨烯的断裂强度为 42 N·m^{-1},即面积为 1 m^2 的石墨烯可承受超过 4 kg 的质量。同时,石墨烯的杨氏模量和理想强度分别高达 1.0 TPa 和 130 GPa,是普通钢材的 100 倍。对于通过化学气相沉积(CVD)方法所制备的石墨烯薄膜,采用类似的研究手段表明其同样具有优异的力学性能[107],使得石墨烯优异的力学性能可以更广泛地应用于各类高强度的膜材料当中。

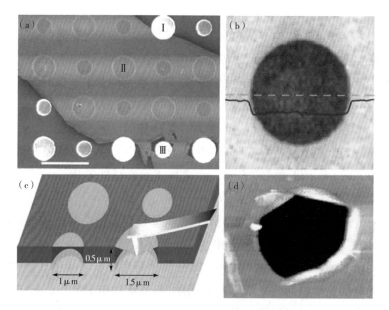

图 1-11　石墨烯力学性能测试结果[106]

1.2.4　石墨烯的热学性能

石墨烯独特的二维 sp^2 杂化结构除了赋予石墨烯优异的导电性之外,其低维结构特性可显著削弱晶界处声子的边界散射,同时声子在室温下的平均自由程高达775 nm,使声子能够通过弹道-扩散的方式进行热量传递,从而使石墨烯具有非常优异的导热

性能。根据 Balandin 课题组的研究结果,单层石墨烯的热导率高达 5300 W·m⁻¹·K⁻¹[108],
明显高于金刚石(1000~2200 W·m⁻¹·K⁻¹)和碳纳米管(3000~3500 W·m⁻¹·K⁻¹)等
碳材料,更是铜(401 W·m⁻¹·K⁻¹)的十倍之多! 石墨烯的热导率具有各向异性的特
点,在石墨烯面内各原子以共价键形式相连,热导率高,而石墨烯层与层之间则以较弱
的范德瓦尔斯力相互作用,其热导率相比于面内要低 2~3 个数量级。同时,石墨烯的
热导率随着石墨烯层数的增多而逐渐降低,如图 1-12 所示,当石墨烯层数由 1 层增大
到 4 层时,其热导率迅速由 5300 W·m⁻¹·K⁻¹降至 2800 W·m⁻¹·K⁻¹[109],略高于
高质量石墨的热导率。

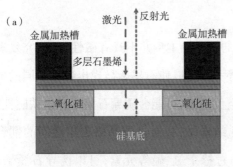

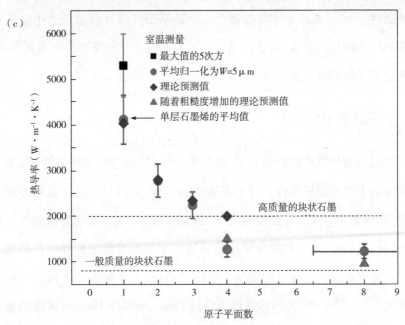

图 1-12 石墨烯热导率测试图[109]

(a)石墨烯热导率测试原理示意图;(b)测试装置 SEM 图像;(c)石墨烯热导率分布

石墨烯优异的热导率对于推动石墨烯在热管理领域的应用起到至关重要的作用。目前产业界一般采用宏量制备的石墨烯粉体作为导热材料进行应用,例如陈成猛课题组利用石墨烯与碳纤维复合构筑了一种厚度在 10~200 nm 之间的多级结构薄膜,其室温热导率高达 977 W·m^{-1}·K^{-1},抗拉强度超过 15.3 MPa,为未来电子产品等的散热需求提供了一种全新的解决方案。2018 年,华为公司推出的 Mate 20 手机搭载了全新的石墨烯散热膜,成为全球首款使用石墨烯散热的手机。未来石墨烯导热膜将在更多的领域发挥重要作用。

1.2.5 石墨烯的磁学性能

由于碳原子只有 sp 轨道的电子,理想的石墨烯本身并不具有磁性,但研究发现,通过引入缺陷、掺杂、吸附和边界/界面效应等手段可以使石墨烯显现出各种不同的磁性。缺陷方面,通过辐照手段在石墨烯中引入空位缺陷,可能会诱导石墨烯产生铁磁性或反铁磁性[110,111];而对于锯齿形边缘的石墨烯纳米结构,通过子晶格磁矩之间的耦合,表现出铁磁性或反铁磁性[112]。掺杂方面,通过掺杂氮、硫等元素,可以诱导石墨烯产生较强的铁磁性[113,114];而理论计算也表明掺杂钴原子可诱导石墨烯产生自旋极化[115]。磁性石墨烯纳米结构的开发,对于推动石墨烯自旋电子学的发展具有重要意义,是一种区别于传统电子学的新兴发展方向。

1.2.6 石墨烯的超导性能

关于碳材料超导性质的研究始于 20 世纪 60 年代,石墨、碳纳米管、C$_{60}$ 等石墨烯的同素异构体均表现出超导特性。对于石墨烯的超导特性研究,科学家们发展出诸多的理论和模型,例如非常规超导态模型、扩展的 BTK 模型、凯库勒超导模型等。而在实验上,也通过插层、掺杂、电场调控等手段成功地实现了石墨烯的超导性能研究。中科院物理研究所陈根富课题组通过钾掺杂少层石墨烯,在 4.5 K 温度下成功观察到石墨烯的超导特性[116]。2018 年,美国麻省理工学院 Pablo Jarillo – Herrero 课题组通过不断调整两层石墨烯之间的旋转角度,发现在 1.1°附近时石墨烯会表现出莫特绝缘体的特性,并在 1.7 K 温度条件下成功实现超导电性[117,118]。虽然 1.4 K 的超导温度并不算高,但该项研究发现石墨烯的超导行为与铜－氧化物的超导体类似,有望实现"高温超导"。

1.2.7　石墨烯的选择透过性

石墨烯独特的蜂窝状二维结构,强健的力学性能,使得石墨烯有望在液相和气相分子的分离过程中发挥重要应用。对于理想的单层石墨烯,其孔洞尺寸小于 0.3 nm,仅有质子能够穿透[119],为质子的分离和提纯起到重要作用。除质子以外,还可以通过对石墨烯进行加工处理,使石墨烯薄膜具有合适尺寸的纳米孔洞,从而实现对液体和气体分子的快速、高选择性过滤[120]。石墨烯膜选择透过性的主要依据是纳米孔洞的尺寸,尺寸小于石墨烯膜纳米孔洞的分子可顺利通过,而大尺寸的分子和离子等物质被阻隔,从而实现过滤的效果。因此,所加工的纳米孔洞的尺寸大小和均一性均是影响石墨烯膜过滤效果的关键因素。以水分子过滤为例,如图 1 – 13(a),只有当孔径小于 0.55 nm 时,才能够保证盐离子无法穿过石墨烯膜。离子束和电子束轰击、氧等离子体刻蚀等技术被应用于石墨烯纳米孔洞的加工中,其中氧等离子体刻蚀技术凭借工艺简单、可调性大等优势被广泛应用。如图 1 – 13(b)所示,Rohit Karnik 团队首先利用 Ga^+ 离子轰击石墨烯产生缺陷,再利用氧等粒子体刻蚀将缺陷位点放大,刻蚀形成纳米孔洞,成功实现离子的选择性渗透[121]。Shannon Mahurin 团队对比了几种不同纳米孔洞的制备方法,证明利用氧等离子体刻蚀加工的纳米孔洞最有利于海水淡化,实现了近乎 100% 的脱盐率[122]。为了获得尺寸更加均一的纳米孔洞,袁荃团队通过在石墨烯表面制备一层具有均匀孔道的介孔 SiO_2 层作为模板,进行氧等离子体刻蚀获得尺寸分布更加均一的亚纳米孔洞,实现了高效的海水淡化处理[123]。除海水淡化外,具有选择透过性的石墨烯膜在污水废气处理、气体分离、透析、DNA 测序等诸多领域均具有广泛的应用前景,是一种潜力巨大的膜材料。

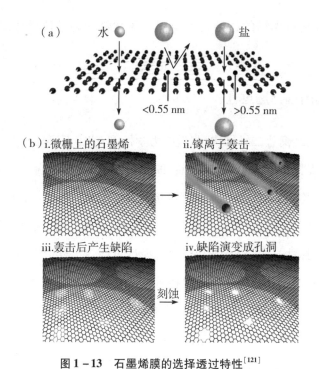

图1-13　石墨烯膜的选择透过特性[121]

（a）石墨烯对于不同直径粒子的选择透过性；（b）石墨烯膜加工纳米孔洞流程图

在本章中，我们对石墨烯的基本结构和物理性能进行了介绍。石墨烯独特的二维结构赋予了其卓越的电学、力学、光学以及热学等性能，并具有良好的化学稳定性，从而使石墨烯在电子器件、光电探测器、传感器、光子学器件以及能源器件等诸多领域具有广泛的应用前景。目前，以石墨烯为代表的二维材料家族日益壮大，涵盖了从超导体、导体、半金属、半导体到绝缘体和拓扑绝缘体等各个类型，并可将不同类型的二维材料人工堆叠构筑出范德瓦尔斯异质结，通过对结构的设计实现不同的功能。因此，可以预见，以石墨烯为代表的二维材料在后硅时代必将占据非常重要的地位，成为未来电子和光电子领域的基石之一。

|参考文献|

[1] Novoselov K S, Geim A K, Morozov S V, et al. Electric field effect in atomically thin carbon films [J]. Science, 2004, 306(5696): 666 – 669.

[2] Wallace P R. The band theory of graphite[J]. Physical Reviews, 1947, 71(9): 622 – 634.

[3] Mcclure J W. Diamagnetism of graphite[J]. Physical Reviews, 1956, 104(3): 666 – 671.

[4] Semennoff G W. Condensed – matter simulation of a three – dimensional anomaly[J]. Physical Review Letters, 1984, 53(26): 2449 – 2452.

[5] Boehm H P, Setton R S, Stumpp E. Nomenclature and terminology of graphite intercalation compounds[J]. Carbon, 1986, 24(2): 241 – 245.

[6] Geim A K. Graphene: Status and prospects[J]. Science, 2009, 324(5934): 1530 – 1534.

[7] Mermin N D, Wagner H. Absence of ferromagnetism or antiferromagnetism in one or two dimensional isotropic heisenberg models[J]. Physical Review Letters, 1966, 17(22): 1133 – 1136.

[8] Mermin N D. Crystalline order in two dimensions [J]. Physical Reviews, 1968, 176 (1): 250 – 254.

[9] Lu X K, Huang H, Nemchuk N, et al. Patterning of highly oriented pyrolytic graphite by oxygen plasma etching[J]. Applied Physics Letters, 1999, 75(2): 193 – 195.

[10] Lu X K, Yu M F, Huang H, et al. Tailoring graphite with the goal of achieving single sheets[J]. Nanotechnology, 1999, 10(3): 269 – 272.

[11] Zhang Y B, Small J P, Pontius W V, et al. Fabrication and electric – field – dependent transport measurements of mesoscopic graphite devices[J]. Applied Physics Letters, 2005, 86(7): L437.

[12] Berger C, Song Z M, Li T B, et al. Ultrathin epitaxial graphite: 2D electron gas properties and a route toward graphene – based nanoelectronics[J]. Journal of Physical Chemistry B, 2004, 108 (52): 19912 – 19916.

[13] Geim A K. Nobel lecture: Random walk to graphene[J]. Reviews of Modern Physics, 2011, 83 (3): 851 – 862.

[14] Stankovich S, Dikin D A, Dommett G H B, et al. Graphene – based composite materials[J]. Nature, 2006, 442(7100): 282 – 286.

[15] Huang X, Qi X Y, Boey F, et al. Graphene – based composites[J]. Chemical Society Reviews, 2012, 41(2): 666 – 686.

[16] Stankovich S, Dikin D A, Piner R D, et al. Synthesis of graphene – based nanosheets via chemical reduction of exfoliated graphite oxide[J]. Carbon, 2007, 45(7): 1558 – 1565.

[17] Kovtyukhova N I, Ollivier P J, Martin B R, et al. Layer – by – layer assembly of ultrathin composite films from micron – sized graphite oxide sheets and polycations [J]. Chemistry of Materials, 1999, 11(3): 771 – 778.

[18] Hirata M, Gotou T, Horiuchi S, et al. Thin – film particles of graphite oxide 1: High – yield synthesis and flexibility of the particles[J]. Carbon, 2004, 42(14): 2929 – 2937.

[19] Marcano D C, Kosynkin D V, Berlin J M, et al. Improved synthesis of graphene oxide[J]. ACS Nano, 2010, 4(8): 4806 – 4814.

[20] Compton O C, Nguyen S T. Graphene oxide, highly reduced graphene oxide, and graphene: versatile building blocks for carbon – based materials[J]. Small, 2010, 6(6): 711 – 723.

[21] Chabot V, Higgins D, Yu A P, et al. A review of graphene and graphene oxide sponge: material synthesis and applications to energy and the environment[J]. Energy & Environmental Science, 2014, 7(5): 1564 – 1596.

[22] Georgakilas V, Otyepka M, Bourlinos A B, et al. Functionalization of graphene: covalent and non – covalent approaches, derivatives and applications[J]. Chemical Reviews, 2012, 112(11): 6156 – 6214.

[23] Hernandez Y, Nicolosi V, Lotya M, et al. High – yield production of graphene by liquid – phase exfoliation of graphite[J]. Nature Nanotechnology, 2008, 3(9): 563 – 568.

[24] Lotya M, Hernandez Y, King P J, et al. Liquid phase production of graphene by exfoliation of graphite in surfactant/water solutions[J]. Journal of the American Chemical Society, 2009, 131 (10): 3611 – 3620.

[25] Ciesielski A, Samori P. Graphene via sonication assisted liquid – phase exfoliation[J]. Chemical Society Reviews, 2014, 43(1): 381 – 398.

[26] Coleman J N. Liquid exfoliation of defect – free graphene[J]. Accounts of Chemical Research, 2013, 46(1): 14 – 22.

[27] Zhou F, Huang H B, Xiao C H, et al. Electrochemically scalable production of fluorine – modified graphene for flexible and high – energy ionogel – based microsupercapacitors[J]. Journal of the American Chemical Society, 2018, 140(26): 8198 – 8205.

[28] Alanyalioglu M, Segura J J, Oro – Sole J, et al. The synthesis of graphene sheets with controlled thickness and order using surfactant – assisted electrochemical processes[J]. Carbon, 2012, 50 (1): 142 – 152.

[29] Cooper A J, Wilson N R, Kinloch I A, et al. Single stage electrochemical exfoliation method for the production of few – layer graphene via intercalation of tetraalkylammonium cations [J]. Carbon, 2014, 66: 340 – 350.

[30] Low C T J, Walsh F C, Chakrabarti M H, et al. Electrochemical approaches to the production of graphene flakes and their potential applications[J]. Carbon, 2013, 54: 1 – 21.

[31] Su C Y, Lu A Y, Xu Y P, et al. High – quality thin graphene films from fast electrochemical exfoliation[J]. ACS Nano, 2011, 5(3): 2332 – 2339.

[32] Wang J Z, Manga K K, Bao Q L, et al. High – yield synthesis of few – layer graphene flakes

through electrochemical expansion of graphite in propylene carbonate electrolyte[J]. Journal of the American Chemical Society, 2011, 133(23): 8888 – 8891.

[33] Hao Y F, Bharathi M S, Wang L, et al. The role of surface oxygen in the growth of large single – crystal graphene on copper[J]. Science, 2013, 342(6159): 720 – 723.

[34] Li X S, Cai W W, An J H, et al. Large – area synthesis of high – quality and uniform graphene films on copper foils[J]. Science, 2009, 324(5932): 1312 – 1314.

[35] Li X S, Magnuson C W, Venugopal A, et al. Graphene films with large domain size by a two – step chemical vapor deposition process[J]. Nano Letters, 2010, 10(11): 4328 – 4334.

[36] Li X S, Magnuson C W, Venugopal A, et al. Large – area graphene single crystals grown by low-pressure chemical vapor deposition of methane on copper[J]. Journal of the American Chemical Society, 2011, 133(9): 2816 – 2819.

[37] Li X S, Zhu Y W, Cai W W, et al. Transfer of large – area graphene films for high – performance transparent conductive electrodes[J]. Nano Letters, 2009, 9(12): 4359 – 4363.

[38] Chen S S, Ji H X, Chou H, et al. Millimeter – size single – crystal graphene by suppressing evaporative loss of Cu during low pressure chemical vapor deposition[J]. Advanced Materials, 2013, 25(14): 2062 – 2065.

[39] Reina A, Jia X T, Ho J, et al. Large area, few – layer graphene films on arbitrary substrates by chemical vapor deposition[J]. Nano Letters, 2009, 9(1): 30 – 35.

[40] Reina A, Thiele S, Jia X T, et al. Growth of large – area single and bi – layer graphene by controlled carbon precipitation on polycrystalline Ni surfaces[J]. Nano Research, 2009, 2(6): 509 – 516.

[41] Bi H, Sun S R, Huang F Q, et al. Direct growth of few – layer graphene films on SiO_2 substrates and their photovoltaic applications[J]. Journal of Materials Chemistry, 2012, 22(2): 411 – 416.

[42] Wu T R, Zhang X F, Yuan Q H, et al. Fast growth of inch – sized single – crystalline graphene from a controlled single nucleus on Cu – Ni alloys[J]. Nature Materials, 2016, 15(1): 43 – 47.

[43] Xu X Z, Zhang Z H, Qiu L, et al. Ultrafast growth of single – crystal graphene assisted by a continuous oxygen supply[J]. Nature Nanotechnology, 2016, 11(11): 930 – 935.

[44] Xu X Z, Zhang Z H, Dong J C, et al. Ultrafast epitaxial growth of metre – sized single – crystal graphene on industrial Cu foil[J]. Science Bulletin, 2017, 62(15): 1074 – 1080.

[45] Ma L P, Ren W C, Dong Z L, et al. Progress of graphene growth on copper by chemical vapor deposition: growth behavior and controlled synthesis[J]. Chinese Science Bulletin, 2012, 57 (23): 2995 – 2999.

[46] Wang H, Zhou Y, Wu D, et al. Synthesis of boron – doped graphene monolayers using the sole solid feedstock by chemical vapor deposition[J]. Small, 2013, 9(8): 1316 – 1320.

[47] Yan K, Fu L, Peng H L, et al. Designed CVD growth of graphene via process engineering[J].

Accounts of Chemical Research, 2013, 46(10): 2263 – 2274.

[48] Lin L, Li J Y, Ren H Y, et al. Surface engineering of copper foils for growing centimeter – sized single – crystalline graphene[J]. ACS Nano, 2016, 10(2): 2922 – 2929.

[49] Wang H, Xu X Z, Li J Y, et al. Surface monocrystallization of copper foil for fast growth of large single – crystal graphene under free molecular flow[J]. Advanced Materials, 2016, 28(40): 8968 – 8974.

[50] Wei D, Liu Y, Wang Y, et al. Synthesis of N – doped graphene by chemical vapor deposition and its electrical properties[J]. Nano Letters, 2009, 9(5): 1752 – 1758.

[51] Wei D, Liu Y. Controllable synthesis of graphene and its applications[J]. Advanced Materials, 2010, 22(30): 3225 – 3241.

[52] Chen J, Wen Y, Guo Y, et al. Oxygen – aided synthesis of polycrystalline graphene on silicon dioxide substrates [J]. Journal of the American Chemical Society, 2011, 133 (44): 17548 – 17551.

[53] Geng D, Wu B, Guo Y, et al. Uniform hexagonal graphene flakes and films grown on liquid copper surface[J]. Proceedings of the National Academy of Sciences of the United States of America, 2012, 109(21): 7992 – 7996.

[54] Xue Y, Wu B, Jiang L, et al. Low temperature growth of highly nitrogen – doped single crystal graphene arrays by chemical vapor deposition[J]. Journal of the American Chemical Society, 2012, 134(27): 11060 – 11063.

[55] Jiang L, Yang T, Liu F, et al. Controlled synthesis of large – scale, uniform, vertically standing graphene for high – performance field emitters [J]. Advanced Materials, 2013, 25 (2): 250 – 255.

[56] Berger C, Song Z, Li X, et al. Electronic confinement and coherence in patterned epitaxial graphene[J]. Science, 2006, 312(5777): 1191 – 1196.

[57] Zhou S Y, Gweon G H, Fedorov A V, et al. Substrate – induced bandgap opening in epitaxial graphene[J]. Nature Materials, 2007, 6(10): 770 – 775.

[58] Hass J, De Heer W A, Conrad E H. The growth and morphology of epitaxial multilayer graphene [J]. Journal of Physics – Condensed Matter, 2008, 20(32): 323202.

[59] Orlita M, Faugeras C, Plochocka P, et al. Approaching the dirac point in high – mobility multilayer epitaxial graphene[J]. Physical Review Letters, 2008, 101(26): 267601.

[60] Wu X, Sprinkle M, Li X, et al. Epitaxial – graphene/graphene – oxide junction: an essential step towards epitaxial graphene electronics[J]. Physical Review Letters, 2008, 101(2): 026801.

[61] Sprinkle M, Ruan M, Hu Y, et al. Scalable templated growth of graphene nanoribbons on SiC [J]. Nature Nanotechnology, 2010, 5(10): 727 – 731.

[62] Baringhaus J, Ruan M, Edler F, et al. Exceptional ballistic transport in epitaxial graphene

nanoribbons[J]. Nature, 2014, 506(7488): 349 – 354.

[63] Wu Z S, Ren W, Gao L, et al. Synthesis of graphene sheets with high electrical conductivity and good thermal stability by hydrogen arc discharge exfoliation[J]. ACS Nano, 2009, 3(2): 411 – 417.

[64] Li N, Wang Z, Zhao K, et al. Large scale synthesis of N – doped multi – layered graphene sheets by simple arc – discharge method[J]. Carbon, 2010, 48(1): 255 – 259.

[65] Wu Y, Wang B, Ma Y, et al. Efficient and large – scale synthesis of few – layered graphene using an arc – discharge method and conductivity studies of the resulting films[J]. Nano Research, 2010, 3(9): 661 – 669.

[66] Subrahmanyam K S, Panchakarla L S, Govindaraj A, et al. Simple method of preparing graphene flakes by an arc – discharge method[J]. Journal of Physical Chemistry C, 2009, 113(11): 4257 – 4259.

[67] Huang L, Wu B, Chen J, et al. Gram – scale synthesis of graphene sheets by a catalytic arc – discharge method[J]. Small, 2013, 9(8): 1330 – 1335.

[68] Cai J, Ruffieux P, Jaafar R, et al. Atomically precise bottom – up fabrication of graphene nanoribbons[J]. Nature, 2010, 466(7305): 470 – 473.

[69] Ruffieux P, Wang S, Yang B, et al. On – surface synthesis of graphene nanoribbons with zigzag edge topology[J]. Nature, 2016, 531(7595): 489 – 492.

[70] Sealy C. Bottom – up approach to graphene nanoribbons[J]. Nano Today, 2010, 5(5): 374 – 376.

[71] Novoselov K S, Fal'ko V I, Colombo L, et al. A roadmap for graphene[J]. Nature, 2012, 490 (7419): 192 – 200.

[72] Castro Neto A H, Guinea F, Peres N M R, et al. The electronic properties of graphene[J]. Reviews of Modern Physics, 2009, 81(1): 109 – 162.

[73] Bangert U, Gass M H, Bleloch A L, et al. Manifestation of ripples in free – standing graphene in lattice images obtained in an aberration – corrected scanning transmission electron microscope[J]. Physica Status Solidi a – Applications and Materials Science, 2009, 206(6): 1117 – 1122.

[74] Bao W, Miao F, Chen Z, et al. Controlled ripple texturing of suspended graphene and ultrathin graphite membranes[J]. Nature Nanotechnology, 2009, 4(9): 562 – 566.

[75] Geringer V, Liebmann M, Echtermeyer T, et al. Intrinsic and extrinsic corrugation of monolayer graphene deposited on SiO_2[J]. Physical Review Letters, 2009, 102(7): 076102.

[76] Ishigami M, Chen J H, Cullen W G, et al. Atomic structure of graphene on SiO_2[J]. Nano Letters, 2007, 7(6): 1643 – 1648.

[77] Lui C H, Liu L, Mak K F, et al. Ultraflat graphene[J]. Nature, 2009, 462(7271): 339 – 341.

[78] Meyer J C, Geim A K, Katsnelson M I, et al. The structure of suspended graphene sheets[J].

Nature, 2007, 446(7131): 60 - 63.

[79] Meyer J C, Geim A K, Katsnelson M I, et al. On the roughness of single and bi -- layer graphene membranes[J]. Solid State Communications, 2007, 143(1 - 2): 101 - 109.

[80] Wilson N R, Pandey P A, Beanland R, et al. On the structure and topography of free - standing chemically modified graphene[J]. New Journal of Physics, 2010, 12: 125010.

[81] Fasolino A, Los J H, Katsnelson M I. Intrinsic ripples in graphene[J]. Nature Materials, 2007, 6(11): 858 - 861.

[82] Katsnelson M I, Geim A K. Electron scattering on microscopic corrugations in graphene[J]. Philosophical Transactions of the Royal Society a - Mathematical Physical and Engineering Sciences, 2008, 366(1863): 195 - 204.

[83] Thompson - Flagg R C, Moura M J B, Marder M. Rippling of graphene[J]. Epl, 2009, 85(4): 46002.

[84] Yacoby A. Tri and tri again[J]. Nature Physics, 2011, 7(12): 925 - 926.

[85] Geim A K, Novoselov K S. The rise of graphene[J]. Nature Materials, 2007, 6(3): 183 - 191.

[86] Bolotin K I, Sikes K J, Jiang Z, et al. Ultrahigh electron mobility in suspended graphene[J]. Solid State Communications, 2008, 146(9 - 10): 351 - 355.

[87] Du X, Skachko I, Barker A, et al. Approaching ballistic transport in suspended graphene[J]. Nature Nanotechnology, 2008, 3(8): 491 - 495.

[88] Ren Y, Chen S, Cai W, et al. Controlling the electrical transport properties of graphene by in situ metal deposition[J]. Applied Physics Letters, 2010, 97(5): 666.

[89] Wang X, Li X, Zhang L, et al. N - doping of graphene through electrothermal reactions with ammonia[J]. Science, 2009, 324(5928): 768 - 771.

[90] Wang H, Zhou Y, Wu D, et al. Synthesis of boron - doped graphene monolayers using the sole solid feedstock by chemical vapor deposition[J]. Small, 2013, 9(8): 1316 - 1320.

[91] Novoselov K S, Geim A K, Morozov S V, et al. Two - dimensional gas of massless dirac fermions in graphene[J]. Nature, 2005, 438(7065): 197 - 200.

[92] Barone V, Hod O, Scuseria G E. Electronic structure and stability of semiconducting graphene nanoribbons[J]. Nano Letters, 2006, 6(12): 2748 - 2754.

[93] Cresti A, Roche S. Range and correlation effects in edge disordered graphene nanoribbons[J]. New Journal of Physics, 2009, 11: 095004.

[94] Han M Y, Oezyilmaz B, Zhang Y, et al. Energy band - gap engineering of graphene nanoribbons [J]. Physical Review Letters, 2007, 98(20): 206805.

[95] Son Y W, Cohen M L, Louie S G. Energy gaps in graphene nanoribbons[J]. Physical Review Letters, 2006, 97(21): 216803.

[96] Fujita M, Wakabayashi K, Nakada K, et al. Peculiar localized state at zigzag graphite edge[J].

Journal of the Physical Society of Japan, 1996, 65(7): 1920.

[97] Nakada K, Fujita M, Dresselhaus G, et al. Edge state in graphene ribbons: nanometer size effect and edge shape dependence[J]. Physical Review B (Condensed Matter), 1996, 54(24): 17954 – 17961.

[98] Mccann E, Fal'ko V I. Landau – level degeneracy and quantum hall effect in a graphite bilayer [J]. Physical Review Letters, 2006, 96(8): 086805.

[99] Oostinga J B, Heersche H B, Liu X, et al. Gate – induced insulating state in bilayer graphene devices[J]. Nature Materials, 2008, 7(2): 151 – 157.

[100] Castro E V, Novoselov K S, Morozov S V, et al. Biased bilayer graphene: semiconductor with a gap tunable by the electric field effect[J]. Physical Review Letters, 2007, 99(21): 216802.

[101] Mccann E. Asymmetry gap in the electronic band structure of bilayer graphene[J]. Physical Review B, 2006, 74(16): 161403.

[102] Craciun M F, Russo S, Yamamoto M, et al. Trilayer graphene is a semimetal with a gate – tunable band overlap[J]. Nature Nanotechnology, 2009, 4(6): 383 – 388.

[103] Peres N M R, Guinea F, Castro Neto A H. Electronic properties of disordered two – dimensional carbon[J]. Physical Review B, 2006, 73(12): 125411.

[104] Gusynin V P, Sharapov S G, Carbotte J P. Unusual microwave response of dirac quasiparticles in graphene[J]. Physical Review Letters, 2006, 96(25): 256802.

[105] Nair R R, Blake P, Grigorenko A N, et al. Fine structure constant defines visual transparency of graphene[J]. Science, 2008, 320(5881): 1308 – 1308.

[106] Lee C, Wei X, Kysar J W, et al. Measurement of the elastic properties and intrinsic strength of monolayer graphene[J]. Science, 2008, 321(5887): 385 – 388.

[107] Lee G H, Cooper R C, An S J, et al. High – strength chemical – vapor deposited graphene and grain boundaries[J]. Science, 2013, 340(6136): 1073 – 1076.

[108] Balandin A A, Ghosh S, Bao W, et al. Superior thermal conductivity of single – layer graphene [J]. Nano Letters, 2008, 8(3): 902 – 907.

[109] Ghosh S, Bao W, Nika D L, et al. Dimensional crossover of thermal transport in few – layer graphene[J]. Nature Materials, 2010, 9(7): 555 – 558.

[110] Yazyev O V, Helm L. Defect – induced magnetism in graphene[J]. Physical Review B, 2007, 75(12): 125408.

[111] Ugeda M M, Brihuega I, Guinea F, et al. Missing atom as a source of carbon magnetism[J]. Physical Review Letters, 2010, 104(9): 096804.

[112] Fernandez – Rossier J, Palacios J J. Magnetism in graphene nanoislands[J]. Physical Review Letters, 2007, 99(17): 177204.

[113] Liu Y, Tang N, Wan X, et al. Realization of ferromagnetic graphene oxide with high

magnetization by doping graphene oxide with nitrogen[J]. Scientific Reports, 2013, 3: 2566.

[114] Tucek J, Blonski P, Sofer Z, et al. Sulfur doping induces strong ferromagnetic ordering in graphene: effect of concentration and substitution mechanism[J]. Advanced Materials, 2016, 28(25): 5045 – 5053.

[115] Santos E J G, Sanchez – Portal D, Ayuela A. Magnetism of substitutional CO impurities in graphene: realization of single pi vacancies[J]. Physical Review B, 2010, 81(12): 125433.

[116] Xue M, Chen G, Yang H, et al. Superconductivity in potassium – doped few – layer graphene [J]. Journal of the American Chemical Society, 2012, 134(15): 6536 – 6539.

[117] Cao Y, Fatemi V, Demir A, et al. Correlated insulator behaviour at half – filling in magic – angle graphene superlattices[J]. Nature, 2018, 556(7699): 80 – 84.

[118] Cao Y, Fatemi V, Fang S, et al. Unconventional superconductivity in magic – angle graphene superlattices[J]. Nature, 2018, 556(7699): 43 – 50.

[119] Hu S, Lozada – Hidalgo M, Wang F C, et al. Proton transport through one – atom – thick crystals[J]. Nature, 2014, 516(7530): 227 – 230.

[120] Cohen – Tanugi D, Grossman J C. Water desalination across nanoporous graphene[J]. Nano Letters, 2012, 12(7): 3602 – 3608.

[121] O' hern S C, Boutilier M S H, Idrobo J C, et al. Selective ionic transport through tunable subnanometer pores in single – layer graphene membranes[J]. Nano Letters, 2014, 14(3): 1234 – 1241.

[122] Surwade S P, Smirnov S N, Vlassiouk I V, et al. Water desalination using nanoporous single – layer graphene[J]. Nature Nanotechnology, 2015, 10(5): 459 – 464.

[123] Yang Y, Yang X, Liang L, et al. Large – area graphene – nanomesh/carbon – nanotube hybrid membranes for ionic and molecular nanofiltration [J]. Science, 2019, 364 (6445): 1057 – 1062.

第2章 石墨烯电子器件

　　电子计算机的发明和应用是第三次工业革命的重要标志,而晶体管的诞生更是开辟了电子时代的新纪元。其中,硅作为一种重要的半导体材料,在过去半个多世纪里一直是整个电子工业的基石。著名的"摩尔定律"准确预言了以硅为基材的大规模集成电路的飞速发展,如今硅基半导体晶体管的尺寸已进入 10 nm 以下的时代,各大半导体厂商相继推出了 7 nm 及以下制程的晶体管器件。但随着器件尺寸的进一步缩小,电子器件将不可避免地受到量子效应的影响,制约电子器件向更高的集成度发展,"摩尔定律"终将走向尽头。

　　在传统三维半导体材料正日益受到尺寸效应、短沟道效应等因素的限制时,寻找可替代硅的新型电子材料已成为整个电子行业亟须解决的重大问题。在此背景下,石墨烯的诞生为未来电子信息器件的发展开启了新的大门。石墨烯作为二维材料仅具有单原子层厚度,能够有效克服短沟道效应,进一步推动电子器件的小型化和高度集成化。另外石墨烯超高的载流子迁移率和优异的导电性能也是发展高性能电子器件所必需的。因此,石墨烯基电子器件作为石墨烯的一个重要应用领域深受科研界和产业界的广泛关注。本章首先将对石墨烯基晶体管器件进行重点介绍,包括石墨烯应用于晶体管器件中的优势与不足,以及为获得高性能石墨烯基晶体管所做出的努力。另外本章将对石墨烯在存储器件以及突触器件中的应用进行介绍。

2.1　石墨烯晶体管器件

　　晶体管(transistor)是一类具有开关、整流、放大、检波、稳压、信号调整等诸多功能的半导体器件,主要分为场效应晶体管(Field Effect Transistor, FET)和双极性结型晶体管(Bipolar Junction Transistor, BJT)。2004 年,Geim 和 Novoselov 所领导的研究团队首次发现在外加电场的作用下石墨烯(3 nm 厚)的电学性能可以被很好地调控,由此开启了石墨烯晶体管研究的大门[1]。

2.1.1　石墨烯场效应晶体管

2.1.1.1　场效应晶体管的工作原理与基本参数

石墨烯场效应晶体管的结构如图2-1所示,它由源漏电极(Source & Drain)、导电沟道(Channel)、介电层(Dielectric Layer)和栅极(Gate)等部分组成。其中源极和漏极分别位于石墨烯导电沟道的两端,而栅极与石墨烯沟道之间由介电层间隔开。根据栅电极的位置,石墨烯场效应晶体管可分为背栅结构和顶栅结构两种:背栅结构如图2-1(a)所示,通常采用重掺杂的硅作为栅极,以SiO₂作为介电层,栅极位于导电沟道下方;而顶栅结构恰好相反,如图2-1(b)所示,栅极位于导电沟道上方。顶栅结构场效应晶体管通常采用原子层沉积(Atomic Layer Deposition, ALD)的方式在石墨烯沟道上方沉积一层高介电常数的氧化物薄膜作为介电层,如HfO₂、Al₂O₃等,然后在介电层上方沉积金属电极作为顶栅。

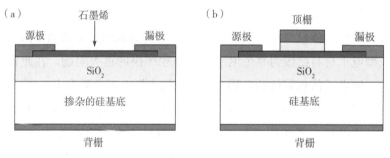

图 2-1　石墨烯场效应晶体管示意图

(a)背栅结构;(b)顶栅结构

石墨烯场效应晶体管属于三极管,具有源极、漏极和栅极三个电极。工作时在源漏电极之间施加一恒定的偏压(Bias Voltage, V_{ds}),石墨烯在偏压驱动下产生从漏极流向源极的电流(I_{ds}),而在栅极与源极之间施加栅压(Gate Voltage, V_g),由于栅极和石墨烯沟道之间被介电层所阻隔,相当于由栅极和石墨烯沟道形成一个平行板电容器,在两个电极板之间产生一个静电场。如图2-2(a)所示,当施加一个正栅压时,正电荷出现在栅极上,产生一个从栅极指向石墨烯沟道的静电场,从而使石墨烯沟道感生出负电荷;相反地,当施加一个负栅压时,负电荷出现在栅极,石墨烯沟道感生出正电荷[图2-2(b)]。这样,通过对石墨烯场效应管施加不同的栅压,即可控制石墨烯沟道中载流子的类型和浓度,从而实现对沟道导电性能的有效调控。

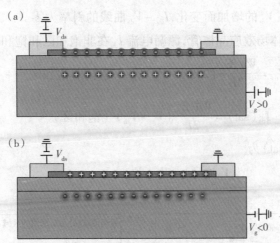

图 2 - 2 石墨烯场效应晶体管在施加正栅压和负栅压时沟道的感应电荷分布

(a)施加正栅压;(b)施加负栅压

实验上一般通过测量场效应晶体管的输出特性曲线和转移特性曲线来表征器件的性能。输出特性曲线通过固定栅压 V_g,测量源漏电流 I_{ds} 随偏压 V_{ds} 的变化情况。由于栅压调控的是导电沟道中载流子的浓度,因此不同栅压条件下沟道的电导率会发生相应的变化,体现在场效应晶体管的输出特性曲线中即为在不同栅压条件下所测得的 I_{ds} 与 V_{ds} 曲线的斜率和饱和电压各不相同。图 2 - 3(a)所示为典型的 n 型半导体的输出特性曲线,对于 n 型场效应晶体管器件,其源漏电流 I_{ds} 在非饱和区可用如下公式计算:

$$I_{ds} = \frac{W\mu_n C_{ox}}{2L}[2(V_g - V_{th})V_{ds} - V_{ds}^2] \tag{2-1}$$

其中,L 和 W 分别为器件沟道的长和宽,C_{ox} 为介电层单位面积电容,μ 为载流子迁移率,V_{th} 为阈值电压,$V_g > V_{th}$,且 $V_{ds} < V_g - V_{th}$。当 V_{ds} 较小时,式(2-1)可简化为

$$I_{ds} = \frac{W\mu_n C_{ox}}{L}(V_g - V_{th})V_{ds} \tag{2-2}$$

此时,I_{ds} 与 V_{ds} 之间呈线性关系,曲线斜率为与栅压 V_g 相关的常数。随着 V_{ds} 的继续增大,漏极处氧化层的电压降逐渐减小,此时漏极附近的静电场所感生出的静电荷浓度下降,沟道导电性降低,I_{ds} 与 V_{ds} 偏离线性关系,斜率逐渐减小;当 V_{ds} 增大至漏极氧化层电压降等于阈值电压 V_{th} 时,认为漏极附近的导电沟道被关闭,电导率为零,器件进入饱和区。饱和电压 $V_{ds}(sat)$ 与栅压和阈值电压之间的关系为

$$V_{ds}(sat) = V_g - V_{th} \tag{2-3}$$

饱和区源漏电流 I_{ds} 的计算式为

$$I_{ds}(sat) = \frac{W\mu_n C_{ox}}{2L}(V_g - V_{th})^2 \tag{2-4}$$

此时,I_{ds}不再随V_{ds}的增加而变化,$I_{ds}-V_{ds}$曲线的斜率为零。

对于 p 型半导体场效应晶体管,源漏电流I_{ds}在非饱和区和饱和区的计算公式为

$$I_{ds} = \frac{W\mu_{p}C_{ox}}{2L}[2(V_{g}+V_{th})V_{ds} - V_{ds}^{2}]\text{(非饱和区)} \tag{2-5}$$

$$I_{ds}(\text{sat}) = \frac{W\mu_{p}C_{ox}}{2L}(V_{g}+V_{th})^{2}\text{(饱和区)} \tag{2-6}$$

饱和电压$V_{ds}(\text{sat})$为

$$V_{ds}(\text{sat}) = V_{g}+V_{th} \tag{2-7}$$

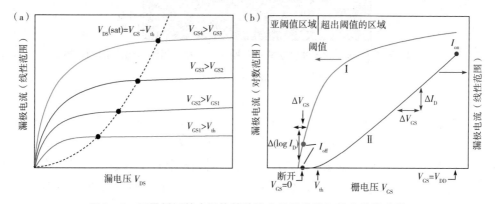

图 2 – 3　石墨烯场效应晶体管的输出特性曲线与转移特性曲线

(a)输出特性曲线;(b)转移特性曲线

转移特性曲线是测量场效应晶体管器件性能的另一重要手段。对器件施加恒定偏压V_{ds},测量源漏电流I_{ds}随栅压V_{g}的变化即得到器件的转移特性曲线。典型的 n 型场效应晶体管转移特性曲线如图 2 – 3(b)所示,从该曲线中可以获取以下器件性能参数。

(1)半导体类型:半导体材料的导电性能由其内部多数载流子所决定,对于 n 型半导体,其多数载流子为电子,而 p 型半导体的多数载流子为空穴。由于场效应对材料内部载流子浓度有很好的调控作用,可以通过器件的转移特性曲线对材料的半导体类型进行判断。以 n 型半导体为例,由于负栅压在沟道材料内部感生出正电荷,而正栅压则会感生出负电荷,在正栅压区域参与导电的电子浓度随栅压逐渐增大,导电性能增强,器件开启,而在负栅压区域,电子被逐渐耗尽,导电性能逐渐减弱,器件关闭,因此测得如图 2 – 3(b)所示形状的转移特性曲线。反之,p 型半导体的转移特性曲线在负栅压一侧器件电流呈开启状态,在正栅压一侧呈关闭状态。对于一些特殊的材料,如石墨烯、黑磷、WSe_{2}、$MoTe_{2}$ 等,它们具有双极性的特征,即在正栅压和负栅压作用下电流都呈现出随栅压逐渐上升的趋势,具体情况将在下一部分进行介绍。

（2）阈值电压 V_{th} ：阈值电压的定义是器件达到阈值反型点时所施加的栅压。通常情况下阈值电压越低，表明器件可以在更低的电压下工作，有利于降低器件的能耗。在线性坐标系下［图 2 - 3（b）蓝色曲线］，电流曲线线性部分延长线与横坐标交点处电压即为阈值电压。

（3）亚阈值摆幅（Subthreshold Swing, SS）：亚阈值摆幅是衡量晶体管开启和关闭状态之间相互转换速率的性能指标，它代表源漏电流 I_{ds} 变化 10 倍所需栅压 V_g 的变化量，亚阈值摆幅越小，表示器件开关速率越快。因此，在对数坐标系下［图 2 - 3（b）红色曲线］，在 $V_g < V_{th}$ 区域内电流曲线线性部分斜率的倒数即为亚阈值摆幅的值，即

$$SS = \frac{dV_g}{d(\lg I_{ds})} \qquad (2-8)$$

器件的亚阈值摆幅与温度有关，其理论最小值为

$$SS = \frac{kT}{q}\ln 10 \qquad (2-9)$$

其中，$k = 1.38 \times 10^{23}$ J · K^{-1} 为玻尔兹曼常数，T 为开尔文温度，$q = 1.60 \times 10^{-19}$ C 为基本电荷。室温条件下（$T = 300$ ℃）场效应晶体管的亚阈值摆幅理论最小值约为 60 mV · dec^{-1}，但对于一些新型器件，如隧穿晶体管（Tunneling Transistor），它们的亚阈值摆幅可以低于理论值。关于隧穿晶体管的相关内容将在本节稍后部分进行介绍。

（4）跨导（Transconductance, g_m）：跨导是输出端电流的变化值与输入端电压的变化值之间的比值。对于场效应晶体管器件，当 $V_g > V_{th}$ 时，跨导等于源漏电流 I_{ds} 的改变除以栅压 V_g 的改变，即

$$g_m = \frac{dI_{ds}}{dV_g} \qquad (2-10)$$

相应地，可以通过线性坐标系的转移特性曲线来计算，在 $V_g > V_{th}$ 区域内电流曲线线性部分的斜率即为所测试器件的跨导。将式（2 - 1）和式（2 - 4）代入式（2 - 10）中，分别得到非饱和区和饱和区的 n 型半导体场效应晶体管的跨导计算公式：

$$g_{mL} = \frac{W\mu_n C_{ox}}{L}V_{ds}（非饱和区） \qquad (2-11)$$

$$g_{ms} = \frac{W\mu_n C_{ox}}{L}(V_g - V_{th})（饱和区） \qquad (2-12)$$

因此，在非饱和区，器件的跨导随 V_{ds} 线性变化，与栅压 V_g 无关；而在饱和区，跨导则随 V_g 线性变化，与 V_{ds} 无关。

截止频率（Cut - off frequency, f_T）：截止频率是指器件的电流增益降至 1 时的频率，通常用于代表射频器件能有效工作的最大频率。n 型半导体场效应晶体管的截止频率可表示为

$$f_{\mathrm{T}} = \frac{g_{\mathrm{m}}}{2\pi C_{\mathrm{G}}} \tag{2-13}$$

其中,$C_{\mathrm{G}} = C_{\mathrm{ox}} \cdot W \cdot L$ 为等效输入栅极电容。将式(2 - 12)代入式(2 - 13),可得工作在饱和区的器件的理想截止频率为

$$f_{\mathrm{T}} = \frac{\dfrac{W\mu_{\mathrm{n}} C_{\mathrm{ox}}}{L}(V_{\mathrm{g}} - V_{\mathrm{th}})}{2\pi(C_{\mathrm{ox}} W L)} = \frac{\mu_{\mathrm{n}}(V_{\mathrm{g}} - V_{\mathrm{th}})}{2\pi L^2} \tag{2-14}$$

由式(2 - 14)可知,截止频率与器件沟道长度 L 的平方成反比,沟道长度越短,器件的截止频率越高。

开关比(On/off ratio,$I_{\mathrm{on}}/I_{\mathrm{off}}$):开关比是场效应晶体管的开态电流($I_{\mathrm{on}}$)与关态电流($I_{\mathrm{off}}$)的比值。对于在电路中起到开关作用的场效应晶体管器件,开关比是衡量其开关性能的重要指标。对于商用场效应晶体管器件,其开关比需要达到 10^4 以上。以 n 型半导体场效应晶体管为例,当对器件施加负栅压时,导电沟道中的载流子浓度随栅压降低而逐渐减小,导电性能逐渐减弱,器件处于关闭状态,此时的源漏电流为 I_{off};当所施加的栅压大于阈值电压时,源漏电流随栅压迅速增大,继续增大栅压时,由于导电沟道中的载流子浓度趋于饱和,源漏电流逐渐变平缓甚至饱和,此时器件处于开启状态,源漏电流为 I_{on}。

载流子迁移率(Mobility,μ):在外电场 E 作用下,材料内部原本处于无规则热运动状态的电子或空穴开始定向移动,形成漂移电流,电子或空穴定向运动的速度即为漂移速度 ν,而迁移率 μ 表示单位电场下载流子的平均漂移速度,即

$$\mu = \nu/E \tag{2-15}$$

其中,μ 的单位为 $\mathrm{cm}^2 \cdot \mathrm{V}^{-1} \cdot \mathrm{s}^{-1}$。迁移率是衡量材料导电性能的重要参数,电导率与迁移率之间的关系为

$$\sigma = ne\mu \tag{2-16}$$

其中,n 为材料的载流子浓度。当载流子浓度不变时,材料的电导率与其载流子迁移率成正比。测量载流子迁移率的方法很多,例如可以采用霍尔效应的方法对材料的载流子浓度和迁移率等参数进行较为精确的测量。对于二维材料的场效应晶体管,实验上通常通过测量器件的转移特性曲线计算沟道材料的场效应迁移率,具体为

$$\mu_{\mathrm{FE}} = \frac{L\Delta I_{\mathrm{ds}}}{W C_{\mathrm{ox}} V_{\mathrm{ds}} \Delta V_{\mathrm{g}}} = \frac{L g_{\mathrm{m}}}{W C_{\mathrm{ox}} V_{\mathrm{ds}}} \tag{2-17}$$

其中,$C_{\mathrm{ox}} = \varepsilon\varepsilon_0/d$ 为介电层的单位面积电容,d 为介电层的厚度,对于 300 nm 厚的 SiO_2 层而言,$C_{\mathrm{ox}} = 11.2 \ \mathrm{nF} \cdot \mathrm{cm}^{-2}$,$g_{\mathrm{m}}$ 为器件的跨导。也就是说,通过提取场效应晶体管转移特性曲线中源漏电流 I_{ds} 随栅压 V_{g} 的变化,即可计算得到材料的载流子迁移率。

载流子浓度(Carrier Density,n):导电沟道内载流子(电子或空穴)的浓度受到所

施加栅压的调控。根据平行板电容器模型,载流子浓度 n 与栅压 V_g 的关系为

$$n = C_{ox} V_g / e \qquad (2-18)$$

2.1.1.2 石墨烯场效应晶体管的基本特性

在第 1 章中我们介绍了石墨烯独特的电子和能带结构,它是一种零带隙的半金属材料,在狄拉克点附近,石墨烯的价带和导带呈线性分布,并相交于狄拉克点,狄拉克点处的态密度为零。区别于传统的金属材料,由于石墨烯是二维材料,它的载流子浓度相对较低,可以通过施加电场来调控石墨烯的导电性能,从而构筑石墨烯场效应晶体管。

与由半导体材料所构筑的场效应晶体管不同,石墨烯场效应晶体管具有双极性的特点。如图 2-4 所示[2],石墨烯在狄拉克点附近具有锥形的能带结构,当外加电场(栅压)为零时,本征石墨烯的费米面位于狄拉克点,此时石墨烯面内用于导电的载流子浓度最低,石墨烯的电阻最大;当施加正栅压时,石墨烯的费米能级在外电场的作用下上移至导带内,石墨烯面内用于导电的电子浓度增加,此时随着栅压的增大,石墨烯导电沟道的电阻逐渐降低,电流逐渐增大;而当对石墨烯施加负栅压时,石墨烯的费米能级下移至价带内,此时用于导电的载流子变为空穴,随着所施加负栅压的逐渐增大,石墨烯同样表现出越来越好的导电性能。

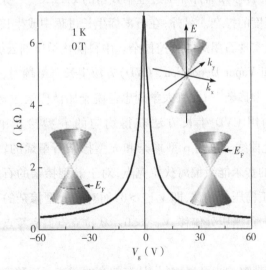

图 2-4 石墨烯双极性电学特性及其相应的狄拉克锥形能带结构[2]

如图 2-5 中黑色曲线所示为本征石墨烯的转移特性曲线,由于费米能级在狄拉克点处时石墨烯的电阻最大,电流最小,因此在石墨烯转移特性曲线中电流最低点为狄拉

克点。本征石墨烯的狄拉克点位于 $V_g = 0$ 处。当栅压小于狄拉克点电压时，即 $V_g < V_{Dirac}$，器件位于空穴导电区（或 p 型导电区）；反之，当 $V_g > V_{Dirac}$，器件位于电子导电区（或 n 型导电区）。由于石墨烯的狄拉克锥形能带结构是以狄拉克点为中心上下对称的，因此石墨烯在 p 型导电区和 n 型导电区的电学性能是对称的，石墨烯的转移特性曲线呈"V"形。

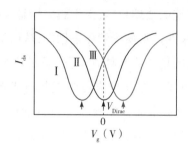

图 2-5　本征石墨烯(黑色)与 n 型(蓝色)和 p 型(红色)掺杂石墨烯的转移特性曲线

　　由于石墨烯仅具有单原子层厚度，外界环境极易对石墨烯产生掺杂效果。例如，在 Si/SiO_2 基底表面的石墨烯容易受到 SiO_2 的作用而产生明显的 p 型掺杂，而空气中的水和氧气[3-5]、石墨烯转移和器件加工过程中残留的 PMMA[6,7]、光刻胶等杂质，都会引起石墨烯发生不同程度的掺杂。另外，在石墨烯生长过程中或生长完成后，也可以通过人为引入掺杂元素以实现石墨烯的可控掺杂。中科院化学所刘云圻院士研究团队用化学气相沉积(Chemical Vapor Deposition, CVD)方法生长石墨烯时，通过引入氨气，成功实现了对石墨烯的 n 型掺杂[8]；北京大学刘忠范院士团队则通过选取苯硼酸作为石墨烯生长的前驱体，利用 CVD 生长方法获得均匀的 p 型掺杂单层石墨烯薄膜[9]。图 2-5 中红色和蓝色曲线分别为 p 型掺杂和 n 型掺杂石墨烯的转移特性曲线。受到掺杂的影响，石墨烯的费米能级偏离狄拉克点，对于 p 型掺杂的石墨烯，其费米能级位于价带，狄拉克点向正栅压处偏移，即 $V_{Dirac} > 0$；而对于 n 型掺杂的石墨烯，其费米能级位于导带，狄拉克点向负栅压处偏移，$V_{Dirac} < 0$。狄拉克点偏离零点越远，说明石墨烯受掺杂程度越大。

　　石墨烯是一种零带隙的半金属材料，具有超高的载流子迁移率，它的这些特性决定了石墨烯场效应晶体管更适用于高频器件。由于石墨烯的带隙为零，导致石墨烯沟道在狄拉克点处的关态电流仍然很大，器件无法有效关闭。对于单层石墨烯场效应晶体管器件，它的电流开关比一般在 2~10 之间[10,11]，难以满足逻辑电路对开关比的应用要求(10^4 以上)。虽然研究人员尝试了用各种方式来打开石墨烯的带隙,但仍远不能满足实际使用的要求。但在另一方面,由于石墨烯具有超高的载流子迁移率,根据式(2-14)可知,石墨烯器件的截止频率可以达到射频甚至太赫兹范围[12-15],而射频和太赫兹器件在工作时始终处于开态[16],这就使得石墨烯在射频和太赫兹领域的应用成为可能。关于石墨烯能带结构的调控和高频器件的相关内容将在接下来的章节进行专门介绍。

2.1.1.3　石墨烯高频场效应晶体管研究现状

2004 年,由 Geim 所领导的研究团队[1]首次对石墨烯的场效应特性进行了较为深入的研究,开启了石墨烯场效应晶体管研究的大门。但是这种背栅结构的 FET 器件的寄生电容很大,并且难以进行大规模的集成,因此,亟须发展顶栅结构的石墨烯 FET 器件。2007 年,Lemme 等[10]制成世界上首个顶栅结构的石墨烯 MOSFET 器件[图 2-6(a)],该器件采用 20 nm 厚的 SiO_2 作为顶栅介质层,顶栅长度为 500 nm。该器件的诞生在石墨烯 FET 器件的发展中具有里程碑式的意义。2008 年,Kenneth Shepard 等[17]采用原子层沉积技术(Atomic layer deposition, ALD)在石墨烯表面沉积了一层 30 nm 厚的 HfO_2 作为介电层,构筑了如图 2-6(b)所示的石墨烯 MOSFET 器件,栅极的长度为 500 nm。如图 2-6(c)所示,该器件的截止频率高达 14.7 GHz,这是第一款带宽达到 GHz 的石墨烯器件。

根据式(2-13)可知,器件的截止频率与栅极电容成反比,因此缩短栅电极长度能够有效提升器件的截止频率。2009 年,IBM 公司的 Yuming Lin 等[18]报道了一款顶栅长度为 350 nm 的石墨烯 MOSFET,其截止频率高达 50 GHz。该器件采用 12 nm 厚的 Al_2O_3 作为栅介质层。2010 年,该研究团队[12]利用碳化硅外延生长的石墨烯,在 2 英寸的晶圆上制备出栅极长度为 240 nm 的石墨烯 MOSFET 器件阵列[图 2-6(d)、(e)],该器件的截止频率达到 100 GHz[图 2-6(f)],而相同沟道长度的硅基 MOSFET 的截止频率仅为 40 GHz,充分显示了石墨烯在高频器件和电路中的性能优势和应用前景。2012 年,该团队[19]又利用类金刚石材料作为衬底制备出高性能的石墨烯 FET 器件[图 2-6(g)、(h)],由于类金刚石材料具有低的表面缺陷密度和高的表面声子能量,所制备的器件具有超高的截止频率(300 GHz),该器件的栅极长度为 40 nm。2010 年,Xiangfeng Duan 等[15]利用纳米线掩膜的方法制备出栅极长度仅为 144 nm 的顶栅石墨烯 MOSFET[图 2-6(i)、(j)],该器件的截止频率高达 300 GHz,是相同沟道长度硅基器件的 2 倍,与高电子迁移率的 InP 晶体管相近。2012 年,该团队[20]发展了一种通过叠层的方法批量制备高性能石墨烯 MOSFET 器件阵列的方法,该方法可以制备出栅极长度仅为 67 nm 的顶栅器件,截止频率高达 427 GHz[图 2-6(k)]。

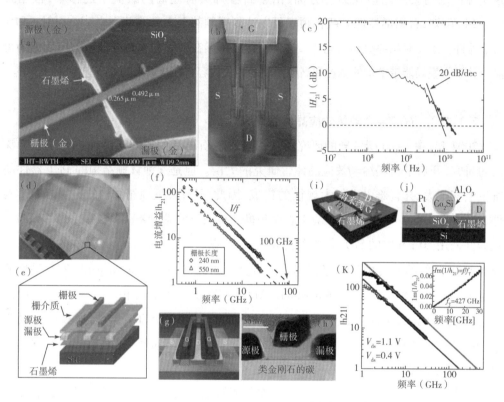

图 2-6　石墨烯高频场效应晶体管[10,12,15,17-20]

(a)首个顶栅结构石墨烯 FET 器件 SEM 照片;(b)首个截止频率超过 1 GHz 的石墨烯 MOSFET 器件照片;(c)器件的电流增益(h_{21})随工作频率的衰减情况;(d,e)在 SiC 基片上制备的截止频率达到 100 GHz 的石墨烯 MOSFET 器件照片和结构示意图;(f)具有不同栅极长度的器件电流衰减随工作频率的变化情况;(g,h)在类金刚石基底表面制备的栅极长度为 40 nm 的石墨烯 MOSFET 器件结构示意图和 SEM 照片;(i,j)利用纳米线掩膜方法制备的栅极长度为 144 nm 的石墨烯 MOSFET 器件结构示意图;(k)栅极长度为 67 nm 的石墨烯 MOSFET 器件电流增益随频率的变化情况

　　截止频率和最大振荡频率 f_{max} 是射频晶体管器件最重要的两个参数。图 2-7(a)汇总了石墨烯 MOSFET 以及基于 InP[21]、GaAs[22]、Si[23] 和碳纳米管[24] 的高频晶体管器件的截止频率和栅极长度。当器件的栅极长度大于 200 nm 时,器件的截止频率与栅极长度成反比,并随着器件沟道材料迁移率的增大而增大[25]。对于栅极长度小于100 nm 的器件,石墨烯 MOSFET 器件的截止频率可与目前运行速度最快的晶体管器件相媲美。目前,石墨烯 MOSFET 的截止频率已经达到了很高的水平,相比之下,器件的最大振荡频

率发展相对滞后。图 2 - 7(b)对比了石墨烯和基于 InP、GaAs 以及硅材料的高频器件的最大振荡频率,其中石墨烯 MOSFET 器件的最大振荡频率f_{max}仅为 30 ~ 45 GHz,并且该数值未随栅极长度发生明显变化[19,26,27]。相比之下,基于 InP、GaAs 和 Si 等材料的高频器件,其最大振荡频率可达数百 GHz 至 1 THz[28],并呈现出对栅极长度的明显依赖。造成这一现象的原因可能是石墨烯器件的沟道电流处于非饱和状态[29]。通常来讲,为了发掘器件在高频领域的潜能,器件一般需要在强电流饱和状态下工作,而石墨烯优异的导电性以及石墨烯与电极之间极大的接触电阻导致石墨烯器件的沟道电流难以饱和,严重影响了石墨烯器件的功率增益和f_{max}。另外,石墨烯零带隙的能带结构也是制约器件功率增益和f_{max}的一个因素[30]。

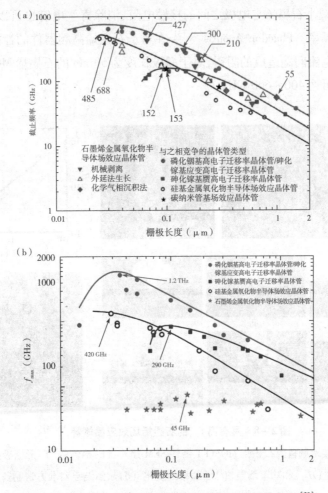

图 2 - 7　石墨烯与其他材料高频晶体管器件的性能对比[30]

(a)不同栅极长度的器件的截止频率汇总情况;(b)器件最大振荡频率随栅极长度的变化情况

对于本征晶体管而言,器件的截止频率$f_{T\text{-int}}$和最大振荡频率$f_{max\text{-int}}$具有如下关系:[30]

$$f_T = \frac{g_m}{2\pi C_G} \qquad (2-19)$$

$$f_{max} = \frac{f_T}{2\left[g_{ds}(R_G+R_{sd})+2\pi f_T R_G C_G\right]^{1/2}} \qquad (2-20)$$

其中,C_G为栅电容,g_{ds}为沟道电导,R_G和R_{sd}分别为栅电阻和源漏串联电阻。由式(2-19)和(2-20)可知,本征晶体管器件的截止频率与沟道电导g_{ds}无关,而最大振荡频率与$g_{ds}^{1/2}$成反比。因此,对于具有很大g_{ds}的石墨烯器件,仍然可以获得很高的截止频率,但最大振荡频率受到很大的限制。由于器件只有在饱和状态下工作时才能获得较小的g_{ds},为获得最佳的功率增益和f_{max},石墨烯器件需要达到电流饱和。另外,由式(2-20)可知,减小石墨烯与电极之间的接触电阻、消除寄生电容也可以有效地提升器件的最大振荡频率。Phaedon Avouris等[31]在对于石墨烯高频器件的性能模拟中发现,忽略由于饱和电流问题造成的阻碍,对于栅极长度为50 nm的石墨烯MOSFET器件,其最大振荡频率可达400~600 GHz。

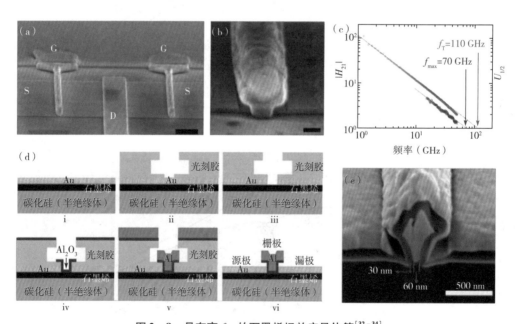

图2-8 具有高f_{max}的石墨烯场效应晶体管[32-34]

(a)采用自对准技术制备的石墨烯MOSFET器件SEM照片;(b)器件的"T"形栅极结构SEM图像;(c)器件电流增益(H_{21})和功率增益(U)随频率的变化;(d)超清洁自对准方法制备石墨烯MOSFET器件流程示意图;(e)栅极长度为60 nm的T形栅极结构SEM图像

2013 年，Walt de Heer 等[32]利用碳化硅的碳晶面外延生长出高迁移率的石墨烯薄膜，并采用一种自对准的技术制备出接触电阻和寄生电容都很小的石墨烯 MOSFET［图 2－8（a）］。该器件的栅极采用 T 形结构，栅极长度为 100 nm［图 2－8（b）］，如图 2－8（c）所示，该器件的最大振荡频率达到了 70 GHz，最大截止频率为 110 GHz。2014 年，Feng Z H 等[33]发展了一种超清洁的自对准加工技术，如图 2－8 所示，首先在石墨烯表面沉积一层 Au 膜，以保护石墨烯在器件加工过程中不受污染，随后通过自对准技术制作出 T 形的栅电极，栅极长度为 100 nm。利用这种方法制备的石墨烯 MOSFET 具有良好的栅极耦合和较小的寄生电容，从而表现出良好的直流和射频性能。该器件的最大振荡频率高达 105 GHz。2016 年，Tangsheng Chen 等[34]利用 Au 膜作为转移 CVD 石墨烯的介质，避免了有机物介质转移过程中所引入的污染物残留，从而大幅提升了石墨烯的载流子迁移率。作者利用自对准技术制备出如图 2－8（e）所示的石墨烯 MOSFET，该器件的顶栅长度仅为 60 nm，器件的最大振荡频率达到 200 GHz，这也是目前报道的振荡频率最高的石墨烯 MOSFET 器件。表 2－1 对石墨烯高频晶体管的截止频率、最大振荡频率和栅极长度等性能参数进行了汇总。

表 2－1　石墨烯高频场效应晶体管性能参数

石墨烯类型	f_T（GHz）	f_{max}（GHz）	栅极长度（nm）	石墨烯层数	参考文献
碳化硅外延	100	10	240	1～2	[12]
	20～53	14	550		
化学气相沉积	155	—	40	1	[14]
	26	20	550		
	70	13	140		
化学气相沉积	110		100	—	[20]
	212	8	46		
	—	29	220		
	427		67		
碳化硅外延	110	70	100	1	[32]
	60	—	250		
碳化硅外延	96	105	100	1	[33]
化学气相沉积	255	200	60	1	[34]

石墨烯作为一种仅具有单原子层厚度的二维材料,在柔性高频场效应晶体管方面表现出突出的优势。2011 年,Vincent Derycke 等[35]利用超声剥离的单层石墨烯在柔性衬底上制备出如图 2 - 9(a)所示的高频石墨烯 MOSFET 器件,该器件的栅极长度为 170 nm,器件的截止频率和最大振荡频率分别为 8.7 GHz 和 550 MHz[图 2 - 9(b)]。2012 年,Deji Akinwande 等[36]在柔性聚酰亚胺基底上构筑了一款高频石墨烯 MOSFET 器件,如图 2 - 9(c)、(d)所示,该器件将多指栅极预埋在聚酰亚胺基底表面,并采用 hBN 作为栅介电层,源极和漏极采用叉指电极的形式,最后器件采用 Si_3N_4 封装。该器件具有很大的开态电流(0.3 mA · μm^{-1}),这是第一款在柔性基底上实现电流饱和的石墨烯 MOSFET 器件[图 2 - 9(e)],因此,该器件表现出优异的直流和射频性能,截止频率和最大振荡频率分别为 2.23 GHz(未去嵌入处理)和 1.15 GHz。2013 年,Kenneth Shepard 等[37]同样采用预埋栅电极的方式构筑了一种柔性石墨烯高频晶体管器件,该器件采用 6 nm 的 HfO_2 作为栅介质层,栅电极长度为 500 nm。如图 2 - 9(f)所示,该器件的截止频率和最大振荡频率分别为 10.7 GHz 和 3.7 GHz,最大拉伸应变可达 1.75%。石墨烯柔性 MOSFET 器件的运算速度远超基于有机半导体材料的柔性场效应晶体管,在可穿戴高频器件领域具有巨大的应用潜力。

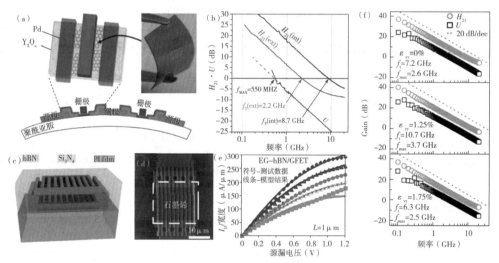

图 2 - 9 柔性石墨烯高频场效应晶体管[35 - 37]

(a)顶栅结构石墨烯柔性场效应晶体管器件结构示意图与样品照片;(b)器件的电流增益(H_{21})和功率增益(U)随频率的变化;(c,d)采用预埋栅极结构的石墨烯柔性场效应晶体管器件结构示意图与器件照片;(e)器件的输出特性曲线;(f)不同拉伸应变条件下石墨烯柔性 MOSFET 的电流增益和功率增益随频率的变化情况

到目前为止,对于石墨烯高频器件的研究主要集中在提升器件的截止频率和最大振荡频率上,对于器件的噪声和输出功率的研究则相对较少。另外,双层石墨烯和石墨烯纳米带在高频器件中的应用研究发展缓慢。

利用石墨烯沟道电流的变化,实现对外界刺激的高灵敏响应,石墨烯场效应晶体管在光电探测器、气体传感器和生物传感器等领域同样具有广泛的应用,我们将在本书的第 3 章和第 4 章中进行详细的介绍。

2.1.2　石墨烯能带结构调控

虽然石墨烯具有超高的载流子迁移率,但其零带隙的特性使得石墨烯沟道无法有效关断,关态电流过大导致石墨烯场效应晶体管的开关比很小,极大地限制了石墨烯场效应晶体管在逻辑电路中的应用。因此,科学家们尝试用各种方法打开石墨烯的带隙,将石墨烯由带隙为零的半金属转变为窄带隙半导体。

2.1.2.1　石墨烯双层结构

双层石墨烯的能带结构不同于单层石墨烯,通过某种方式破坏双层石墨烯的反演对称性可以诱导产生一个较为可观的带隙。2007 年,Lanzara 等[38] 发现利用 SiC 外延生长的双层石墨烯,由于石墨烯与基底之间的相互作用破坏了双层石墨烯的反演对称性,诱导产生一个大小为 0.26 eV 的带隙。作者同时发现,石墨烯的带隙随着层数的增加而逐渐减小,当层数超过 4 层时,石墨烯的带隙消失。

Edward McCann[39] 和 MacDonald 等[40] 通过理论模拟提出,两层非对称叠加的石墨烯在垂直电场的作用下能够产生带隙,并预测这个带隙的大小与载流子浓度存在线性相关性。而 Taisuke Ohta 等[41] 利用角分辨光电子能谱(ARPES)测量了 SiC 基底上双层石墨烯的带隙随载流子浓度的变化情况,证实了这一预测。Feng Wang 等[42] 制备了一种双栅结构的双层石墨烯场效应晶体管[图 2 - 10(a)],通过一个栅极施加垂直于石墨烯的强电场,并利用另一个栅极调控石墨烯中的载流子浓度,从而实现对双层石墨烯带隙从零到 250 MeV 的连续调控[图 2 - 10(b)]。

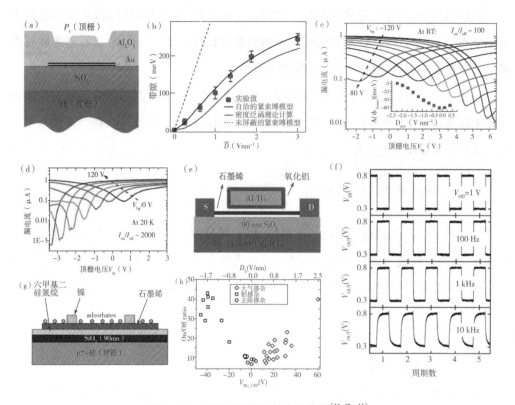

图 2 – 10 双层石墨烯场效应晶体管[11,42 – 44]

(a) 双栅结构双层石墨烯场效应晶体管结构示意图;(b) 双层石墨烯带隙随位移场强度的变化;(c,d) 室
结构双层石温和 20 K 温度条件下双层石墨烯 FET 器件的转移特性曲线;(e) 无顶栅介电层的双栅
墨烯 FET 器件结构示意图;(f) 器件对 0.1 ~ 10 kHz 信号的逻辑运算结果;(g) 利用表面吸附掺杂
构筑的单栅结构双层石墨烯 FET 器件结构示意图;(h) 不同掺杂类似的器件的
开关比随栅压的变化情况

    基于这一发现,科学家们尝试通过打开双层石墨烯的带隙来构筑高开关比的石墨
烯场效应晶体管。2010 年,Fengnian Xia 等[11]研究了双栅结构双层石墨烯场效应在不
同温度条件下器件的开关比,如图 2 – 10(c)、(d) 所示,室温下器件的开关比可达 100,
而在 20 K 的低温条件下,器件的开关比高达 2000,远超常规的单层石墨烯 FET 器件。
2011 年,Kazuhito Tsukagoshi 等[43]利用铝作为顶栅电极,通过对铝表面的钝化构筑了一
款无顶栅介质层的双栅结构双层石墨烯场效应晶体管器件[图 2 – 10(e)],该器件在室
温和 77 K 温度条件下的开关比为 70 和 400。作者还探索了该器件作为一种互补型逆

变器在逻辑电路中的应用[图 2 – 10(f)]。2011 年，Szafranek 等[44]利用表面吸附掺杂的方式来建立垂直于双层石墨烯的位移场(Displacement field)，从而打开石墨烯的带隙。利用这种方法可以构筑具有高开关比的单栅结构石墨烯场效应晶体管器件[图 2 – 10(g)]。如图 2 – 10(h)所示，室温条件下 p 型掺杂和 n 型掺杂的双层石墨烯器件的开关比均超过了 40。2016 年，Mircea Dragoman[45]研究了一种双面掺杂的双层石墨烯场效应晶体管，作者在石墨烯下表面掺杂苄基紫精作为给电子基团，在上表面采用大气掺杂的方式吸附吸电子基团，从而产生局部电场打开石墨烯的带隙。采用这种方法制备的石墨烯场效应晶体管在室温下的开关比为 76.1，并且石墨烯的电导率和迁移率并未显著下降。

2.1.2.2　石墨烯纳米带

当石墨烯的宽度降低至 100 nm 以下时，可认为其为一维纳米带材料，也称石墨烯纳米带(Graphene nanoribbon，GNR)。根据纳米带边缘碳原子的排布形状，石墨烯纳米带可以分为扶手椅型(Arm-chair)和锯齿型(Zig-zag)两类。由于石墨烯纳米带的宽度降至纳米尺度，受到量子限域效应的影响，石墨烯纳米带具有一定的带隙。理论研究表明，石墨烯纳米带的电学性质与其边缘构型有关，边缘为锯齿型的石墨烯纳米带具有金属性，其边缘变化会产生微小的带隙；而扶手椅型的石墨烯纳米带的带隙与其宽度密切相关，当纳米带宽度 $L = (3M + 1)a_0$ 时(M 为整数，a_0 为石墨烯碳碳键长度)，扶手椅型石墨烯纳米带的导带和价带交于一点，带隙为零，表现出金属性，否则纳米带表现出半导体性，并且带隙的大小可以通过纳米带的宽度进行灵活调节[46 – 50]。

石墨烯纳米带的制备方法可以分为自上而下和自下而上两类。所谓自上而下方法是指利用物理或化学方法将碳纳米管或石墨烯切割成石墨烯纳米带。2009 年，Hongjie Dai 等[51]采用氩等离子刻蚀多壁碳纳米管的方法制备出不同层数的石墨烯纳米带。如图 2 – 11(a)所示，作者将多壁碳纳米管分散在 SiO$_2$/Si 表面，并涂覆一层 PMMA 膜将碳纳米管进行包覆，在利用 KOH 将 SiO$_2$ 刻蚀掉之后，碳纳米管与 SiO$_2$ 接触的部分暴露出来，这部分管壁在氩等离子刻蚀下很快被刻蚀掉，从而将碳纳米管打开形成石墨烯纳米带，纳米带的厚度可以通过刻蚀时间进行控制，可以制备出三层、双层和单层厚度的石墨烯纳米带。作者利用这种方法制备出边缘平滑的石墨烯纳米带(宽度为 10 ~ 20 nm)，基于这种石墨烯纳米带的场效应晶体管的开关比在 10 左右。同一时期，James Tour 等[52]利用 H$_2$SO$_4$ 和 KMnO$_4$ 处理多壁碳纳米管，打开碳纳米管的管壁形成石墨烯纳米带[图2－11(b)、(c)]。利用这种方法可以大批量制备具有良好溶解性的石墨烯纳米带。同年,Xiangfeng Duan 等[53]利用 SiO₂ 纳米线作为掩模板,采用氧等离子体刻蚀的方法制备不同宽度的石墨烯纳米带[图2－11(d)]。石墨烯纳米带的宽度与所采用的 SiO₂ 纳米线的直接以及刻蚀时间有关,刻蚀时间越长,纳米带的宽度越小。除此之外,还可以借助纳米线作为掩模板进行光刻和等离子体刻蚀来制备石墨烯纳米线,但所制备的纳米线的宽度和边缘光滑程度受到光刻工艺分辨率的限制。另外,由于 Fe、Ni 等金属颗粒在氢气作用下能够催化石墨烯中碳碳键的断裂,产生甲烷等气体产物,因此可以通过金属纳米颗粒对石墨烯进行切割,从而形成石墨烯纳米带[图2－11(e)][54-56]。如图2－11(f)所示,利用这种方法可以制备出宽度小于 10 nm 的石墨烯纳米带。然而,催化剂纳米颗粒的运动方向难以控制,因此无法对所制备的纳米带的形状和尺寸进行有效的控制。

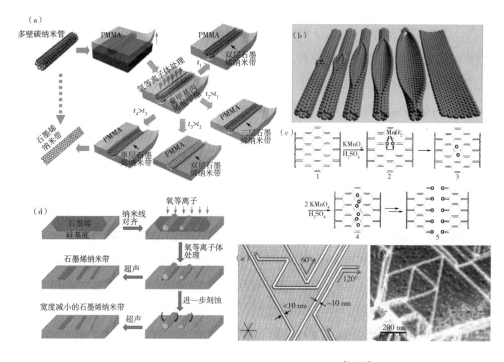

图 2－11　自上而下法制备石墨烯纳米线[51-54]

(a)氩等离子体刻蚀多壁碳纳米管法制备石墨烯纳米带;(b,c)采用化学反应方法打开碳纳米管
过程示意图以及反应路径;(d)SiO₂ 纳米线掩模刻蚀法制备石墨烯纳米带;(e,f)金属
纳米颗粒催化切割石墨烯制备石墨烯纳米带模型图与 AFM 图像

　　自下而上方法制备石墨烯纳米带通常采用分子前驱体组装反应或 CVD 方法。例如,2010 年,Roman Fasel 等[57] 提出一种以二溴联二蒽为前驱体,在超高真空下以 Au(111)作为衬底合成超窄石墨烯纳米带的反应路径,如图 2 - 12(a)所示,该反应可以分为两步,首先二溴联二蒽单体在 200 ℃ 条件下脱溴聚合形成聚蒽,随后聚蒽在 400 ℃ 条件下发生脱氢环化反应形成石墨烯纳米带。利用这种方法可以制备出宽度小于10 nm 的石墨烯纳米带,并能够对纳米带的边缘进行非常精确的控制[图 2 - 12(b)、(c)]。然而,这种方法制备的石墨烯纳米带产量极低,只能用于基础研究。相比之下,CVD 方法提供了一种大批量制备石墨烯纳米带的可行路径。2012 年,Toshiaki Kato 等[58] 利用 Ni 纳米条作为模板直接在源极和漏极之间制备出宽度仅为 23 nm 的石墨烯纳米带。如图 2 - 12(d)所示,作者在源漏电极之间制备一条宽度为 50 nm 的 Ni 纳米条,利用等离子体化学气相沉积技术生长石墨烯,由于 Ni 具有良好的溶碳性,碳原子溶解进入 Ni 纳米条内部。在快速降温过程中,Ni 原子大量气化形成 Ni 蒸气,使溶解的碳原子析出形成石墨烯纳米带[图 2 - 12(e)]。这种方法制备的石墨烯纳米带无须转移、光刻以及其他后处理,可直接用于电子器件,因此表现出良好的电学性能,器件的开关比高达 10^4。同年,Yuegang Zhang 等[59] 在 SiO_2/Si 表面沉积一层 20 nm 厚的 Ni 膜,并利用 Al_2O_3 对 Ni 膜的上表面进行保护,从而确保石墨烯只在 Ni 膜的侧面生长,制备出宽度约为 20 nm 的石墨烯纳米带。该方法同样避免了转移和器件加工过程对石墨烯纳米带的污染和破坏,载流子迁移率高达 $1000\ cm^2 \cdot V^{-1} \cdot s^{-1}$。2013 年,Anatoliy Sokolov 等[60] 将 Cu^{2+} 盐灌装到直径小于 10 nm 的 DNA 模板中作为石墨烯生长的催化剂,制备出宽度小于 10 nm 的石墨烯纳米带。利用这种方法制备的石墨烯纳米带,其开关比在 100 ~ 500 之间。

　　另外,SiC 外延生长也是制备石墨烯纳米带的一条有效途径。2010 年,Walt de Heer 等[61] 通过在 SiC 基底表面构筑侧壁来生长石墨烯纳米带。如图 2 - 12(f)所示,作者首先通过光刻和反应离子刻蚀在 SiC 表面批量构筑深为 20 nm 的侧壁,随后高温退火使侧壁形成($1\overline{1}0n$)晶面,接着进行外延生长制备出石墨烯纳米带。利用这种方法可以制备出宽度为 40 nm 的石墨烯纳米带,载流子迁移率高达 $2500\ cm^2 \cdot V^{-1} \cdot s^{-1}$。相比于上文介绍的 CVD 方法,这种方法的优势在于对石墨烯纳米带的密度、方向、带宽以及边缘平滑程度等高度可控,可以在同一衬底上可控地制备出高密度的石墨烯纳米带阵列,并直接用于器件加工。作者在面积为 $0.24\ cm^2$ 的 SiC 基片上制备出10 000个顶栅结构的石墨烯纳米带场效应晶体管。

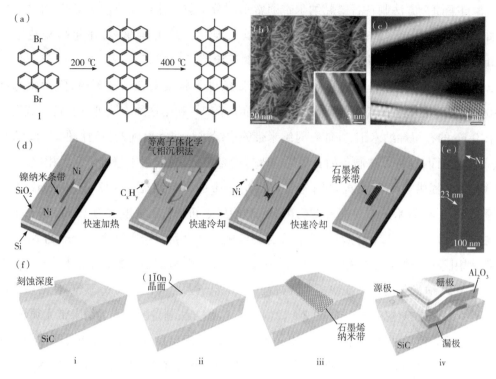

图 2 - 12　自下而上法制备石墨烯纳米带[57,58,61]

(a)二溴联二蒽反应制备石墨烯纳米带反应过程;(b,c)二溴联二蒽反应制备的石墨烯纳米带
STM 图像;(d)以 Ni 纳米条为模板 CVD 生长石墨烯纳米带流程示意图;(e)宽度为 23 nm 的
石墨烯纳米带 SEM 图像;(f)人工构筑 SiC 侧壁及外延生长石墨烯纳米带流程图

对于逻辑器件而言,只有开关比达到 $10^4 \sim 10^7$ 才能满足实际应用的要求。图2 - 13
汇总了基于石墨烯纳米带的场效应晶体管器件的开关比和迁移率随纳米带宽度的变化
情况[30],从中可以看出,只有当纳米带宽度小于 5 nm 时才能满足逻辑器件的实用要
求。2008 年,Hongjie Dai 等[47]利用化学剥离法制备出不同宽度的石墨烯纳米带,并对
它们的电学性能随纳米带宽度的变化情况进行了研究,结果如图 2 - 14(a) ~ (c)所示,
宽度小于 10 nm 的石墨烯纳米带表现出 p 型半导体特性,其带隙在 0.3 ~ 0.4 eV 之间,
FET 器件的开关比最高可达 10^7。同年,该团队[62]采用 Pd 作为源漏电极来降低p 型石
墨烯纳米带(宽度小于 10 nm)的空穴注入的肖特基势垒,从而获得 2 000 μA · μm^{-1} 的
开态电流密度,器件的开关比高达 10^6[图 2 - 14(d)、(e)]。如图 2 - 14(f)所示,这种石
墨烯纳米带 FET 的开态电流和开关比可与直径小于 1.2 nm 的碳纳米管 FET 器件相媲美,更

重要的是,所有的这些宽度小于 10 nm 的石墨烯纳米带均表现出半导体特性。

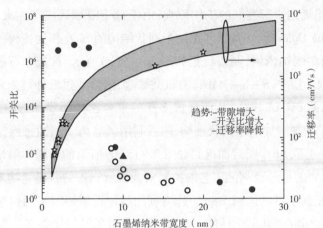

图 2 - 13   石墨烯纳米带场效应晶体管的开关比和迁移率随纳米带宽度的变化情况[30]

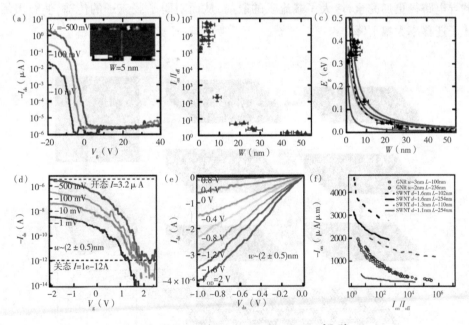

图 2 - 14   石墨烯纳米带场效应晶体管[47,62]

(a)宽度为 5 nm 的石墨烯纳米带 FET 器件的转移特性曲线;(b)器件的开关比随纳米带宽度的
变化情况;(c)石墨烯纳米带的带隙随宽度的变化情况;(d)宽度约为 2 nm 的石墨烯纳米带 FET
器件转移特性曲线;(e)器件在不同栅压作用下的输出特性曲线;(f)石墨烯纳米带 FET 与碳纳
米管 FET 器件的开态电流密度和开关比性能对比

石墨烯纳米网(Graphene nanomesh，GNM)是一种具有网状结构的石墨烯纳米材料，它具有与石墨烯纳米带类似的工作原理，由于量子限域效应产生大小可调的带隙。2010 年，Xiangfeng Duan 等[63]首次利用纳米网状结构的 SiO_2 作为掩模版通过氧等离子体刻蚀制备出石墨烯纳米网，制备流程如图 2–15(a)所示，首先在石墨烯表面沉积一层 SiO_2 膜并旋涂一层 P(S–b–MMA)有机共聚物，然后通过紫外曝光和醋酸显影去除掉有机物薄膜中的 PMMA 成分，从而形成多孔的聚苯乙烯薄膜，并通过反应离子束刻蚀将下方的 SiO_2 膜加工成纳米网状结构，随后利用氧等离子刻蚀将裸露出来的石墨烯刻蚀掉，利用 HF 去除 SiO_2 层后即得到如图 2–15(b)所示的石墨烯纳米网结构。可以通过对有机共聚物的组分及刻蚀工艺的控制来调控所制备的石墨烯纳米网的周期和纳米网的颈宽，颈宽最小可以达到 5 nm。作者利用这种石墨烯纳米网构筑了背栅结构的场效应晶体管，并研究了其电学性能。这种石墨烯纳米网的优势在于其能够在保持大的开关比[>100，图 2–15(d)]的同时实现大的开态电流，与石墨烯纳米带相比，这种纳米网结构的开态电流提升了 100 倍。2012 年，Hua Zhang 等[64]利用阳极氧化铝薄膜作为模板制备出平均颈宽约为 14.7 nm 的石墨烯纳米网。然而，由于这种石墨烯纳米网的导电路径更加完全，增大了载流子的散射，从而阻碍了载流子的传输，使石墨烯的载流子迁移率大幅下降。

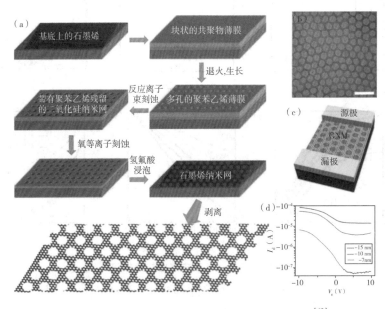

图 2–15　石墨烯纳米网的制备及其场效应晶体管[63]

(a)利用纳米网状 SiO_2 膜制备石墨烯纳米网结构；(b)颈宽为 5 nm 的石墨烯纳米带 TEM 图像；

(c)石墨烯纳米带 FET 器件示意图；(d)不同颈宽的石墨烯纳米网输出特性曲线

2.1.3　石墨烯隧穿场效应晶体管

在上一小节中我们总结了通过打开带隙来提升石墨烯场效应晶体管开关比的几种方法。然而,这些晶体管仍然采用传统的场效应晶体管结构,受到载流子注入过程中热发射机制的限制,这类器件的亚阈值摆幅理论极限为 $60\ \mathrm{mV \cdot decade^{-1}}$,从而制约了器件开关所需的最小电压,极大地增大了集成电路所需的能耗,产生严重的发热问题。因此,科学家们提出了一种新型的器件结构——隧穿场效应晶体管(Tunneling field effect transistor, TFET),这种器件的原理是载流子通过量子力学隧穿的方式来穿越势垒,而非采用热发射的方式,从而可以获得更小的亚阈值摆幅。

基于石墨烯的场效应隧穿晶体器件除了具有很小的亚阈值摆幅之外,更能极大地提升器件的开关比,满足逻辑器件的实用要求。2012 年,Geim 等[65]首次提出一种基于石墨烯/hBN/石墨烯垂直异质结的隧穿场效应晶体管。器件结构如图 2 – 16(a)所示,两层石墨烯与中间的 hBN 形成三明治结构,上下两层石墨烯作为导电沟道,而中间的 hBN 作为隧穿层。如图 2 – 16(b)所示,由于 hBN 是一种宽带隙介电材料,没有外加电场时势垒很高,抑制了两层石墨烯之间载流子的隧穿,此时器件的隧穿电流很小,处于关态。而在外加栅压和偏压的作用下,上下两层石墨烯之间形成电势差,载流子在静电场的推动下以 Fowler – Nordheim 隧穿通过 hBN,从而极大地增大了器件的隧穿电流,器件处于开态图[图 2 – 16(c)、(d)]。作者对器件的电学性能进行了测量,如图 2 – 16(e)、(f)所示,器件的隧穿电流受到栅压的有效调控,器件的开关比约为 50。作者进一步对器件结构进行优化,采用 MoS_2 替代中间的 hBN 作为隧穿层,器件的开关比高达 10^4,能够初步满足逻辑器件的实用需要。同年,该团队[66]构筑了一种石墨烯/WS_2/石墨烯三明治结构的垂直场效应晶体管器件[图 2 – 16(g)],并对这种器件的工作机理进行了系统研究。作者认为,由于 WS_2 的带隙较小,可以通过栅压调节石墨烯的费米能级,使费米能级分别在 WS_2 势垒的下方和上方,从而获得不同的电学性能。如图 2 – 16(h)、(i)所示,当石墨烯费米能级低于 WS_2 势垒时,器件的导电以隧穿电流为主,电流很小,器件处于关态;而当石墨烯的费米能级高于 WS_2 势垒时,器件导电以热输运的形式实现,此时器件具有较大的开态电流($>1\ \mathrm{\mu A \cdot \mu m^{-2}}$)。该器件的开关比超过 10^6[图 2 – 16(j)]。由于同时存在隧穿电流和热发射电流两种机制,该器件具有极低的关态电流,同时克服了单纯隧穿器件开态电流很小的缺点。

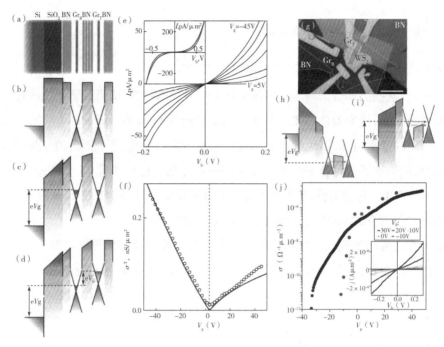

图 2 – 16　垂直结构石墨烯隧穿场效应晶体管[65,66]

(a)石墨烯/hBN/石墨烯结构隧穿场效应晶体管结构示意图;(b~d)器件在(b)无外电场、(c)栅压
作用以及(d)栅压和偏压共同作用下的能带结构;(e)不同栅压作用下器件的输出特性曲线;(f)器
件的电导率受栅压的调制情况;(g)石墨烯/WS₂/石墨烯垂直结构场效应晶体管器件显微照片;
(h,i)器件在(h)负栅压及(i)正栅压作用下的能带结构图;(j)器件电导率受栅压的调制
情况,插图为不同栅压下器件的输出特性曲线

　　除了垂直异质结,横向异质结也可用于构筑隧穿器件。2013 年,Jeong Moon 等[67]
将单层石墨烯进行部分氟化处理,制备出石墨烯 – 氟化石墨烯 – 石墨烯横向异质结,并
构筑了如图 2 – 17(a)、(b)所示的横向异质结场效应晶体管器件。由于氟化石墨烯的
带隙为 2.93 eV,在两侧石墨烯之间形成一个很高的势垒,载流子以隧穿电流的形式穿
过氟化石墨烯[图 2 – 17(c)左上方插图];当对器件施加较大的正栅压时,氟化石墨烯
的能带结构发生弯曲,源极注入的电子穿越氟化石墨烯的势垒大幅降低,器件的导电性
能有了极大的提升[图 2 – 17(c)右下方插图]。如图 2 – 17(c)所示,室温条件下器件
的开关比大于 10^5。同年,Pulickel Ajayan 等[68]发展了一种利用 CVD 法直接制备图形
化石墨烯 – hBN 横向异质结的方法。如图 2 – 17(d)所示,作者采用 CVD 法在铜箔表
面生长单层 hBN 薄膜,随后利用激光将部分 hBN 刻蚀掉,再进行 CVD 生长制备出石墨
烯 – hBN 横向异质结薄膜。石墨烯 – hBN 的图形可以根据需要任意设计,如

图 2 - 17(e)所示,这种方法能够制备出交替的石墨烯 - hBN 横向异质结,为横向隧穿场效应晶体管的开发创造了条件。

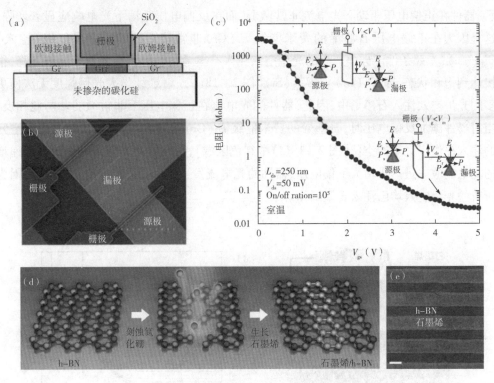

图 2 - 17　横向结构石墨烯隧穿场效应晶体管[67,68]

(a,b)基于石墨烯 - 氟化石墨烯 - 石墨烯横向异质结的场效应晶体管器件结构示意图与 SEM 图像;
(c)器件电阻随栅压的变化情况,插图为高阻值和低阻值状态下器件的能带结构图;(d)CVD 法
制备石墨烯 - hBN 横向异质结流程图;(e)石墨烯 - hBN 横向异质结 SEM 图像

2.1.4　石墨烯 - 硅肖特基结器件

　　硅作为当今电子工业的基石,广泛应用于各类电子和光电子器件中,并在集成电路中发挥着不可替代的作用。石墨烯作为一种半金属材料,与半导体性的硅接触会形成肖特基结,接触界面存在肖特基势垒。科学家们利用石墨烯 - 硅的肖特基接触开发出多种不同的器件,应用于光电探测[69-72]、太阳能电池[73,74]、barristor[75]以及各类传感器等[76]。在本小节中我们将对这种基于石墨烯 - 硅肖特基结的器件进行简要介绍。

　　2011 年,Stephen Cronin 等[69]利用机械剥离的石墨烯分别与 n 型和 p 型硅构筑了如图 2 - 18(a)、(b)所示的石墨烯 - 硅肖特基二极管,器件存在明显的整流特性,器件的理想因子受到温度的显著影响。2013 年，Swastik Kar 等[70]系统研究了石墨烯－硅肖特基二极管的光电性能，器件结构如图 2－18(c)所示，电极正极与石墨烯相连，负极与硅相连。石墨烯－硅肖特基二极管在不同光功率照射下的输出电流如图 2－18(d)所示，器件在正偏电压驱动下光电流非常微弱，而在反偏电压驱动下光电响应显著增强。这是因为在正偏电压石墨烯的费米能级 $E_f(Gr)$ 非常接近硅的准费米能级（空穴）$E'_{f,h}(Si)$，光照条件下硅中产生的光生空穴注入石墨烯中引起石墨烯费米能级下降，很快达到饱和状态，即 $E'_f(Gr) = E'_{f,h}(Si)$［图 2－18(e)］。继续增大光照强度无法使更多的光生空穴注入石墨烯中，因此，器件的光电流在正偏电压下非常微弱。与此相反，当对器件施加反偏电压时，石墨烯的费米能级 $E_f(Gr)$ 远离 $E'_{f,h}(Si)$，从而为光生空穴的注入提供了大量的空位［图 2－18(f)中红色区域］，因此器件表现出随光照强度递增的光电响应。进一步增大反偏电压，器件的光电流发生饱和［图 2－18(d)］，这是因为所有的光生空穴均已注入石墨烯中。

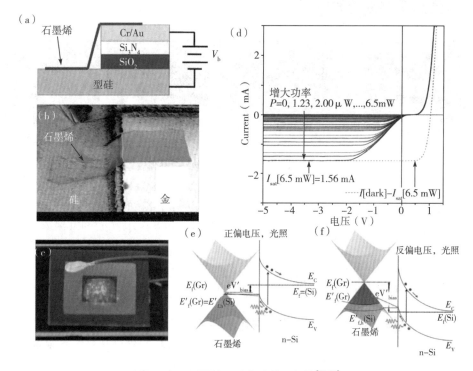

图 2－18 石墨烯－硅肖特基二极管[69,70]

(a,b)石墨烯－硅肖特基二极管器件结构示意图与 SEM 图像;(c)基于石墨烯－硅肖特基二极管的光电探测器;(d)器件在不同光照强度下的电流响应曲线;(e,f)器件在(e)正偏电压和(f)反偏电压作用下的能带结构图石墨烯－硅接触界面的肖特基势垒可以通过外加栅压电场进行调控,从而获得受到场效应调控的电学性能。2012 年,Heejun Yang 等[75]构筑了一种名为 barristor 的三端石墨烯－硅器件,器件结构如图 2-19(a)、(b)所示。该器件通过栅压对石墨烯/硅界面肖特基势垒的高度进行有效调节,如图 2-19(c)所示,当对器件施加负栅压时,石墨烯的费米能级下降,导致界面处的肖特基势垒增大。相反地,石墨烯的费米能级随着正栅压的增大而逐渐上升,导致石墨烯/硅界面处的肖特基势垒逐渐降低[图 2-19(d)]。如图 2-19(e)所示,当栅压由 0 V 增大至 5 V 时,肖特基势垒由 0.45 eV 降至 0.25 eV。利用这一原理,作者研究了器件在正偏电压驱动下栅压对沟道电流的调控,结果如图 2-19(f)所示,器件表现出明显的开关特性,开关比高达 10^5。

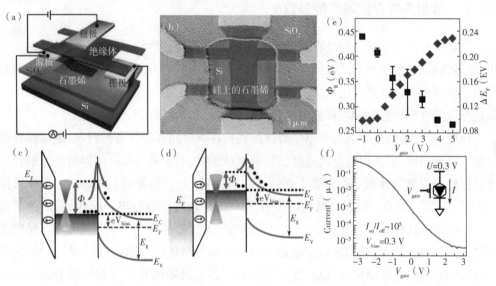

图 2-19 石墨烯－硅场效应调控三端器件[75]

(a,b)石墨烯－硅三端 barristor 器件结构示意图与赝色 SEM 图像;(c,d)反偏电压下对器件施加
(c)负栅压与(d)正栅压时的能带结构;(e)肖特基势垒与石墨烯费米能级随栅压的变化情况;
(f)正偏电压驱动下器件的沟道电流随栅压的变化情况

2.2   石墨烯非易失性存储器

非易失性存储器(Nonvolatile memory)是一类断电之后仍然能够长时间保存数据的电子器件,是电子设备不可或缺的重要组成部分。近年来,随着手机、平板电脑、智能手表、可穿戴设备等便携设备的普及,以及大数据、人工智能等技术的飞速发展,人类对于非易失性存储器件的需要和要求越来越高。根据预测,仅 2020 年即可产生 44 泽字节

的数据(即44万亿Gbyte),因此,下一代非易失性存储器对于速度、存储密度、稳定性、存储时间、能耗和价格等性能制备提出了更为严苛的要求。目前的非易失性存储器主要是基于硅材料的闪存(Flash)器件,通过缩小器件尺寸来增加单位面积内的器件数量的方式来提升存储密度。然而,随着器件尺寸越来越接近其理论极限,进一步缩小器件尺寸的技术难度越来越大,并且面临着泄漏电流增大等难以避免的问题。因此,发展下一代高密度非易失性存储器已成为一项迫在眉睫的任务。

石墨烯作为一种仅具有单原子层厚度的二维材料,在新型非易失性存储器开发中展现出极具潜力的应用前景。本节将对基于石墨烯和石墨烯异质结的非易失性存储器的发展现状进行较为详细的介绍。

2.2.1 非易失性存储器性能参数

将石墨烯应用于非易失性存储器是为了提升存储器的性能,获得尺寸更小、速度更快、可靠性更高、价格更为低廉的存储器件。为了便于对比石墨烯非易失性存储器与目前主流的存储器件性能的优劣,我们首先将对衡量非易失性存储器的几个主要性能指标进行简要介绍,包括速度、存储密度、可靠性、能耗和价格等。

速度:存储器的速度取决于单个器件的随机存取时间和器件进行写入/擦除操作的时间。目前,计算器处理信息的速度已达到纳秒量级,而非易失性存储器对信息的存储速度仍处于百微秒量级,这主要是受到器件较长的写入/擦除时间的限制,另外采用"与非"(NOT – AND, NAND)结构的器件的串行存取速度也较慢。因此,目前的非易失性存储器的速度无法匹配计算器的计算速度,通常需要采用易失性存储器(时间延迟仅为1~100 ns),如动态随机存储器(DRAM)和静态随机存储器(SRAM)。然而,易失性存储器具有价格昂贵、存储密度低等缺点。最近发展的基于自旋转移力矩原理的非易失性存储器在存储时间上表现出与易失性存储器相当的性能[77],但在存储密度和价格方面仍无法与NAND结构的闪存器件相比。另外,基于相变原理的存储器能够在速度和存储时间之间取得一个较好的平衡,基于Ge – Sb – Te的相变存储器的延迟时间缩短至0.1~1 μs,弥补了易失性存储器和非易失性存储器之间速度的空白。

存储密度:目前通常采用对器件进行等比例缩小的方法来增加单位面积的存储容量。然而随着硅器件的尺寸逐渐接近其理论极限,进一步缩小器件尺寸不仅在加工工艺上面临着诸多困难,器件内部电子隧穿的概率显著增大,相邻器件之间也很容易产生相互干扰,这些因素都极大地阻碍了存储密度的进一步提升。近年来,产业界开始尝试采用三维结构来进一步提升存储密度,例如64层的存储器芯片存储密度高达$0.5\ GB \cdot mm^{-2}$。另外一条可行的技术路线是发展多比特存储器,即提升单个器件的存储容量,从而成倍地提升芯片的存储密度。例如,Paolo Samorì等[78]报道了一种在单一器件上可实现256

级存储态(8 比特)的新型光电存储器,理论上可以将存储密度提升 8 倍以上。

可靠性:非易失性存储器的可靠性主要分为两部分,一是数据存储的时间,二是器件在重复写入/擦除操作过程中的稳定性。在实际应用中,一般要求非易失性存储器对于数据的有效存储时间不少于 10 年,而目前商用的 NAND 闪存器件的可擦写次数超过 10^5。

能耗:存储器的能耗包括动态能耗和静态能耗两部分。所谓动态能耗是指驱动器件发生存储状态改变所需的能量,而静态能耗是指器件在存储信息过程中由于漏电流所造成的能量损耗。一般而言,随着器件尺寸的不断缩小,存储器芯片的单位面积能耗明显增大。另外,一些新型的存储器件,如自旋转移力矩随机存储器(STT - RAM)、铁电随机存储器(FeRAM)、电阻随机存储器(ReRAM)以及相变存储器(PCM)等,相比于硅基闪存器件能耗明显降低。

价格:存储器的价格受到诸如材料价格、工艺复杂程度、人工价格以及其他因素的影响。不同应用对象对于价格因素的敏感程度差别很大,因此,更多地追求高器件性能的应用场景,例如国防和航天等领域,可以在很大程度上忽略价格因素。目前,非易失性存储器中价格最便宜的是磁盘,约为 0.1 $ · GB^{-1},但磁盘的存储速度很慢(3 ~ 10 ms),相比之下,NAND 结构的闪存器件在一定程度上平衡了存储速度和价格因素,成为市场上应用非常广泛的一种非易失性存储器。表 2 - 2 汇总了几种不同结构的易失性和非易失性存储器的性能参数。

表 2 - 2　几种存储器的性能参数对比[79]

参数	静态随机存储器	动态随机存储器	闪存器件	阻变随机存储器	铁电随机存储器	相变存储器	自旋极化随机存储器
密度	10 MB	1 ~ 10 GB	10 GB	1 GB	1 MB	1 ~ 10 GB	10 ~ 100 MB
写入时间	< 10 ns	10 ns	100 μs	10 ~ 100 ns	100 ns	10 ~ 100 ns	10 ns
能耗	1 ~ 10 pJ	1 ~ 10 pJ	10 nJ	10 pJ	1 pJ	0.1 ~ 1 nJ	< 1 pJ
保持时间	易失性	10 ~ 100 ms	> 10 年	> 10 年	> 10 年	> 10 年	> 10 年
擦写次数	> 10^{15}	> 10^{15}	10^2 ~ 10^5	10^6 ~ 10^9	> 10^{15}	10^6 ~ 10^9	> 10^{15}
价格 ($ · GB^{-1})	10^4 ~ 10^5	10	1	10^3	10^4 ~ 10^5	10 ~ 100	10^3 ~ 10^4

2.2.2　晶体管型石墨烯非易失性存储器

石墨烯在垂直电场作用下极易产生载流子浓度的变化,从而导致石墨烯电导率的明显改变。利用这一原理,可以构筑晶体管型的石墨烯非易失性存储器。其中,可以通过铁电材料、电荷捕获层（Charge trapping layer）或浮栅结构作为施加垂直电场的媒介。

铁电材料能够发生自发极化，从而产生电偶极矩，诱导石墨烯中载流子浓度发生变化。基于这一原理，Barbaros Özyilmaz 等[80] 于 2009 年首次利用 P（VDF/TrFE）构筑了石墨烯基铁电存储器，器件结构如图 2－20（a）所示。当对器件施加栅压时，P（VDF/TrFE）产生极化现象[图 2－20（a）插图]，极化方向受到栅压的调控。在栅压消失后，P（VDF/TrFE）仍保持极化状态，从而诱导石墨烯导电状态发生持久变化，实现非易失性存储。如图 2－20（b）所示，石墨烯在栅压调控下可实现开与关的转换，电阻变化率超过 350%。图 2－20（b）中的迟滞现象源于 P（VDF/TrFE）的极化滞后。2010 年，Yong－Joo Doh 等[81] 采用类似的方法构筑了基于多层石墨烯的铁电存储器。2011 年，Kang L. Wang 等[82] 采用锆钛酸铅（PZT）作为铁电基底构筑了如图 2－20（c）所示的石墨烯铁电存储器。如图 2－20（d）所示，该器件表现出很大的存储窗口。作者认为器件的迟滞现象除了源自 PZT 的电偶极矩之外，石墨烯/PZT 界面的电荷充放过程同样发挥了重要作用。

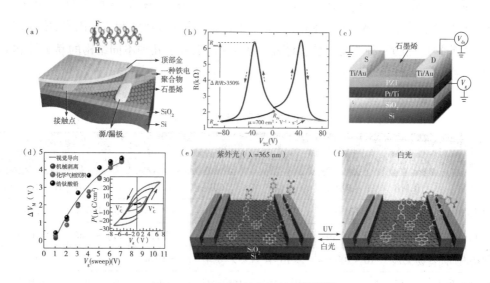

图 2－20　石墨烯铁电存储器[80,82,83]

（a）基于 P（VDF/TrFE）的石墨烯铁电存储器结构示意图；（b）栅压扫描过程中器件电阻的变化情况；（c）采用 PZT 作为铁电衬底的石墨烯铁电存储器结构示意图；（d）器件的存储窗口随栅压扫描范围的变化趋势；（e,f）DR1P 分子在紫外光和白光照射下发生顺式构象和反式构象的可逆转变

除铁电材料外，一些偶极分子也可用于控制石墨烯沟道的开和关。2011 年，Padma Gopalan 等[83] 利用 π－π 相互作用在石墨烯表面修饰了一种 pyrene－tethered Disperse Red 1（DR1P）分子，这种分子在紫外光和白光照射下可发生可逆的相变。如图

2-20(e)、(f)所示,初始状态时 DR1P 分子中的偶氮苯为反式构象,偶极矩为 9D,在紫外光照射下偶氮苯由反式构象转变为顺式构象,分子的偶极矩变为 6D,导致对石墨烯沟道的掺杂效果减弱,沟道电流下降,器件由开态变为关态;相反地,DR1P 分子在白光照射下会恢复到反式构象,偶极矩重新变为 9D,石墨烯沟道由关态转变为开态。

这种采用石墨烯 FET 结构的非易失性存储器具有一个难以克服的缺点,由于石墨烯不具有带隙,存储器的开态和关态电流开关比很低,同时器件无法彻底关断,造成器件的能耗很大。另外,这类器件的存储速度和可靠性主要取决于器件中的极化材料,如铁电材料和偶极分子等。然而,这些极化材料的极性会随着时间的推移逐渐退化,导致石墨烯沟道的导电状态逐渐恢复到初始状态,存储的数据不再可靠,这成为制约此类存储器发展的一大瓶颈。

2.2.3　石墨烯闪存器件

闪存器件是一种广泛应用的非易失性存储器,它利用浮栅实现电荷的存储,从而持续改变沟道的导电状态。电荷在栅压的驱动下注入或逃离浮栅,实现对器件的写入和擦除操作。由于浮栅不与沟道接触,浮栅中存储的电荷自发逃离的概率很小,因此这类器件的数据存储时间一般都很长。由于石墨烯的电流开关比很低,不适合作为沟道材料,石墨烯在闪存器件中常用作浮栅材料。

2.2.3.1　浮栅结构的石墨烯闪存器件

2011 年,Augustin Hong 等[84]首次利用石墨烯作为电荷捕获层构筑了一款双端浮栅结构的闪存器件。器件结构如图 2-21(a)、(b)所示,采用 Si 作为底部电极,石墨烯作为电荷捕获层被 SiO_2 和 Al_2O_3 包夹在 Si 和顶栅中间。如图 2-21(c)、(d)所示,该器件具有很宽的存储窗口(扫描范围 ±6 V 时存储窗口约为 7 V),数据存储时间超过10 年(变化小于 8%)。Abhishek Mishra 等[85,86]的研究结果表明,相比于单层石墨烯,多层石墨烯具有更大的功函数和更高的态密度[87,88],从而更适合作为电荷捕获层应用于非易失性存储器。

与硅相比,二维半导体材料(如 MoS_2、WSe_2 等)具有原子层厚度、良好的可加工性和优异的机械性能,构筑全二维材料的闪存器件对于进一步缩小器件尺寸、克服短沟道效应以及发展柔性可穿戴器件方面具有重要意义。2011 年,Andras Kis 等[89]首次报道基于 MoS_2 的顶栅结构 FET 器件,表现出卓越的电学性能(开关比高达 10^8),引领了二维半导体材料研究的热潮。2013 年,该团队[90]首次将二维半导体材料应用于闪存器件。如图 2-21(e)所示,该器件采用单层 MoS_2 作为沟道,采用多层石墨烯作为电荷捕获层埋在 MoS_2 和顶栅之间。为提升 MoS_2 与电极的接触性能,降低接触电阻,作者采用单层石墨烯作为电极,使器件形成欧姆接触。器件在 ± 15 V 范围内扫描时具有约为 8 V 的存储窗口。通过施加 ± 18 V 的栅压脉冲(100 ms)可以实现对器件的写入和擦除操作,写入态和擦除态之间的电流比大于 10^4,并表现出良好的数据保持性能和可重复性[图 2 − 21(f)]。本器件中,作者采用高 κ 值的 HfO_2 作为隧穿层和栅介电层。相比之下,hBN 作为一种具有良好介电性能的二维材料,应用于二维材料器件将进一步挖掘二维材料的性能优势。2013 年,Won Jong Yoo 等[91] 采用 hBN 作为介电层构筑了如图 2 − 21(g)所示的闪存器件。作者构筑了两种不同结构的器件,器件 1 采用石墨烯作为沟道,MoS_2 作为电荷捕获层,而器件 2 采用材料 MoS_2 作为沟道,石墨烯作为电荷捕获层。两种器件表现出截然不同的存储性能,器件 1 采用石墨烯作为沟道,开态电流和关态电流的比值仅为 5[图 2 − 21(h)];而器件 2 采用 MoS_2 作为沟道,器件的开关比高达 10^4[图 2 − 21(i)]。另外,作者发现 hBN 的厚度对于器件的存储性能同样具有重要影响,hBN 越厚电子隧穿通过 hBN 的概率越小,器件的存储窗口也就越小,驱动器件实现开关所需的电压越大。除石墨烯薄膜外,氧化石墨烯、还原氧化石墨烯、石墨烯纳米片等材料也被广泛用作电荷捕获层[86,92−95],器件表现出良好的存储性能。

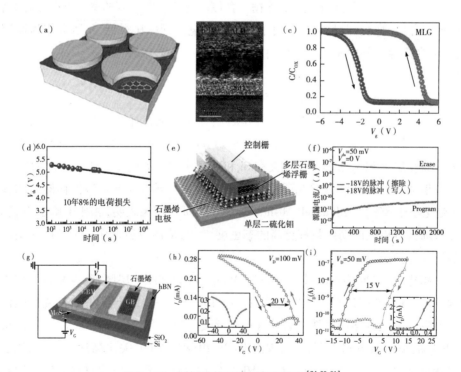

图 2 − 21　浮栅结构石墨烯闪存器件[84,90,91]

(a)基于多层石墨烯的闪存器件结构示意图;(b)器件截面 HRTEM 图像;(c)器件的电容 − 电压曲线;(d)数据存储时间性能测试结果;(e)基于石墨烯和 MoS_2 的顶栅结构闪存器件示意图;(f)器

件开态和关态保持性能测试;(g)基于石墨烯和 MoS_2 的背栅结构闪存器件示意图;(h)以石墨烯为沟道、MoS_2 为电荷捕获层的器件的转移特性曲线,插图为无 MoS_2 层的转移特性曲线;(i)以 MoS_2 为沟道、石墨烯为电荷捕获层的器件的转移特性曲线,插图为无石墨烯层的转移特性曲线

2017 年,Zengxing Zhang 等[96]提出一种半浮栅结构的非易失性存储器,器件结构如图 2–22(a)所示,采用黑磷作为沟道,石墨烯作为浮栅仅覆盖黑磷的一半区域,器件采用 hBN 作为隧穿层。黑磷是一种双极性半导体材料,在零栅压下表现出一定的 n 型掺杂[97]。当对器件施加正栅压时,黑磷中感生出的电子在栅压作用下隧穿通过 hBN 进入石墨烯中[图 2–22(b)],栅压脉冲结束后这些电子受到 hBN 层的阻隔被束缚在石墨烯中,因而石墨烯带有负电。相应地,在石墨烯所对应区域的黑磷中感生出空穴[图 2–22(c)],形成 p 型掺杂,而无石墨烯浮栅区域的黑磷仍为 n 型半导体,因此在黑磷沟道中形成 p–n 结,器件具有显著的整理特性,整流比达到 10^4[图 2–22(d)]。另外,对器件施加负栅压时石墨烯中存储空穴,相应地在黑磷中感生出更高浓度的电子,从而使黑磷沟道变为 n^+–n 结,同样具有一定的整流特性。如图 2–22(e)所示,器件在不同栅压和不同偏压作用下表现出截然不同的电流状态,并具有良好的稳定性,从而为构筑多存储态非易失性存储器奠定了基础。图 2–22(f)、(g)分别为器件在反偏电压和正偏电压驱动下利用栅压进行循环写入/擦除操作,器件表现出良好的稳定性和电流开关比。这一设计为多功能光电器件的开发提供了新的思路。

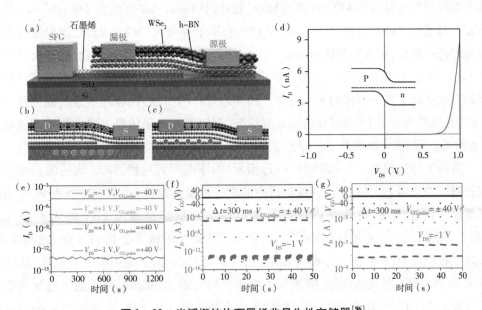

图 2–22　半浮栅结构石墨烯非易失性存储器[96]

(a)石墨烯/hBN/黑磷半浮栅存储器结构示意图;(b,c)器件在(b)施加正栅压以及(c)正栅压结

束后电荷分布示意图;(d)黑磷 p – n 结整流曲线;(e)不同栅压和偏压驱动下器件的电流状态;
(f,g)器件在(f)反偏电压和(g)正偏电压驱动下的循环写入/擦除操作

2.2.3.2 顶浮栅结构石墨烯闪存器件

传统闪存器件的浮栅位于沟道和栅电极之间,电子是在外电场(栅压电场)驱动下隧穿进入电荷捕获层,此时电场在整个平面内均匀分布,电子的注入也是均匀分布的。这种结构的器件电子隧穿所需的时间一般较长,限制了器件的写入速度。为解决这一难题,Peng Zhou 等提出一种顶浮栅结构的闪存器件[98,99],这种器件的电荷捕获层和栅极分布在沟道的两侧。顶浮栅结构器件的电子隧穿是通过内建电场驱动的,内建电场并非是均匀分布的,电子隧穿更容易发生在沟道的边缘。这种非均匀的电子注入方式能够显著提升器件的写入速度,将写入时间从毫米量级缩短至 1 μs[98]。

2019 年,Jun He 等[100]基于 MoS_2/hBN/石墨烯异质结构筑了一种顶浮栅结构的多比特光电存储器。器件结构如图 2 – 23(a)所示,采用少层 MoS_2 作为沟道、多层石墨烯作为顶浮栅层。由于器件的背栅和浮栅分别位于沟道的两侧,器件的暗电流仅为 10^{-14} A,从而使器件的开关电流比达到 10^6,超出采用传统结构的 MoS_2 闪存器件 2 个数量级[90,91],这也为器件实现多比特存储创造了条件。如图 2 – 23(b)所示,该器件具有两种运行模式,分别为(Ⅰ)电写入、(Ⅱ)电擦除和(Ⅰ)电写入、(Ⅲ)光擦除,其中电写入和电擦除过程分别通过对器件施加 ± 60 V 的栅压脉冲(脉冲时间 150 s)来实现,而光擦除过程则是利用 473 nm 激光脉冲(脉冲时间 1 s,功率密度为 248 mW · cm^{-2})。该器件具有很大的存储窗口,在 ± 80 V 栅压扫描下存储窗口约为 95 V,同时器件表现出良好的可靠性,写入态和擦除态在 10^4 s 时间内几乎未发生任何变化,循环次数超过 500 次。同时,该器件还展示出实现多比特存储的潜力,作者在擦除过程中通过多种不同的方式实现了单一器件的多态存储。如图2 – 23(c)所示,作者通过连续施加脉宽为 1 s 的光脉冲获得了 13 个可分辨的电流状态(存储态),从而使单一器件能够存储超过 3 比特的数据,极大地提升了存储密度。

器件工作机理如图 2 – 23(d) ~ (f)所示,对于电写入过程,MoS_2 沟道的费米能级在正栅压的作用下大幅上升,使得沟道中的电子浓度大幅提升,形成一个从 MoS_2 指向石墨烯的内建电场,电子在内建电场的推动下大量隧穿通过 hBN 进入石墨烯中[图 2 – 23(d)]。当正栅压脉冲结束后,进入石墨烯中的电子受到 hBN 势垒的阻挡被束缚在石墨烯中,从而使顶浮栅带负电,相当于对 MoS_2 沟道施加一个负栅压,从而使 MoS_2 沟道由开态转变为关态,完成写入操作。相反地,电擦除过程是通过施加一个负栅压脉冲来实现的,MoS_2 在负栅压作用下费米能级进一步下降,从而形成一个由石墨烯指向 MoS_2 的很强的内建电场,被束缚在石墨烯中的电子在内建电场的驱动下隧穿回

到 MoS_2 中[图 2-23(e)]。负栅压脉冲结束后，石墨烯恢复到电中性状态，相当于顶栅施加的栅压变为零，MoS_2 沟道由关态重新恢复到开态，器件完成擦除操作。光擦除过程的原理如图[图 2-23(f)]所示，MoS_2 在光激发下产生大量的电子-空穴对，其中光生电子受到 hBN 势垒的阻挡而无法隧穿进入石墨烯中，而光生空穴则受到石墨烯中束缚的电子产生的内建电场的驱动隧穿通过 hBN 进入石墨烯中。需要指出的是，hBN 受到内建电场的影响，对于空穴的势垒是一个很小的三角形势垒，空穴隧穿通过的效率很高。这些隧穿进入石墨烯中的光生空穴与石墨烯中束缚的电子发生复合，从而中和掉石墨烯所带的负电荷，使浮栅恢复到电中性状态，完成器件的擦除操作。

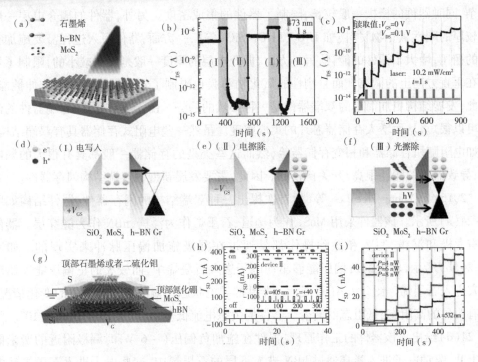

图 2-23 顶浮栅结构石墨烯闪存器件[100]

(a)基于 MoS_2/hBN/石墨烯的顶浮栅结构闪存器件示意图；(b)器件在电写入-电擦除以及电写入-光擦除过程中的电流变化；(c)器件在周期性光脉冲激发下电流的变化；(d-f)器件在(d)电写入、(e)电擦除和(f)光擦除过程中的能带结构示意图；(g)采用石墨烯或 MoS_2 作为顶浮栅的器件结构示意图；(h)器件在正负栅压脉冲激发下实现循环写入/擦除操作，插图为器件在正栅压和光脉冲激发下实现循环写入/擦除操作；(i)不同功率脉冲光激发下器件电流随脉冲数目的变化

2019 年，Kyung-Hwa Yoo 等[101]构筑了一种类似结构的多比特光电探测器，如图 2-23(g)所示，作者分别采用石墨烯或 MoS_2 作为器件的顶浮栅，采用 MoS_2 作为沟道，

沟道的上下两层均覆盖有 hBN 薄膜,其中上层 hBN 为隧穿层,下层 hBN 主要起到屏蔽 SiO_2 基底对于 MoS_2 沟道的电子散射和掺杂效应,提升器件的性能。对于电写入和电擦除过程,栅压脉冲大小为 40 V,而脉冲时间仅为 1 ms,大幅提升了器件的写入/擦除速度。如图 2-23(h)所示,器件的开态/关态电流比同样达到 10^6,保持时间超过 10^4 s,并具有良好的循环稳定性。如图 2-23(i)所示,该器件在光激发下可实现多比特存储,可通过光功率或光波长对存储态的密度进行调节。

2.2.3.3 双端结构石墨烯闪存器件

传统的闪存器件一般是三端结构(源极、漏极和栅极),电路布局和加工过程相对复杂,同时器件的栅极一般较长,限制了器件的集成密度。另外,器件的栅介电层一般是较厚的刚性氧化物材料(如 HfO_2、Al_2O_3、SiO_2 等),一方面,器件写入过程需要施加很大的栅压,增大了器件的能耗;另一方面,栅介电层的厚度一般是无法减小的,限制了器件在垂直方向上的微缩。而且刚性的氧化物薄膜也限制了器件的柔性和可拉伸性能。因此,发展结构更加简单的双端器件是一种必然的趋势。由于没有栅极,双端器件的沟道可以很短,从而增大存储器芯片的集成密度。虽然一些电阻式存储器具有双端结构,例如电阻随机存储器和相变存储器等,然而这些类型的存储器一般都具有很大的漏电流,导致器件的能耗很高,开关比较低。因此,需要发展新型的双端结构闪存器件。

2016 年,Young Hee Lee 等[102]首次提出一种双端结构的闪存器件,器件结构如图 2-24(a)所示。该器件采用 MoS_2 作为沟道、石墨烯作为浮栅、hBN 作为隧穿层。器件仅有源极和漏极,写入和擦除操作都是通过在漏极施加偏压脉冲来实现的。如图 2-24(b)所示,较大的负偏压能够驱动电子进入石墨烯中,而较大的正偏压能够驱动空穴进入石墨烯。图 2-24(c)展示了器件的导电状态在偏压扫描过程中的变化情况,具有明显的高阻态/低阻态的转变。器件的关态电流低至 10^{-14} A,开关比高达 10^9。图 2-24(d)给出了该器件的工作原理:器件在施加负偏压(-6 V)时漏极附近的费米能级上升,驱动电子进入隧穿通过 hBN 进入下层的石墨烯中,这些电子进入石墨烯后散布在整个石墨烯中[图 2-24(d)(Ⅰ)]。由于源极与石墨烯的电势差很小,电子无法从石墨烯隧穿回到 MoS_2 沟道。当偏压脉冲结束后,这些电子被束缚在石墨烯浮栅中,相当于对 MoS_2 施加了一个负栅压,沟道处于关闭状态,此时读取到的电流为关态电流[图 2-24(d)(Ⅱ)]。相反地,空穴在正偏压脉冲作用下隧穿进入石墨烯中,从而使石墨烯带有正电[图 2-24(d)(Ⅲ)]。偏压脉冲结束后,MoS_2 在带有正电的浮栅的作用下感生出大量电子,沟道处于开启状态,此时读取到的电流为开态电流[图 2-24(d)(Ⅳ)]。在本器件中,作为隧穿层的 hBN 的厚度对于器件性能起到至关重要的作用,作者采用的是厚度为 7.5 nm 的 hBN。hBN 厚度过厚会阻碍载流子的隧穿,相反,hBN 过薄会导致进入石墨烯中的载流子很容易隧穿回到 MoS_2 中,从而影响存储的效果。由于 hBN 隧穿层的厚度明显小于三端器件中栅介质层的厚度,因此对器件进行写入和擦除操作所施加的偏压脉冲(6 ~ 8 V)明显小于三端器件的栅压脉冲(> 30 V)。如图 2 – 24(e)所示,与电阻式双端结构存储器相比,这种闪存器件具有更低的关态电流(10^{-14} A)和更高的开关比(10^9)。另外,作者还研究了这种双端结构闪存器件在柔性衬底上的存储性能。由于没有刚性的氧化物材料,器件在拉伸幅度达到 19% 时仍能保持良好的存储性能。2019 年,该团队[103]又进一步发掘了这种器件在多比特光电存储器领域的应用。如图2 – 24(f)所示,这种基于石墨烯/hBN/MoS_2 异质结的双端器件可在偏压脉冲(– 10 V, 1 s)和光脉冲(458 nm, 160 nW, 1 s)的激发下分别实现写入和擦除操作,并表现出良好的循环稳定性。其中,光擦除过程与上一小节中介绍的三端结构光电存储器进行光擦除的原理类似,MoS_2 中产生的大量光生空穴在内建电场的作用下隧穿进入石墨烯中,与石墨烯中存储的电子发生复合,从而使器件恢复到初始状态[100]。器件的关态电流为 10^{-14} A,开关比可达 10^6 。作者利用周期性脉冲激光激发器件,从而实现多比特存储。如图 2 – 24(g)所示,该器件可以获得 18 个可分辨的存储态,使单一器件能够存储超过 4 比特的数据。

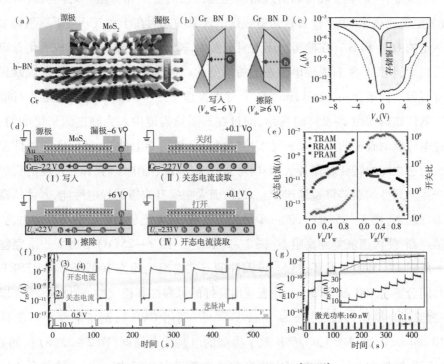

图 2 – 24　双端结构石墨烯闪存器件[102,103]

（a）基于石墨烯/hBN/MoS_2 异质结的双端结构闪存器件示意图；（b）器件在正负偏压作用下的能带

结构示意图;(c)器件沟道电流随偏压在 ±8 V 范围内扫描的变化情况;(d)器件进行(Ⅰ)写入、(Ⅱ)关态读取、(Ⅲ)擦除与(Ⅳ)开态读取过程机理示意图;(e)器件关态电流和开关比随读取电压的变化情况;(f)双端结构光电存储器在循环写入/擦除过程中的电流变化;(g)通过施加周期性光脉冲实现多比特存储

2.2.4　电阻式石墨烯非易失性存储器

电阻式存储器又被称为忆阻器(Memoristor),一般只有两个电极,具有结构简单、存储性能好等优势。通过对器件施加 SET 和 RESET 电压,驱动器件在高阻态(HRS)和低阻态(LRS)之间转变,从而实现信息的快速写入和擦除。与闪存器件相比,电阻随机存储器具有速度快、能耗低等优点。

2.2.4.1　平面结构石墨烯忆阻器

传统的平面结构电阻随机存储器一般采用金属－阻变材料－金属结构,石墨烯在此类器件中突触用作阻变材料。2008 年,Echtermeyer 等[104]构筑了一种双栅结构的石墨烯场效应器件,他们发现可以通过栅压使器件在高组态和低阻态之间实现可逆的转变,开关电流比高达 10^6。作者认为造成这一现象的原因在于大气环境下石墨烯表面吸附有一定的 OH^- 和 H^+,在栅压作用下对石墨烯进行化学修饰,分别形成氧化石墨烯和氢化石墨烯,从而导致石墨烯电阻态的持续变化。这是第一次在石墨烯中观察到可逆的阻变现象。同年,Marc Bockrath 等[105]首次报道了一种双端结构的电阻式石墨烯存储器。器件结构如图 2－25(a)所示,通过在石墨烯沟道中人为制造原子尺度的裂缝,并通过电压驱动碳链的产生和断裂来控制裂缝区域的导电性能,从而实现器件在高阻态和低阻态之间的转变。作者认为,当对器件施加较大的电压时,原子尺度的裂缝的两端会产生金属性的碳链将裂缝连接起来,从而大幅提升沟道的导电性能,器件从高阻态转变为低阻态[图 2－25(b)];进一步提升沟道电压,电流超出碳链的负载能力,会再次将碳链烧断,使沟道恢复到高阻态[图 2－25(c)]。图 2－25(d)给出了一个完整的高阻态—低阻态—高阻态循环过程。该器件的开关电流比约为 100,SET 和 RESET 过程所需时间分别为 100 μs 和 5 μs,并表现出良好的可靠性和稳定性,能够承受 10^5 以上的写入/擦除循环操作。随后,James Tour 等[106,107]利用 CVD 法制备的厚层石墨烯条带(5~10 nm 厚,0.2~5.0 μm 宽)构筑了类似的电阻式存储器[图 2－25(e)]。如图 2－25(f)所示,器件在电压驱动下可实现高阻态和低阻态之间的转变,器件的开关比高达 10^7,转变时间小于 1 μs,并具有良好的数据保持能力和循环稳定性[图 2－25(g)]。为

证明石墨烯电阻变化是由碳链的产生和断裂引起的,而不是由于 SiO_2 基底产生的硅纳米晶沟道[109-112],Chunning Lau 等[108]利用悬浮的石墨烯作为沟道,研究了器件的存储性能。如图 2-25(h)、(i)所示,在开态和关态状态下石墨烯裂缝的形貌具有明显的差别。另外,悬浮的石墨烯不与 SiO_2 基底接触,仍然能够实现高阻态和低阻态的可逆转变[图 2-25(j)],由此证明碳链的产生和断裂是导致石墨烯发生高低阻态转变的主要原因。

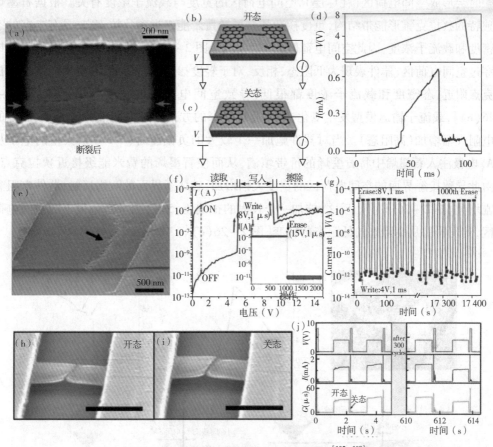

图 2-25　基于断裂石墨烯的阻变存储器[105-108]

(a)具有原子尺度裂缝的石墨烯沟道 SEM 图像;(b,c)裂缝处碳链的产生和断裂;(d)器件的输出电流随扫描电压的变化情况;(e)厚层石墨烯断裂后的 SEM 图像;(f)器件电流随扫描电压的变化情况,插图为器件在 8 V 和 15 V 电压脉冲作用下电流的变化情况;(g)器件进行 1000 次循环写入/擦除测试结果;(h,i)悬浮石墨烯裂缝在(h)开态和(i)关态的 SEM 图像;(j)器件进行 300 次循环写入/擦除测试结果

　　2012 年,Jianbin Xu 等[113]提出一种基于非对称石墨烯/金属接触界面的阻变存储器。器件结构如图 2-26(a)所示,作者分别采用低功函的 Al 和高功函的 Au 作为器件的源极和漏极,用来构筑非对称的石墨烯/金属接触。为避免基底和空气中的水氧分子对于石墨烯的掺杂,需要在基底表面自组装一层正十八烷基三甲氧基硅烷(OTMS)分子膜[114,115]。如图 2-26(b)、(c)所示,器件在负偏压驱动下由低阻态转变为高阻态,反之,在正偏压驱动下则由高阻态恢复至低阻态。器件的电流开关比高达 10^5,可进行超过 1000 次的写入/擦除循环。器件机理如图 2-26(d)、(e)所示,当石墨烯与金属接触时会形成空间电荷区(耗尽层),空间电荷区的宽度与载流子浓度有关。根据石墨烯独特的狄拉克锥形能带结构,重度掺杂的石墨烯费米能级远离狄拉克点,具有丰富的态密度和载流子浓度,因此空间电荷区的宽度很窄[图 2-26(d)],载流子可以很容易地穿过空间电荷区,器件表现为低阻态;相反,对于轻度掺杂的石墨烯,其费米能级在狄拉克点附近,态密度和载流子浓度都很低,导致空间电荷区的宽度大幅延伸[图 2-26(e)],载流子输运模型发生变化,需要通过隧穿的方式穿过空间电荷区,导致器件的电阻大幅增加(高阻态)。当对器件施加一个较大的负偏压时(-5 V),大量的电子从 Al 电极注入石墨烯中将石墨烯的价带填满,从而使石墨烯的费米能级接近狄拉克点,由此导致接触界面的空间电荷区的宽度大幅增加,破坏了界面的欧姆接触,器件电阻急剧增大[图 2-26(b)]。反之,施加一个较大的正偏压(5 V)则可获得很小的空间电荷区,实现器件从高阻态向低阻态的转变[图 2-26(c)]。

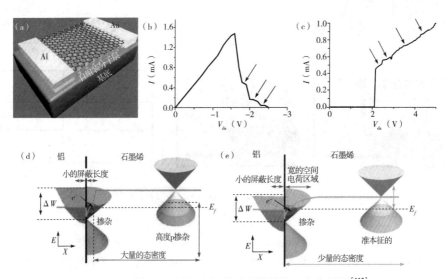

图 2-26　基于石墨烯/金属非对称接触的阻变存储器[113]

(a)器件结构示意图;(b,c)器件在(b)负偏压和(c)正偏压驱动下的电流变化情况;(d)重掺杂石墨烯/金属界面的能带结构示意图;(e)轻掺杂石墨烯/金属界面的能带结构示意图

2.2.4.2　垂直结构石墨烯忆阻器

垂直结构的忆阻器一般采用金属/绝缘层/金属结构(Metal - insulator - metal,MIM),通过构筑十字交叉阵列(Crossbar array)实现器件的高密度集成。与水平结构的忆阻器相比,垂直结构的器件一般所需驱动电压较低,易于制备和大规模集成。垂直结构的石墨烯忆阻器通常采用氧化石墨烯(GO)或还原氧化石墨烯(RGO)作为中间的绝缘层材料。2009 年,Runwei Li 等[116]构筑了一种 Cu/GO/Pt 结构的忆阻器[图2 -27(a)],该器件可在小于 1 V 的驱动电压下实现高阻态/低阻态的转变,电流开关比约为20,开态/关态电流在 10^4 时间内无明显变化,并表现出良好的循环稳定性[图2 -27(b)、(c)]。作者认为氧化石墨烯表面含氧官能团的脱附/吸附,以及氧化石墨烯膜中铜导电细丝的形成/断裂,是导致器件实现低阻态/高阻态转变的原因。2010 年,Sung-Yool Choi 等[117]在柔性衬底上构筑了基于 Al/GO/Al 结构的忆阻器阵列[图2 -27(d)],该器件同样表现出良好的存储性能。该团队利用 TEM 技术对器件的高阻态/低阻态转变机理进行了细致的研究[117,119,120]。作者认为,在沉积顶部电极时,较为活泼的金属(如Al)会与氧化石墨烯发生氧化还原反应,在界面处形成绝缘的顶部界面层(Top interface layer, TIL)。由于 TIL 层的电阻占据器件总电阻的绝大部分,此时器件处于高阻态[图2 -27(e)]。如图 2 -27(f)所示,当对器件施加负偏压时,带负电的含氧基团在电场驱动下向 GO 内部迁移,从而使 TIL 层中形成导电细丝。这些导电细丝使得 TIL 层的电阻大幅下降,器件总电阻也随之降低,器件处于低阻态[图2 -27(g)]。如图 2 -27(h)所示,作者利用 HRTEM 直接观察到 Al 导电细丝在 TIL 层中的产生。作为对比,作者使用惰性的 Au 作为电极构筑类似结构的器件,该器件无法实现电阻态的转变,这是因为 Au 不能与含氧基团发生氧化还原反应产生 TIL 层。Byung Jin Cho 等对基于氧化石墨烯的忆阻器的失效机制进行了系统研究[121,122],作者发现电极的选择对于忆阻器性能十分重要。作者对十几组不同的电极组合进行了测试,发现只有 Al/ITO 和 Al/Pt 电极能够使忆阻器表现出可靠的存储性能。

还原氧化石墨烯也被用于构筑垂直结构的忆阻器。2011 年,Sood 等[118]制备了一种基于 RGO 的忆阻器,器件的上下电极均分别采用 Al 和 ITO。如图 2 -27(i)所示,该器件在 8 V 和 4 V 电压驱动下可实现低阻态/高阻态的可逆转变,具有良好的循环稳定性。另外,器件的电流开关比与所施加的电压脉冲的时间有关,当脉冲时间仅为 10 s时,器件的开关比约为100,而当脉冲时间增大至 1 ms 时器件的开关比高达 10^5[图2 -26(j)]。为探究器件的工作机理,作者还构筑了一种 Au/RGO/ITO 结构的垂直忆阻器,器件表现出类似的性质,说明该器件的工作机制不同于前文中介绍的金属细丝的形成/断裂机制。作者认为器件中形成了类似于平面结构中的纳米裂缝,在电压驱动下碳链的产生和断裂是器件组态发生改变的原因。

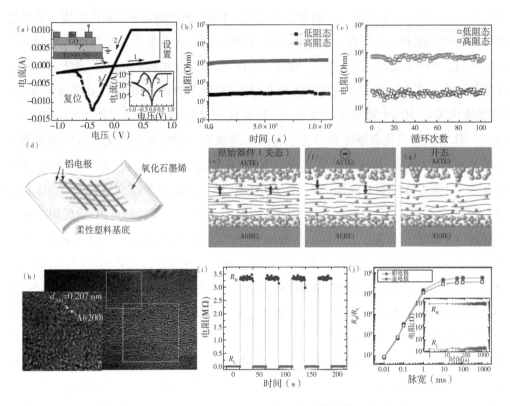

图 2 - 27 垂直结构石墨烯忆阻器[116 - 119]

(a) Cu/GO/Pt 结构的石墨烯忆阻器电流随电压扫描的变化情况,左上方插图为器件结构示意图,右下方插图为电流采用对数坐标的结果;(b) 器件在高阻态和低阻态的保持时间测试;(c) 器件循环性能测试;(d) 基于 Al/GO/Al 结构的柔性忆阻器阵列;(e ~ g) 器件在负电压驱动下由关态转变为开态的原理示意图;(h) 器件垂直截面 TEM 图像,左下方插图为图中黄色区域的放大图;(i) Al/RGO/ITO 结构忆阻器在 8 V 和 4 V 电压驱动下的循环性能测试;(j) 器件开关比随电压脉冲宽度的变化情况,插图为脉冲时间为 100 μs 时器件的稳定性测试

2.3　石墨烯人工突触器件

电子计算机是第三次工业革命最重要的发明之一,已广泛应用于当今社会的各个领域。目前的计算机都是基于冯诺依曼构架,即计算器和存储器是相互独立的,这就导

致大量数据需要在二者之间进行传递,不可避免地限制了计算机的计算效率,同时造成很大的能耗。为了满足飞速增长的信息处理需求,科学家们开始发展神经形态计算(Neuromorphic computing,又称为类脑计算)。人类的大脑通过遍及全身的神经网络(10^{11})以及无数的神级突触(10^{15})实现对海量数据的高效并行处理[123]。1990 年,Mead 提出了通过模拟动物大脑发展神经形态电子器件的构想[124],通过构筑人工神经网络(Artificial neural network,ANN)来实现对海量数据的高效并行计算。IBM 曾尝试基于现有的冯诺依曼构架的计算机,采用软件的方式来模拟猫的大脑。然而这种方式占用了大量的计算资源,并产生大量的能耗:他们共使用了 147 456 个微处理器,占用了144 TB的存储空间,能耗高达 1.4 MW[125]。相比之下,结构更为复杂的人类大脑的能耗仅为 20 W[126]。因此,通过开发新型硬件来构筑人工神经网络是实现神经形态计算的一条切实可行的路径。

神经突触是人类神经系统非常重要的组成部分,突触传递信息的过程中完成了对信息的处理,并可通过突触塑性行为实现对信息的存储。因此,发展人工神经网络的核心是开发高效的存算一体的人工突触器件。在本节中,我们将对石墨烯在人工突触器件中的发展现状进行简要的介绍。

2.3.1　电学突触器件

电学突触器件是研究较早的一类人造突触器件,一般采用忆阻器或场效应晶体管结构。人造突触器件的基本功能是能够模拟神经突触的塑性行为,包括短时程塑性(Short-term plasticity, STP)、长时程塑性(Long-term plasticity, LTP)、双脉冲易化(Paired-pulse facilitation, PPF)以及峰电位时间依赖塑性(Spike-time dependent plasticity, STDP)等,同时要求器件具有很低的能耗。

2.3.1.1　忆阻器结构

生物突触的结构如图 2 - 28(a)所示,在突触前膜(Pre-synapse)和突触后膜(Post-synapse)之间有一个 20 ~ 40 nm 的突触间隙。当神经冲动传递至突触时,突触前膜对化学离子(如 Ca^{2+}、Na^+)的通透性增强,突触间隙中的 Ca^{2+} 进入突触前膜后促使突触小泡与突触前膜融合释放出神经递质,这些递质在突触间隙中经过扩散到达突触后膜,与后膜上的蛋白质受体结合后可以改变突触后膜对离子的通透性,从而引起突触后膜发生兴奋型或抑制型的变化。

2018 年,Chao-Sung Lai 等[127]构筑了一种 Al/AlO$_x$/石墨烯结构的人工突触器件,如图 2-28(b)所示,该器件采用忆阻器结构,Al 和石墨烯分别作为顶部电极(突触前膜)和底部电极(突触后膜)。通过对突触前膜施加电压来控制突触后膜输出电流的大小,实现对信号的兴奋或抑制型调节,模拟突触塑性。该器件通过电压驱动 AlO$_x$ 阻变层中氧空位的重新排布,实现对忆阻器电阻态的转变。作者对比了采用石墨烯和 Pt 作为底部电极的忆阻器性能,结果显示采用石墨烯的忆阻器具有更小的工作电流和更大的开关比(10^6),这是因为石墨烯的范德瓦尔斯相互作用很弱。如图 2-28(c)所示,可以通过对器件施加正电压脉冲和负电压脉冲,分别实现对突触后电流(Post-synaptic current,PSC)的增强和抑制。作者分别研究了器件在高阻态(50 nA CC)和低阻态(50 μA CC)时的突触塑性行为,如图 2-28(d)所示,对器件施加连续脉冲能够引起突触权重的连续变化,从短时程塑性向长时程塑性转变。图 2-28(e)展示了器件在低阻值状态下的 STDP 特性。这种突触器件的单峰能耗仅为 0.01~1 fJ,甚至比生物突触的能耗还要低(1~10 fJ)。2019 年,Tania Roy 等[128,129]构筑了一种基于石墨烯/MoS$_2$ 异质结的人工突触器件,结构如图 2-28(f)所示。在该器件中,MoS$_2$ 充当阻变材料,石墨烯作为底部电极。当对器件施加正电压脉冲时突触后电流增大,反之,负电压脉冲能够抑制突触后电流。如图 2-28(g)所示,作者对器件进行增强和抑制的周期性测试,首先对器件连续施加 100 个周期为 100 μs 的正电压脉冲,随后又对器件连续施加 100 个相同周期的负电压脉冲,突触器件很好地模拟了兴奋和抑制两种神经冲动,并表现出良好的循环稳定性。作者还研究了器件从短时程塑性向长时程塑性的过渡过程,如图 2-28(h)所示,对器件连续施加 18 个脉宽为 5 ms 的周期性正电压脉冲,器件的突触后电流发生持续改变,成为长时程塑性。这种通过对突触的连续刺激获得长时程塑性是记忆和学习活动的基础。

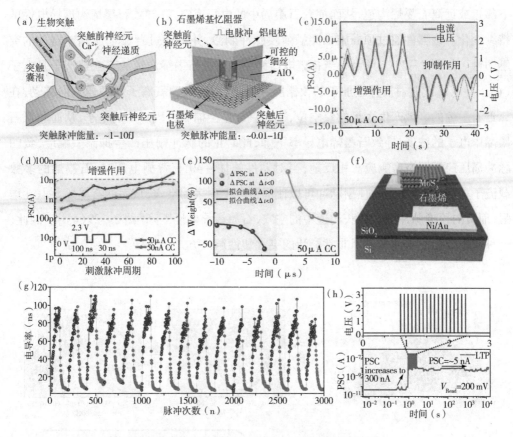

图 2-28 忆阻器式石墨烯人造突触器件[127,128]

（a）生物突触结构示意图；（b）Al/AlOx/石墨烯结构突触器件示意图；（c）器件突触后电流在正电压
脉冲和负电压脉冲刺激下的变化情况；（d）器件突触后电流在连续电压脉冲刺激下的变化情况；
（e）器件的 STDP 测量结果；（f）基于 MoS₂/石墨烯异质结的突触器件结构示意图；（g）器件在连续
正电压脉冲和负电压脉冲刺激下的循环性能；（h）器件突触后电流在 18 个周期性
正电压脉冲刺激下的变化情况

2.3.1.2 场效应晶体管结构

与双端的忆阻器结构相比，场效应晶体管结构的人工突触器件通常可以获得连续可调的突触权重（Weight），并且器件的性能更加稳定，器件原理更加清晰，功能更加多样。

2015 年，Tianling Ren 等[130]构筑了一种双栅结构的石墨烯场效应晶体管用于模拟突触塑性。器件结构如图 2-29（a）所示，以石墨烯作为沟道，在石墨烯表面沉积一层 AlOx 薄膜作为顶栅介电层。由于 AlOx 中含有大量的氧离子，这些氧离子在顶栅电压下靠近或远离石墨烯沟道,从而捕获石墨烯中的电子或空穴,导致石墨烯沟道导电性的持续变化。该器件通过顶栅施加突触前膜脉冲刺激,并可通过背栅电压调节器件的突触塑性。如图2-29(b)所示,当背栅电压为40 V时,石墨烯沟道的多数载流子是电子(电子导电),此时对器件施加正的顶栅脉冲电压,AlO_x中的氧离子向顶栅方向移动,在靠近石墨烯的区域产生大量的氧空位,这些氧空位会捕获石墨烯中的电子,从而降低石墨烯中电子的浓度,导致石墨烯电导率下降,此时正的脉冲栅压产生抑制型响应,负的脉冲栅压产生兴奋型响应。相反地,当对器件施加-40 V背栅电压时,石墨烯的多数载流子是空穴,施加正的顶栅脉冲可以使沟道产生更多的空穴,从而使石墨烯导电性增强,而负的顶栅脉冲则会捕获沟道中的空穴,石墨烯导电性下降[图2-29(c)]。因此,这种双栅结构的器件提供了非常灵活的突触塑性调节方式。

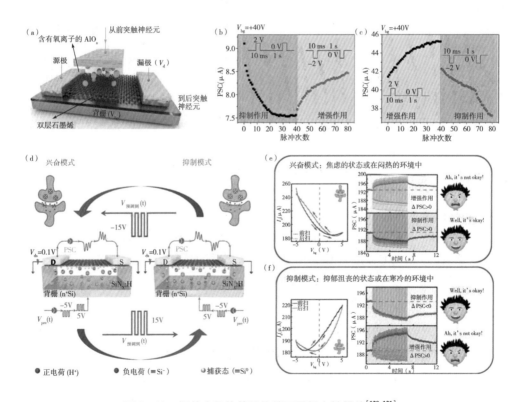

图2-29 场效应晶体管结构的石墨烯突触器件[130,131]

(a)以石墨烯和AlO_x为功能层的突触器件结构示意图;(b,c)器件在(b)+40 V和(c)-40 V背栅压下在连续顶栅脉冲刺激下的突触后电流响应;(d)以石墨烯和SiN_x:H为功能层的突触器件工作原理示意图;(e,f)模拟人在(e)湿热和(f)严寒环境下制热和制冷的情绪感受

2019 年,Zhi Jin 等[131]发展了一款类似的器件,可以有效调控突触后电流的增强和抑制。如图 2 - 29(d)所示,该器件采用背栅结构、石墨烯作为沟道、SiN$_x$：H 为栅介电层。在该器件中,作者通过巧妙地设计 SiN$_x$：H 的组分,在单栅结构器件中同时引入两种弛豫模式:载流子捕获效应(Carrier trapping effect)和电容性栅效应(Capacitive gating effect)。当对器件施加较大的栅压时(±15 V),SiN$_x$：H 中的 Si—H 键发生断裂,其中 H$^+$ 在栅压的驱动下发生自由的移动。当施加 - 15 V 栅压时,H$^+$ 向栅电极方向移动,留在原处的 Si$^-$ 诱导石墨烯中产生更多的空穴,从而使石墨烯处于空穴导电的状态;相反地,当对器件施加 +15 V 栅压时,移向石墨烯的 H$^+$ 将诱导石墨烯中产生大量的电子,使石墨烯的多数载流子变成电子[图 2 - 29(d)]。因此,可以通过施加大的栅压脉冲改变器件的增强或抑制特性。另一方面,SiN$_x$：H 是一种富硅材料,存在大量的硅悬挂键(≡Si^0),可以充当电子或空穴的捕获位点。当对器件施加较小的栅压脉冲时(±5 V),由于捕获位点对电子或空穴的捕获,使沟道电流发生持续变化。当石墨烯的多数载流子为空穴时,器件在 +5 V 和 -5 V 栅压脉冲刺激下分别产生兴奋型和抑制型响应;反之,电子导电的石墨烯在 ±5 V 栅压脉冲刺激下产生抑制型和兴奋型响应。在此基础上,作者模拟了人在炎热和寒冷环境中的情绪感受。+5 V 栅压脉冲刺激代表制热,-5 V 栅压脉冲刺激代表制冷,石墨烯空穴导电代表人处于湿热环境中,而电子导电则表示处于寒冷环境中。如图 2 - 29(e)、(f)所示,对于处于湿热环境中的人,制热刺激将导致突触后电流增强(代表沮丧的情绪),而制冷刺激产生抑制的突触后电流(代表舒适的情绪);反之,对于处于寒冷环境中的人,制热刺激产生舒适的感受,而制冷刺激将产生沮丧的感受。

2019 年,Qijun Sun 等[132]纳米压电发电机与离子凝胶晶体管结合在一起构筑了一种运动感知神经突触器件。如图 2 - 30(a)所示,石墨烯作为突触器件的沟道,与纳米压电发电机通过离子凝胶电解质相连。由于纳米压电发电机在拉伸或压缩情况下会分别产生负电和正电,通过双电层原理引起石墨烯中载流子浓度发生改变,从而影响器件的突触后电流。因此,可以通过突触器件电流的变化感知外界运动。在拉伸应力下,纳米压电发电机产生负电压脉冲,诱导石墨烯中产生大量的空穴,从而产生兴奋型突触后电流;反之,器件在压缩应力下表现出抑制型突触后电流。由于纳米压电发电机产生电压的大小与拉伸/压缩幅度有关,器件的突触塑性能够反映出运动的方向和幅度。

图 2-30(b)展示了不同拉伸应变下器件突触后电流的变化情况。该器件除了可以感知运动外,还可以通过对器件施加周期性应变来调控器件的突触塑性,实现神经形态计算[图 2-30(c)]。如图 2-30(d)所示,通过拉伸和压缩可以模拟兴奋型和抑制型突触塑性。更进一步地,作者将两个纳米发电机集成到一个突触器件中[图 2-30(e)],可以同时向突触器件施加两个脉冲信号,从而模拟更加复杂的突触塑性行为。如图 2-30(f)所示,分别对 PENG-1 和 PENG-2 施加 0.2% 和 0.1% 的拉伸应变(0.1 s),输出的突触后电流(当两个脉冲同时施加到器件上时具有的突触后电流)的大小与两个脉冲的相对时间间隔有关。

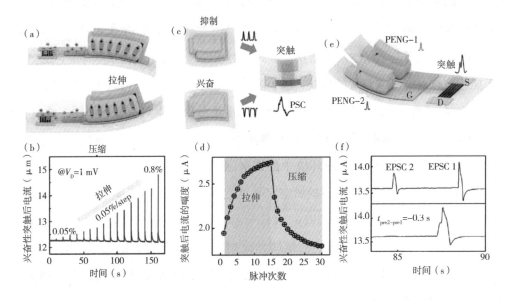

图 2-30 压电式石墨烯运动感知突触器件[132]

(a) 器件在拉伸应力和压缩应力作用下的工作原理示意图;(b) 突触后电流随拉伸应力的变化情况;
(c) 通过周期性拉伸与压缩产生栅压脉冲;(d) 通过拉伸与压缩实现对突触后电流的增强与抑制;
(e) 集成两个纳米压电发电机的突触器件示意图;(f) 突触后电流在两个脉冲信号刺激下的响应情况

2.3.2 光电突触器件

光电突触器件是近年来新发展的一种人工突触器件,相比于传统的电学突触器件,光电突触将光刺激引入器件中,使对器件突触塑性的调控手段更加灵活多样。尤为重要的是,光电突触器件能够直接感知光信号刺激,对于发展神经形态视觉系统具有重要意义。传统的电学突触器件无法感知光信号,需要采用光电探测器将光信号转换为电信号,再输入到神经形态网络中进行处理,这样将产生大量的冗余数据,同时数据的传输也限制了信息的处理速度。而基于光电突触器件的神经形态视觉传感器,能够将图像的采集、存储与处理功能集于一身,真正实现感存算一体,极大地提升了系统的集成度,降低了能耗[133]。

2017 年,Rong Zhang 等[134]首次报道了一种基于石墨烯/碳纳米管异质结的光电突触器件。如图 2 – 31(a)所示,该器件采用场效应晶体管结构,石墨烯作为沟道,碳纳米管作为吸光材料。器件在光照刺激下产生脉冲信号,用于模拟各种突触塑性。由于石墨烯的费米能级能够被栅压有效地调控,器件表现出可变的突触塑性。如图 2 – 31(a)所示,器件突触后电流的变化(ΔPSC)随栅压连续可调。当栅压为零时,石墨烯中的多数载流子为空穴,此时碳纳米管中的光生电子注入石墨烯中导致空穴浓度下降,突触后电流降低,器件表现出抑制型突触后电流[图 2 – 31(b)左上方插图];相反,石墨烯在 20 V 栅压作用下处于电子导电状态,碳纳米管中的光生电子的注入增大了突触后电流,因此器件表现出兴奋型突触后电流[图 2 – 31(b)右下方插图]。栅压对于器件的长时程塑性也有重要影响。如图 2 – 31(c)所示,分别在 – 10 V 和 – 20 V 栅压下对器件施加一个长周期的光脉冲刺激,激发器件的长时程塑性。结果显示器件在 – 20 V 栅压作用下表现出更好的长时程塑性。作者还研究了器件的波分复用和逻辑运算功能。如图 2 – 31(d)所示,作者分别利用 405 nm 和 532 nm 光脉冲刺激该器件,并研究了 ΔPSC 随两个脉冲之间时间间隔的变化情况,结果如图 2 – 31(e)所示,当 $\Delta t_{pre2-pre1}=0$ 时 ΔPSC 具有最大值,而随着 $\Delta t_{pre2-pre1}$ 向正负方向增大,ΔPSC 显示出非对称的衰减。图 2 – 31(f)展示了器件进行逻辑"非"运算的结果。另外器件还可以进行逻辑"与"和"或"的运算。

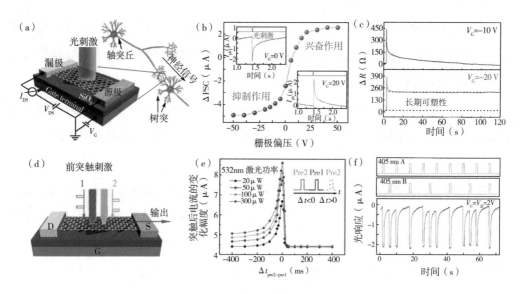

图 2-31　石墨烯光电突触器件[134]

（a）基于石墨烯/碳纳米管的光电突触器件示意图；（b）ΔPSC 随栅压的变化情况，左上方插图为
$V_g = 0$ V 时器件的短时程塑性，右下方插图为 $V_g = 20$ V 时器件的短时程塑性；（c）器件在 -10 V
和 -20 V 栅压下的长时程塑性；（d）器件模拟多神经信号传输过程示意图；（e）ΔPSC 随
$\Delta t_{pre2-pre1}$ 的变化情况；（f）器件执行逻辑"非"运算结果

目前,石墨烯在高频场效应晶体管领域已经展现出它的性能优势,基于石墨烯的
MOSFET 的截止频率已经可以与目前世界上最快的晶体管相媲美,最大振荡频率也达
到了 200 GHz。另外,通过对石墨烯能带的调控以及设计新原理器件,能够在一定程度
上提升石墨烯晶体管的开关比,推动石墨烯在逻辑电路中的应用。近年来,石墨烯在新
型非易失性存储器以及人工突触器件的开发中也展现出了它的性能优势,目前正处于
快速的发展过程中。

参考文献

[1] Novoselov K S, Geim A K, Morozov S V, et al. Electric field effect in atomically thin carbon films [J]. Science, 2004, 306(5696): 666 – 669.

[2] Geim A K, Novoselov K S. The rise of graphene[J]. Nature Materials, 2007, 6(3): 183 – 191.

[3] Schedin F, Geim A K, Morozov S V, et al. Detection of individual gas molecules adsorbed on graphene[J]. Nature Materials, 2007, 6(9): 652 – 655.

[4] Leenaerts O, Partoens B, Peeters F M. Adsorption of H_2O, NH_3, CO, NO_2, and NO on graphene: A first – principles study[J]. Physical Review B, 2008, 77(12): 125416.

[5] Wehling T O, Lichtenstein A I, Katsnelson M I. First – principles studies of water adsorption on graphene: the role of the substrate[J]. Applied Physics Letters, 2008, 93(20): 202110.

[6] Leong W S, Wang H, Yeo J, et al. Paraffin – enabled graphene transfer [J]. Nature Communications, 2019, 10: 867.

[7] Kim S J, Choi T, Lee B, et al. Ultraclean patterned transfer of single-layer graphene by recyclable pressure sensitive adhesive films[J]. Nano Letters, 2015, 15(5): 3236 – 3240.

[8] Wei D, Liu Y, Wang Y, et al. Synthesis of N – doped graphene by chemical vapor deposition and its electrical properties[J]. Nano Letters, 2009, 9(5): 1752 – 1758.

[9] Wang H, Zhou Y, Wu D, et al. Synthesis of boron – doped graphene monolayers using the sole solid feedstock by chemical vapor deposition[J]. Small, 2013, 9(8): 1316 – 1320.

[10] Lemme M C, Echtermeyer T J, Baus M, et al. A graphene field – effect device[J]. Ieee Electron Device Letters, 2007, 28(4): 282 – 284.

[11] Xia F, Farmer D B, Lin Y M, et al. Graphene field – effect transistors with high on/off current ratio and large transport band gap at room temperature [J]. Nano Letters, 2010, 10(2): 715 – 718.

[12] Lin Y M, Dimitrakopoulos C, Jenkins K A, et al. 100 GHz transistors from wafer – scale epitaxial graphene[J]. Science, 2010, 327(5966): 662 – 662.

[13] Liao L, Bai J, Cheng R, et al. Sub – 100 nm channel length graphene transistors[J]. Nano Letters, 2010, 10(10): 3952 – 3956.

[14] Wu Y, Lin Y M, Bol A A, et al. High – frequency, scaled graphene transistors on diamond – like carbon[J]. Nature, 2011, 472(7341): 74 – 78.

[15] Liao L, Lin Y C, Bao M, et al. High – speed graphene transistors with a self – aligned nanowire gate[J]. Nature, 2010, 467(7313): 305 – 308.

[16] Schwierz F. Graphene transistors[J]. Nature Nanotechnology, 2010, 5(7): 487 – 496.

[17] Meric I, Baklitskaya N, Kim P, et al. RF performance of top – gated, zero – bandgap graphene field – effect transistors[C]. 2008 IEEE International Electron Devices Meeting, 2008: 1 – 4.

[18] Lin Y M, Jenkins K, Farmer D, et al. Development of graphene fets for high frequency electronics [C]. 2009 IEEE International Electron Devices Meeting (IEDM), 2009: 1 – 4.

[19] Wu Y, Jenkins K A, Valdes – Garcia A, et al. State – of – the – art graphene high – frequency electronics[J]. Nano Letters, 2012, 12(6): 3062 – 3067.

[20] Cheng R, Bai J, Liao L, et al. High – frequency self – aligned graphene transistors with transferred gate stacks[J]. Proceedings of the National Academy of Sciences of the United States of America, 2012, 109(29): 11588 – 11592.

[21] Kim D, Alamo J A D. 30 nm inas phemts with f_t = 644 GHz and f_{max} = 681 GHz[J]. Ieee Electron Device Letters, 2010, 31(8): 806 – 808.

[22] Nguyen L D, Tasker P J, Radulescu D C, et al. Characterization of ultra-high-speed pseudomorphic algaas/ingaas (on gaas) modfets[J]. IEEE Transactions on Electron Devices, 1989, 36(10): 2243 – 2248.

[23] Lee S, Jagannathan B, Narasimha S, et al. Record RF performance of 45 – nm soi cmos technology[C]. 2007 IEEE International Electron Devices Meeting, 2007: 255 – 258.

[24] Steiner M, Engel M, Lin Y M, et al. High – frequency performance of scaled carbon nanotube array field – effect transistors[J]. Applied Physics Letters, 2012, 101(5): 053123.

[25] Schwierz F, Liou J J. Rf transistors: recent developments and roadmap toward terahertz applications[J]. Solid – State Electronics, 2007, 51(8): 1079 – 1091.

[26] Meric I, Dean C R, Ham S J, et al. High – frequency performance of graphene field effect transistors with saturating IV – characteristics[C]. 2011 International Electron Devices Meeting, 2011: 211 – 214.

[27] Wu Y Q, Farmer D B, Valdes – Garcia A, et al. Record high RF performance for epitaxial graphene transistors[C]. 2011 International Electron Devices Meeting, 2011: 2381 – 2383.

[28] Lai R, Mei X B, Deal W R, et al. Sub 50 nm inp hemt device with fmax greater than 1 THz[C]. 2007 IEEE International Electron Devices Meeting, 2007: 609 – 611.

[29] Schwierz F. Industry – compatible graphene transistors[J]. Nature, 2011, 472(7341): 41 – 42.

[30] Schwierz F. Graphene transistors: status, prospects, and problems[J]. Proceedings of the IEEE, 2013, 101(7): 1567 – 1584.

[31] Koswatta S O, Valdes – Garcia A, Steiner M B, et al. Ultimate RF performance potential of carbon electronics[J]. IEEE Transactions on Microwave Theory and Techniques, 2011, 59(10): 2739 – 2750.

[32] Guo Z, Dong R, Chakraborty P S, et al. Record maximum oscillation frequency in C – face epitaxial graphene transistors[J]. Nano Letters, 2013, 13(3): 942 – 947.

[33] Feng Z H, Yu C, Li J, et al. An ultra clean self – aligned process for high maximum oscillation frequency graphene transistors[J]. Carbon, 2014, 75: 249 – 254.

［34］Wu Y, Zou X, Sun M, et al. 200 GHz maximum oscillation frequency in cvd graphene radio frequency transistors［J］. ACS Applied Materials & Interfaces, 2016, 8(39): 25645 –25649.

［35］Sire C, Ardiaca F, Lepilliet S, et al. Flexible gigahertz transistors derived from solution – based single – layer graphene［J］. Nano Letters, 2012, 12(3): 1184 –1188.

［36］Lee J, Parrish K N, Chowdhury S F, et al. State – of – the – art graphene transistors on hexagonal boron nitride, high – k, and polymeric films for GHz flexible analog nanoelectronics［C］. 2012 International Electron Devices Meeting, 2012: 1461 –1464.

［37］Petrone N, Meric I, Hone J, et al. Graphene field – effect transistors with gigahertz – frequency power gain on flexible substrates［J］. Nano Letters, 2013, 13(1): 121 –125.

［38］Zhou S Y, Cwcon G H, Fedorov A V, et al. Substrate – induced bandgap opening in epitaxial graphene［J］. Nature Materials, 2007, 6(10): 770 –775.

［39］Mccann E. Asymmetry gap in the electronic band structure of bilayer graphene［J］. Physical Review B, 2006, 74(16): 161403.

［40］Min H, Sahu B, Banerjee S K, et al. Ab initio theory of gate induced gaps in graphene bilayers ［J］. Physical Review B, 2007, 75(15): 155115.

［41］Ohta T, Bostwick A, Seyller T, et al. Controlling the electronic structure of bilayer graphene［J］. Science, 2006, 313(5789): 951 –954.

［42］Zhang Y, Tang T T, Girit C, et al. Direct observation of a widely tunable bandgap in bilayer graphene［J］. Nature, 2009, 459(7248): 820 –823.

［43］Li S L, Miyazaki H, Hiura H, et al. Enhanced logic performance with semiconducting bilayer graphene channels［J］. ACS Nano, 2011, 5(1): 500 –506.

［44］Szafranek B N, Schall D, Otto M, et al. High on/off ratios in bilayer graphene field effect transistors realized by surface dopants［J］. Nano Letters, 2011, 11(7): 2640 –2643.

［45］Dragoman M, Dinescu A, Dragoman D. Room temperature nanostructured graphene transistor with high on/off ratio［J］. Nanotechnology, 2017, 28(1): 015201.

［46］Brey L, Fertig H A. Electronic states of graphene nanoribbons studied with the dirac equation［J］. Physical Review B, 2006, 73(23): 235411.

［47］Li X, Wang X, Zhang L, et al. Chemically derived, ultrasmooth graphene nanoribbon semiconductors［J］. Science, 2008, 319(5867): 1229 –1232.

［48］Shemella P, Zhang Y, Mailman M, et al. Energy gaps in zero – dimensional graphene nanoribbons［J］. Applied Physics Letters, 2007, 91(4): 042101.

［49］Wassmann T, Seitsonen A P, Saitta A M, et al. Clar's theory, π – electron distribution, and geometry of graphene nanoribbons［J］. Journal of the American Chemical Society, 2010, 132 (10): 3440 –3451.

［50］Kinder J M, Dorando J J, Wang H, et al. Perfect reflection of chiral fermions in gated graphene nanoribbons[J]. Nano Letters, 2009, 9(5): 1980 – 1983.

[51] Jiao L, Zhang L, Wang X, et al. Narrow graphene nanoribbons from carbon nanotubes[J]. Nature, 2009, 458(7240): 877 – 880.

[52] Kosynkin D V, Higginbotham A L, Sinitskii A, et al. Longitudinal unzipping of carbon nanotubes to form graphene nanoribbons[J]. Nature, 2009, 458(7240): 872 – 876.

[53] Bai J, Duan X, Huang Y. Rational fabrication of graphene nanoribbons using a nanowire etch mask[J]. Nano Letters, 2009, 9(5): 2083 – 2087.

[54] Campos L C, Manfrinato V R, Sanchez – Yamagishi J D, et al. Anisotropic etching and nanoribbon formation in single – layer graphene[J]. Nano Letters, 2009, 9(7): 2600 – 2604.

[55] Datta S S, Strachan D R, Khamis S M, et al. Crystallographic etching of few – layer graphene [J]. Nano Letters, 2008, 8(7): 1912 – 1915.

[56] Ci L, Xu Z, Wang L, et al. Controlled nanocutting of graphene[J]. Nano Research, 2008, 1(2): 116 – 122.

[57] Cai J, Ruffieux P, Jaafar R, et al. Atomically precise bottom – up fabrication of graphene nanoribbons[J]. Nature, 2010, 466(7305): 470 – 473.

[58] Kato T, Hatakeyama R. Site and alignment – controlled growth of graphene nanoribbons from nickel nanobars[J]. Nature Nanotechnology, 2012, 7(10): 651 – 656.

[59] Martin – Fernandez I, Wang D, Zhang Y. Direct growth of graphene nanoribbons for large – scale device fabrication[J]. Nano Letters, 2012, 12(12): 6175 – 6179.

[60] Sokolov A N, Yap F L, Liu N, et al. Direct growth of aligned graphitic nanoribbons from a DNA template by chemical vapour deposition[J]. Nature Communications, 2013, 4(1): 2402.

[61] Sprinkle M, Ruan M, Hu Y, et al. Scalable templated growth of graphene nanoribbons on sic [J]. Nature Nanotechnology, 2010, 5(10): 727 – 731.

[62] Wang X, Ouyang Y, Li X, et al. Room – temperature all – semiconducting sub – 10 – nm graphene nanoribbon field – effect transistors [J]. Physical Review Letters, 2008, 100 (20): 206803.

[63] Bai J, Zhong X, Jiang S, et al. Graphene nanomesh[J]. Nature Nanotechnology, 2010, 5(3): 190 – 194.

[64] Zeng Z, Huang X, Yin Z, et al. Fabrication of graphene nanomesh by using an anodic aluminum oxide membrane as a template[J]. Advanced Materials, 2012, 24(30): 4138 – 4142.

[65] Britnell L, Gorbachev R V, Jalil R, et al. Field – effect tunneling transistor based on vertical graphene heterostructures[J]. Science, 2012, 335(6071): 947 – 950.

[66] Georgiou T, Jalil R, Belle B D, et al. Vertical field – effect transistor based on graphene – WS$_2$ heterostructures for flexible and transparent electronics[J]. Nature Nanotechnology, 2013, 8(2): 100 – 103.

［67］Moon J S, Seo H, Stratan F, et al. Lateral graphene heterostructure field – effect transistor［J］. Ieee Electron Device Letters, 2013, 34(9): 1190 – 1192.

［68］Liu Z, Ma L, Shi G, et al. In – plane heterostructures of graphene and hexagonal boron nitride with controlled domain sizes［J］. Nature Nanotechnology, 2013, 8(2): 119 – 124.

［69］Chen C C, Aykol M, Chang C C, et al. Graphene – silicon schottky diodes［J］. Nano Letters, 2011, 11(5): 1863 – 1867.

［70］An X, Liu F, Jung Y J, et al. Tunable graphene – silicon heterojunctions for ultrasensitive photodetection［J］. Nano Letters, 2013, 13(3): 909 – 916.

［71］An Y, Behnam A, Pop E, et al. Metal – semiconductor – metal photodetectors based on graphene/p – type silicon schottky junctions ［J］. Applied Physics Letters, 2013, 102 (1): 013110.

［72］Lv P, Zhang X, Zhang X, et al. High – sensitivity and fast – response graphene/crystalline silicon schottky junction – based near – ir photodetectors［J］. Ieee Electron Device Letters, 2013, 34 (10): 1337 – 1339.

［73］Miao X, Tongay S, Petterson M K, et al. High efficiency graphene solar cells by chemical doping ［J］. Nano Letters, 2012, 12(6): 2745 – 2750.

［74］Li X, Zhu H, Wang K, et al. Graphene – on – silicon schottky junction solar cells［J］. Advanced Materials, 2010, 22(25): 2743 – 2748.

［75］Yang H, Heo J, Park S, et al. Graphene barristor, a triode device with a gate – controlled schottky barrier［J］. Science, 2012, 336(6085): 1140 – 1143.

［76］Kim H Y, Lee K, Mcevoy N, et al. Chemically modulated graphene diodes［J］. Nano Letters, 2013, 13(5): 2182 – 2188.

［77］Chung S, Kishi T, Park J W, et al. 4 Gbit density stt – mram using perpendicular mtj realized with compact cell structure［C］. 2016 IEEE International Electron Devices Meeting (IEDM), 2016: 2711 – 2714.

［78］Leydecker T, Herder M, Pavlica E, et al. Flexible non – volatile optical memory thin – film transistor device with over 256 distinct levels based on an organic bicomponent blend［J］. Nature Nanotechnology, 2016, 11(9): 769 – 775.

［79］Bertolazzi S, Bondavalli P, Roche S, et al. Nonvolatile memories based on graphene and related 2D materials［J］. Advanced Materials, 2019, 31(10): 1806663.

［80］Zheng Y, Ni G X, Toh C T, et al. Gate – controlled nonvolatile graphene – ferroelectric memory ［J］. Applied Physics Letters, 2009, 94(16): 163505.

［81］Doh Y J, Yi G C. Nonvolatile memory devices based on few – layer graphene films［J］. Nanotechnology, 2010, 21(10): 105204.

［82］Song E B, Lian B, Kim S M, et al. Robust bi – stable memory operation in single – layer graphene ferroelectric memory[J]. Applied Physics Letters, 2011, 99(4): 042109.

[83] Kim M, Safron N S, Huang C, et al. Light – driven reversible modulation of doping in graphene [J]. Nano Letters, 2012, 12(1): 182 – 187.

[84] Hong A J, Song E B, Yu H S, et al. Graphene flash memory[J]. ACS Nano, 2011, 5(10): 7812 – 7817.

[85] Misra A, Kalita H, Waikar M, et al. Multilayer graphene as charge storage layer in floating gate flash memory[C]. 2012 4th IEEE International Memory Workshop, 2012: 1 – 4.

[86] Mishra A, Janardanan A, Khare M, et al. Reduced multilayer graphene oxide floating gate flash memory with large memory window and robust retention characteristics[J]. Ieee Electron Device Letters, 2013, 34(9): 1136 – 1138.

[87] Zhu W, Perebeinos V, Freitag M, et al. Carrier scattering, mobilities, and electrostatic potential in monolayer, bilayer, and trilayer graphene[J]. Physical Review B, 2009, 80(23): 235402.

[88] Hibino H, Kageshima H, Kotsugi M, et al. Dependence of electronic properties of epitaxial few – layer graphene on the number of layers investigated by photoelectron emission microscopy[J]. Physical Review B, 2009, 79(12): 125437.

[89] Radisavljevic B, Radenovic A, Brivio J, et al. Single – layer MoS_2 transistors[J]. Nature Nanotechnology, 2011, 6(3): 147 – 150.

[90] Bertolazzi S, Krasnozhon D, Kis A. Nonvolatile memory cells based on MoS_2/graphene heterostructures[J]. ACS Nano, 2013, 7(4): 3246 – 3252.

[91] Sup Choi M, Lee G H, Yu Y J, et al. Controlled charge trapping by molybdenum disulphide and graphene in ultrathin heterostructured memory devices [J]. Nature Communications, 2013, 4(1): 1624.

[92] Han S T, Zhou Y, Wang C, et al. Layer – by – layer – assembled reduced graphene oxide/gold nanoparticle hybrid double – floating – gate structure for low – voltage flexible flash memory[J]. Advanced Materials, 2013, 25(6): 872 – 877.

[93] Yang R, Zhu C, Meng J, et al. Isolated nanographene crystals for nano – floating gate in charge trapping memory[J]. Scientific Reports, 2013, 3(1): 2126.

[94] Cao W, Kang J, Bertolazzi S, et al. Can 2D – nanocrystals extend the lifetime of floating – gate transistor based nonvolatile memory? [J]. IEEE Transactions on Electron Devices, 2014, 61(10): 3456 – 3464.

[95] Wang S, Pu J, Chan D S H, et al. Wide memory window in graphene oxide charge storage nodes [J]. Applied Physics Letters, 2010, 96(14): 143109.

[96] Li D, Chen M, Sun Z, et al. Two – dimensional non – volatile programmable p – n junctions[J]. Nature Nanotechnology, 2017, 12(9): 901 – 906.

[97] Li L, Yu Y, Ye G J, et al. Black phosphorus field – effect transistors [J]. Nature

Nanotechnology, 2014, 9(5): 372 – 377.

[98] Liu C, Yan X, Wang J, et al. Eliminating overerase behavior by designing energy band in high – speed charge – trap memory based on wse2[J]. Small, 2017, 13(17): 1604128.

[99] Hou X, Zhang H, Liu C, et al. Charge – trap memory based on hybrid 0D quantum dot – 2D WS$_2$ structure[J]. Small, 2018, 14(20): 1800319.

[100] Huang W, Yin L, Wang F, et al. Multibit optoelectronic memory in top – floating – gated van der waals heterostructures[J]. Advanced Functional Materials, 2019, 29(36): 1902890.

[101] Kim S H, Yi S G, Park M U, et al. Multilevel mos2 optical memory with photoresponsive top floating gates[J]. ACS Applied Materials & Interfaces, 2019, 11(28): 25306 – 25312.

[102] Quoc An V, Shin Y S, Kim Y R, et al. Two – terminal floating – gate memory with van der waals heterostructures for ultrahigh on/off ratio[J]. Nature Communications, 2016, 7: 12725.

[103] Minh Dao T, Kim H, Kim J S, et al. Two – terminal multibit optical memory via van der waals heterostructure[J]. Advanced Materials, 2019, 31(7): 1807075.

[104] Echtermeyer T J, Lemme M C, Baus M, et al. Nonvolatile switching in graphene field – effect devices[J]. Ieee Electron Device Letters, 2008, 29(8): 952 – 954.

[105] Standley B, Bao W, Zhang H, et al. Graphene – based atomic – scale switches[J]. Nano Letters, 2008, 8(10): 3345 – 3349.

[106] Li Y, Sinitskii A, Tour J M. Electronic two – terminal bistable graphitic memories[J]. Nature Materials, 2008, 7(12): 966 – 971.

[107] Sinitskii A, Tour J M. Lithographic graphitic memories[J]. ACS Nano, 2009, 3(9): 2760 – 2766.

[108] Zhang H, Bao W, Zhao Z, et al. Visualizing electrical breakdown and on/off states in electrically switchable suspended graphene break junctions[J]. Nano Letters, 2012, 12(4): 1772 – 1775.

[109] Yao J, Zhong L, Zhang Z, et al. Resistive switching in nanogap systems on sio2 substrates[J]. Small, 2009, 5(24): 2910 – 2915.

[110] Yao J, Sun Z, Zhong L, et al. Resistive switches and memories from silicon oxide[J]. Nano Letters, 2010, 10(10): 4105 – 4110.

[111] Yao J, Zhong L, Natelson D, et al. Intrinsic resistive switching and memory effects in silicon oxide[J]. Applied Physics A, 2011, 102(4): 835 – 839.

[112] Yao J, Lin J, Dai Y, et al. Highly transparent nonvolatile resistive memory devices from silicon oxide and graphene[J]. Nature Communications, 2012, 3(1): 1101.

[113] Wang X, Xie W, Du J, et al. Graphene/metal contacts: bistable states and novel memory devices[J]. Advanced Materials, 2012, 24(19): 2614 – 2619.

[114] Lafkioti M, Krauss B, Lohmann T, et al. Graphene on a hydrophobic substrate: doping reduction and hysteresis suppression under ambient conditions[J]. Nano Letters, 2010, 10(4):

1149 – 1153.

[115] Wang X, Xu J B, Wang C, et al. High – performance graphene devices on SiO_2/Si substrate modified by highly ordered self – assembled monolayers [J]. Advanced Materials, 2011, 23(21): 2464 – 2468.

[116] He C L, Zhuge F, Zhou X F, et al. Nonvolatile resistive switching in graphene oxide thin films [J]. Applied Physics Letters, 2009, 95(23): 232101.

[117] Jeong H Y, Kim J Y, Kim J W, et al. Graphene oxide thin films for flexible nonvolatile memory applications[J]. Nano Letters, 2010, 10(11): 4381 – 4386.

[118] Vasu K S, Sampath S, Sood A K. Nonvolatile unipolar resistive switching in ultrathin films of graphene and carbon nanotubes [J]. Solid State Communications, 2011, 151 (16): 1084 – 1087.

[119] Kim S K, Kim J Y, Choi S Y, et al. Direct observation of conducting nanofilaments in graphene-oxide-resistive switching memory [J]. Advanced Functional Materials, 2015, 25 (43): 6710 – 6715.

[120] Kim S K, Kim J Y, Jang B C, et al. Conductive graphitic channel in graphene oxide – based memristive devices[J]. Advanced Functional Materials, 2016, 26(41): 7406 – 7414.

[121] Hong S K, Kim J E, Kim S O, et al. Flexible resistive switching memory device based on graphene oxide[J]. Ieee Electron Device Letters, 2010, 31(9): 1005 – 1007.

[122] Hong S K, Kim J E, Kim S O, et al. Analysis on switching mechanism of graphene oxide resistive memory device[J]. Journal of Applied Physics, 2011, 110(4): 044506.

[123] Kuzum D, Yu S, Wong H S P. Synaptic electronics: materials, devices and applications[J]. Nanotechnology, 2013, 24(38): 382001.

[124] Mead C. Neuromorphic electronic systems [J]. Proceedings of the IEEE, 1990, 78 (10): 1629 – 1636.

[125] Ananthanarayanan R, Esser S K, Simon H D, et al. The cat is out of the bag: cortical simulations with 109 neurons, 1013 synapses [C]. Proceedings of the Conference on High Performance Computing Networking, Storage and Analysis, 2009: 1 – 12.

[126] Dai S, Zhao Y, Wang Y, et al. Recent advances in transistor – based artificial synapses[J]. Advanced Functional Materials, 2019, 29(42): 1903700.

[127] Liu B, Liu Z, Chiu I S, et al. Programmable synaptic metaplasticity and below femtojoule spiking energy realized in graphene – based neuromorphic memristor[J]. ACS Applied Materials & Interfaces, 2018, 10(24): 20237 – 20243.

[128] Krishnaprasad A, Choudhary N, Das S, et al. Electronic synapses with near – linear weight update using MoS_2/graphene memristors [J]. Applied Physics Letters, 2019, 115 (10): 103 – 104.

[129] Kalita H, Krishnaprasad A, Choudhary N, et al. Artificial neuron using vertical MoS_2/graphene threshold switching memristors[J]. Scientific Reports, 2019, 9: 53.

[130] Tian H, Mi W, Wang X F, et al. Graphene dynamic synapse with modulatable plasticity[J]. Nano Letters, 2015, 15(12): 8013 – 8019.

[131] Yao Y, Huang X, Peng S, et al. Reconfigurable artificial synapses between excitatory and inhibitory modes based on single – gate graphene transistors[J]. Advanced Electronic Materials, 2019, 5(5): 1800887.

[132] Chen Y, Gao G, Zhao J, et al. Piezotronic graphene artificial sensory synapse[J]. Advanced Functional Materials, 2019, 29(41): 1900959.

[133] Zhou F, Zhou Z, Chen J, et al. Optoelectronic resistive random access memory for neuromorphic vision sensors[J]. Nature Nanotechnology, 2019, 14(8): 776 – 782.

[134] Qin S, Wang F, Liu Y, et al. A light – stimulated synaptic device based on graphene hybrid phototransistor[J]. 2D Materials, 2017, 4(3): 035022.

第 3 章　石墨烯基光电探测器件

光电探测器是一种利用材料光电转换性能将光信号转换成电信号,并通过检测电信号实现对光信号探测的器件。光电探测器种类繁多,目前已广泛应用于国民生活和军事等领域。光电探测器在不同波段发挥的作用也各不相同。例如,在 X 射线波段工作的探测器可用于产品缺陷检测和医学成像;可见光波段光电探测器是相机的核心组件;而红外光波段光电探测器在材料探伤、疾病诊断、遥感、热成像、侦察等方面发挥着不可替代的作用。近年来,随着纳米材料和纳米技术的不断发展,基于纳米光电材料的新型光电探测器引起了广泛关注。低维纳米材料在维度限制下产生的优异的物理性能,对于提升光电探测器的性能发挥了重要作用。目前已开发出许多性能优异的光电探测器,例如基于碳纳米管的红外光电探测器、基于 CdS 纳米带的蓝光探测器,基于 ZnO 纳米线的紫外光探测器等。针对当前电子信息技术发展中集成化、数字化、智能化的要求,需要将高效的光电探测器与复杂的自动控制系统和信息处理系统结合在一起,构筑成先进的光电探测系统。因此,需要发展超高速、高灵敏度、宽谱带以及可集成的光电探测器,以满足当前超高速光通信、信号处理、传感系统和测量的发展需求。

近年来,关于石墨烯在光电探测器方面的应用研究取得了突飞猛进的发展。石墨烯凭借其超高的载流子迁移率、从紫外到太赫兹波段超宽谱带吸收、极高的比表面积、优异的机械性能和柔韧性、良好的热稳定性和化学稳定性等独特性能,在超快、超宽谱、大面积、柔性、非制冷光电探测器领域展现出巨大的应用潜力。然而,石墨烯基光电探测器的发展也面临着诸多瓶颈,例如远低于半导体光电探测器的响应度(仅在 $mA \cdot W^{-1}$ 量级)、较大的暗电流等。科学家们通过引入带隙、增强光吸收、构筑复合材料等策略致力于提升石墨烯基光电探测器的性能。在本章中,我们将重点针对石墨烯在超快宽谱带光电探测器中的应用,以及为提升石墨烯基光电探测器光响应度所采取的策略进行详细的介绍。

3.1　基于石墨烯的超快宽谱带光电探测器

3.1.1　石墨烯基光电探测器的光电转换原理

2008 年,日本科学家 Ryzhii 等人通过对本征石墨烯、双层石墨烯以及石墨烯纳米带等结构光电性能的计算,首次提出石墨烯基光电探测器的理论模型。自此之后,科学家们对石墨烯光电转换原理进行了大量研究。不同于传统半导体光电探测器,石墨烯是通过多种效应协同作用产生光电流的。一般认为,光伏效应(Photovoltaic effect,PV)、光热电效应(Photo – thermoelectric effect,PTE)、辐射热效应(Bolometric effect)、光栅效应(Photogating effect)以及等离子体波辅助机制(Plasma – wave – assisted mechanism)在石墨烯光电流的形成过程中发挥重要作用[7]。图 3 – 1 给出了这几种机制的示意图。

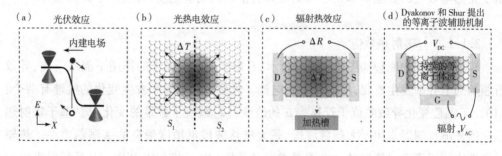

图 3 – 1　石墨烯光电响应机理[7]

(a)光伏效应;(b)光热电效应;(c)辐射热效应;(d)等离子体辅助机制

3.1.1.1　光伏效应

光伏效应光电流是光生电子 – 空穴对在内建电场作用下发生分离并定向移动产生的光电流[图 3 – 1(a)]。内建电场可以通过化学掺杂、施加栅压电场、石墨烯与金属电极接触等方式产生。器件在光照条件下产生的光电流为短路电流 ISC,产生的光电压为开路电压 VOC。由于石墨烯属于半金属材料,具有良好的导电性,施加偏压会产生很大的暗电流(Dark current)。为避免暗电流的产生,基于光伏效应的光电探测器一般在零偏或反偏状态下工作,器件具有较大的开关比。偏压为零时,器件的暗电流最小,并且在光照条件下产生的短路电流 ISC 较大,器件具有很好的灵敏度和线性响应,对于高精度探测有很好的应用。施加反偏电压时,内建电场增强,更加有利于光生电子 – 空穴对的分离,使载流子的渡越时间减小,从而满足高速器件的需要。另外,当反偏电压较大时,器件会发生雪崩击穿,可用于构筑雪崩光电二极管(Avalanche photo diode)。

3.1.1.2 光热电效应

热载流子辅助输运(Hot - carrier - assisted transport)在石墨烯中发挥重要作用。由于石墨烯中较强的电子 - 电子相互作用[18],载流子在光生电子 - 空穴对的加热下(-10 ~ 50 fs)产生热载流子,这些热载流子能够在皮秒时间量级内保持一个较高的温度 T_e,此温度高于周围石墨烯晶格的温度。通过载流子和声学声子之间的散射作用,热载流子和石墨烯晶格最终实现热平衡,此过程具有纳秒的时间量级[23,24]。

石墨烯在光照条件下产生的热电子形成一个光电压 V_{PTE},根据光热电效应(塞贝克效应,Seebeck effect),$V_{PTE} = (S_1 - S_2)\Delta T_e$,$S_1$ 和 S_2 分别表示石墨烯中不同区域的塞贝克系数,ΔT_e 是这些区域热电子温度的差值。石墨烯在热电光电压的作用下产生的光电流称为热电光电流[图 3 - 1(b)]。光热电器件可在零偏压下工作。在石墨烯 p - n 结以及悬浮石墨烯中,热电光电流占主导地位。由于器件的光电效应是由热电子产生的,基于光热电效应的石墨烯基光电探测器具有很快的响应速度,可应用于高频器件。

3.1.1.3 辐射热效应

辐射热效应的原理如图 3 - 1(c)所示,石墨烯在入射光子的作用下温度升高,导致石墨烯的电导率发生变化,从而产生光电流。光照引起电导率发生变化的机理有两个:(1)由于温度变化导致载流子迁移率 μ 的改变;(2)载流子数量的变化[7]。基于辐射热原理的光电探测器常用于太赫兹波段,是太赫兹波段灵敏度最高的探测器之一。热辐射器件中用于定义灵敏度的一个重要参数是热阻($R_h = dT/dP$,其中,dP 是材料吸收的电磁辐射,dT 是由此导致升高的温度)。器件的响应时间 $\tau = R_h C_h$,C_h 是材料的热容量[26]。由于石墨烯在单位面积下的体积很小,同时具有很小的态密度,导致石墨烯的热熔 C_h 很低,基于辐射热效应的光电器件响应速度很快。由于石墨烯的费米面很小,通过声学声子降低热电子温度的效率较低,而光学声子降温则需要较高的温度 T_e($k_B T_e > 0.2$ eV,k_B 为玻尔兹曼常数),因此器件的热阻 R_h 相对较大,具有较高的辐射热灵敏度。

虽然辐射热效应和光热电效应都与光照引起的温度变化相关,然而辐射热效应是在光照条件下引起材料电导率发生变化,而非直接产生光电流。因此,基于辐射热效应的光电探测器需要施加额外的偏压才能工作。另外,辐射热效应可在均匀的石墨烯上产生,无须构成 p - n 结。

3.1.1.4 光栅效应

光栅效应是一种特殊的光电导效应,在光照条件下引起石墨烯中载流子浓度 Δn

发生变化，从而导致电导率的变化：$\Delta\sigma = \Delta nq\mu$。光栅效应的产生通常有两种情况：(1)光生电子－空穴对在石墨烯中产生，其中一种光生载流子(例如电子)被石墨烯内或石墨烯附近的电荷捕获位点所束缚，另一种光生载流子(空穴)在电路中不断循环；(2)光生电子－空穴对在靠近石墨烯的纳米颗粒、分子等中产生，其中一种光生载流子(例如电子)被这些材料中的电荷捕获位点所束缚，另一种载流子(空穴)则进入石墨烯中，在偏压驱动下不断循环。

由于光生载流子在偏压驱动下不断地在电路中循环，等效于一个光子产生多个光生载流子，即产生光电导增益(Photoconductive gain)：$G_{ph} = \tau_{life}/\tau_{transit}$，其中 τ_{life} 是光生载流子的寿命，$\tau_{transit} = L^2/(\mu V_{bias})$ 是载流子在源极和漏极之间循环一次的时间。由于石墨烯具有超高的载流子迁移率，$\tau_{transit}$ 很小，能够产生很大的光电导增益，从而大幅提升光电探测器的光响应度。例如，通过石墨烯/硫化铅量子点复合材料在光栅作用下产生的光电导增益高达 10^8，器件的光响应度更是高达 10^7 A · W^{-1}[27]。然而，基于光栅效应的光电探测器响应速度一般较慢，只能用于低频探测。

3.1.1.5　等离子体波辅助机制

Dyakonov 和 Shur 提出一种如图 3－1(d)所示的光探测模型，场效应晶体管在振荡辐射场的作用下可以产生一个有限的直流电压，从而导致光电流的产生。石墨烯的二维电子气可以视为等离子体波的谐振腔，当石墨烯对等离子体波的阻尼较小时，即从源极加载的等离子体波能够到达漏极区域，此时照射到石墨烯上的入射光与等离子体波相互作用，导致信号的共振增强，增强幅度相比于非共振信号提升了 5 ~ 20 倍。根据 Dyakonov 和 Shur 的模型，虽然输入的是交流电场，但在源极和漏极之间产生的光电压是一个直流信号，从而使信号产生整流现象，这有利于器件对太赫兹辐射的探测。利用这一机制构筑的共轭天线石墨烯场效应晶体管能够实现在室温条件下对太赫兹波的探测[30,31]。

3.1.2　石墨烯基光电探测器的重要参数

衡量一款光电探测器的性能一般需要有多个参数对其进行评价和比较，在本小节中我们将对石墨烯基光电探测器中常用的一些关键参数进行简要介绍。

3.1.2.1　量子效率(Quantum efficiency)

高量子效率、低噪声以及额外的放大机制(即增益)是高灵敏度光电探测器的基本特征。其中，量子效率定义为每个入射光子产生的电子－空穴对的数量，分为外量子效率(External quantum efficiency，EQE)和内量子效率(Internal quantum efficiency，IQE)。外量子效率 η_e 是指光生电子 – 空穴对与入射光子数的比值，表示为

$$\eta_e = \frac{I_{ph}/e}{P_{inc}/h\nu} = \frac{I_{ph}}{P_{inc}} \frac{hc}{e\lambda} \qquad (3-1)$$

其中，I_{ph} 为光电流，P_{inc} 为入射光功率，e 为电子电荷，h 为普朗克常数，c 为真空条件下的光速，ν 和 λ 分别为入射光的频率和波长。因为外量子效率的大小与材料的吸收有关，吸收系数(α)和吸收区厚度(d)是决定材料外量子效率的重要因素：

$$\eta_e \propto (1 - e^{-\alpha d}) \qquad (3-2)$$

内量子效率 η_i 是指光生电子 – 空穴对与吸收的光子数的比值，表示为：

$$\eta_i = \frac{I_{ph}/e}{A_{abs}P_{inc}/h\nu} = \frac{\eta_e}{1 - T - R} \qquad (3-3)$$

其中，A_{abs}、T 和 R 分别为材料对入射光的吸收率、透射率和反射率。内量子效率通常要大于外量子效率。

3.1.2.2 光电导增益

光电导增益 G_{ph} 通常用来评价光子产生光电流的能力，表示为

$$G_{ph} = \frac{\tau_{life}}{\tau_{transit}} = \frac{\mu V_{DS} \tau_{tr}}{L^2} \qquad (3-4)$$

其中，V_{DS} 为源漏电极之间施加的偏压，L 为沟道长度。根据 3.1.1 小节中关于光栅效应引起光电导增益的介绍，其中一种光生载流子(例如电子)被电荷捕获位点所束缚，寿命为 τ_{life}，另一种光生载流子(空穴)在沟道中传输，渡越时间为 $\tau_{transit}$。当载流子寿命大于渡越时间时，即 $\tau_{life} > \tau_{transit}$，电子多次穿越沟道，即产生了光电导增益。由公式(3-4)可知，光电导增益与器件的迁移率和所施加的偏压成正比，与沟道长度的平方成反比，可通过减小器件沟道长度进一步提升器件的光电导增益。

3.1.2.3 响应度(Responsivity，R)

响应度 R 定义为入射光产生的光电流 I_{ph} 或光电压 V_{ph} 与入射光功率 P_{inc} 的比值，即 $R_I = I_{ph}/P_{inc}$，$R_V = V_{ph}/P_{inc}$。响应度是衡量光电探测器对入射光响应灵敏程度的重要参数。根据公式(3-4)，响应度可表示为

$$R_I = \frac{I_{ph}}{P_{inc}} = \frac{G_{ph} \eta_e e\lambda}{hc} \qquad (3-5)$$

即光响应度与光电导增益和外量子效率成正比。

3.1.2.4 信噪比（Signal to noise ratio，SNR）和噪声等效功率（Noise equivalent power，NEP）

信噪比和噪声等效功率都是用来衡量光电探测器检测灵敏度的重要参数。顾名思义，信噪比即为探测器的信号功率与噪声功率的比值。对于光电探测器而言，只有当信噪比 SNR >1 时才能区分信号和噪声，也就是说，噪声功率的大小决定了光电探测器所能检测到的最小信号强度的大小。因此，噪声的大小直接决定了探测器对微弱信号的检测能力。

采用噪声等效功率来衡量器件最小可探测功率的大小，定义为当带宽为 1 Hz 时信噪比等于 1 所需要的最小入射光功率，可表示为

$$\text{NEP} = \frac{P_1}{\Delta f^{\frac{1}{2}}} = \frac{\overline{i_n^2}^{\frac{1}{2}}}{R} \tag{3-6}$$

其中，P_1 为信噪比等于 1 时的入射光功率，Δf 为测量带宽，$\overline{i_n^2}^{\frac{1}{2}}$ 为噪声电流方均根的大小。因此，噪声等效功率的单位是 $W \cdot Hz^{-1/2}$。

3.1.2.5 比探测率（Specific detectivity，D^*）

比探测率 D^* 同样是用来衡量器件灵敏度的重要参数，定义为

$$D^* = \frac{(A\Delta f)^{1/2}}{\text{NEP}} = \frac{R(A\Delta f)^{1/2}}{\overline{i_n^2}^{1/2}} \tag{3-7}$$

其中，A 为器件的有效面积，单位为 $cm \cdot Hz^{1/2} \cdot W^{-1}$ 或 Jones。比探测率可以看成噪声等效功率的倒数，同时由于噪声电流的大小与器件面积 A 和测量带宽 Δf 的平方根成正比，引入 $(A\Delta f)^{1/2}$ 项将噪声电流进行归一化，得到的归一化比探测率不依赖器件面积和测量带宽。

3.1.2.6 响应时间（Response time）和截止频率（Cut off frequency）

响应时间是用来衡量光电探测器对光信号探测速度快慢的重要参数，包括上升时间 τ_r 和下降时间 τ_f，分别定义为光电流从 10% 上升至 90% 以及从 90% 下降至 10% 所需的时间。光电探测器响应时间的大小决定了器件处理高频信号的能力。当入射光的频率发生改变时，器件的响应度 R 随频率发生变化：

$$R(f) = \frac{R_0}{\left[1 + (2\pi f\tau)^2\right]^{\frac{1}{2}}} \tag{3-8}$$

其中，R_0 代表静态光照条件下器件的响应度。由上式可知，器件的响应度随光照频率的增大而逐渐降低，当响应度降至 $0.707R_0$（即下降 3 dB）时，此时的频率定义为器件的截止频率 f_c。

3.1.2.7　线性动态范围（Linear dynamic range，LDR）

线性动态范围 LDR 是用来描述光电探测器所能探测的光信号强度范围的重要参数，定义为

$$LDR = 10 \times \lg \frac{P_{sat}}{NEP} \tag{3-9}$$

其中，P_{sat} 代表光电流开始饱和时的入射光功率。

3.1.3　石墨烯基光电探测器的优势

传统的光电探测器一般都是基于三维半导体材料构筑的，这些器件体积较大，检测光谱带范围有限，对于超高速信号的检测能力不足，有些器件甚至需要在低温条件下工作。随着二维材料的兴起，基于二维材料构筑的各种光电探测器表现出诸多优异的性能。尤其是石墨烯基光电探测器，凭借石墨烯所具有的超高的载流子迁移率，以及从紫外到太赫兹波段的吸收，器件在超高速探测、太赫兹探测等领域表现出卓越的性能。在本小节中我们将对石墨烯基光电探测器的优势进行简要介绍。

3.1.3.1　超宽光谱的检测

目前对于不同波长光信号的探测通常采用具有相应带隙的半导体光电探测器来完成。例如，对于紫外、可见光以及近红外光的探测分别采用基于 GaN、Si 和 InGaAs 材料的光电探测器，而对于中红外光的探测则采用窄带隙半导体化合物，例如 HgCdTe、PbS 或 PbSe 等。由于远红外波段光子能量非常小，半导体材料的带隙远大于入射光子的能量，需要采用热传感技术来实现对于远红外光的检测。

我们在第 1 章中对石墨烯的吸收进行了简单的理论计算，证明石墨烯的吸收仅取决于其精细结构常数 α，单层石墨烯的光学吸收率约为 2.3%，与入射光的波长无关[32]。因此，石墨烯从紫外到太赫兹波段都具有光吸收能力，是一种非常有前途的超宽谱带光电探测材料。然而，对于光电探测器而言，单层石墨烯仅为 2.3% 的光学吸收造成大量入射光的浪费，这也是基于石墨烯基光电探测器光响应度很小的原因之一。为增加石墨烯对入射光的吸收，科学家们开发出多种手段，例如通过光波导、表面等离

子体共振、共振腔等方式增强光与石墨烯的相互作用,或者将石墨烯与其他具有优异吸光性能的材料进行复合,大幅提升了石墨烯基光电探测器的光电响应。我们将在 3.2 节中对这些光电响应增强策略进行详细介绍。

3.1.3.2　超快响应速度

石墨烯独特的能带结构赋予其超高的载流子迁移率,室温下高达 $20\,000\ \mathrm{cm}^2\cdot\mathrm{V}^{-1}\cdot\mathrm{s}^{-1}$,使石墨烯在高频光电探测器中发挥重要作用。石墨烯受光激发后载流子的动力学过程可简单概括为:光生电子－空穴对在强电子－电子相互作用下对石墨烯中的载流子进行加热,在 10～150 fs 时间内产生费米分布的热电子,在随后的 150 fs 至几 ps 时间内这些热电子通过带内声子散射逐渐冷却,最后在皮秒时间尺度内电子和空穴重新复合,载流子分布恢复平衡。也就是说,石墨烯在受光激发后几个皮秒时间内即可恢复,具有超快的响应速度,计算表明石墨烯对光信号的处理速度可以超过 500 GHz[1]。然而,石墨烯中超短的光生载流子寿命不利于光生电子－空穴对的分离和收集,限制了石墨烯的光电响应强度。科学家们通过将石墨烯与其他材料构筑成为异质结,促进光生电子－空穴对的分离,从而提升石墨烯基光电探测器的光电响应。

3.1.3.3　低能耗

石墨烯与金属之间肖特基接触产生内建电场,光生电子－空穴对在此内建电场作用下发生分离和定向移动,形成光电流,即光伏效应。基于光伏效应的石墨烯基光电器件可在零偏压下工作,暗电流极低。同样地,由于不施加额外的偏压,器件的能耗也非常低。例如,理论预测基于石墨烯的光通信调制器,其能耗小于 $0.5\ \mathrm{fJ}\cdot\mathrm{bit}^{-1}$[51],甚至优于目前能耗最低的 Si 和 SiGe 调制器。

3.1.3.4　柔性透明

石墨烯超薄的二维原子结构赋予了它极为优异的柔韧性和透光性,在柔性透明器件中必然发挥重要作用。基于石墨烯的柔性电子器件将广泛应用于未来可穿戴设备。

除此之外,石墨烯二维材料的属性有利于器件的小型化,从而大幅提升大面积内器件的基础密度,获得更高分辨率的光电探测器。另外,石墨烯器件可与现有的互补金属氧化物半导体(Complementary metal oxide semiconductor, CMOS)技术相兼容,将石墨烯与传统的硅基器件进行集成,在 CMOS 技术要求下工作。

然而,石墨烯基光电探测器同样也存在着一些缺点和不足。首先,单层石墨烯吸光性能较差。在上文中我们介绍了弥补这一缺点所采取的一些策略,然而这些设计使得器件结构更加复杂,同时会在一定程度上牺牲器件的某些性能,例如光波导、表面等离子体共振、共振腔等结构只能针对特定波长(波段)的入射光,而将石墨烯与其他材料复合实现超高的光电导增益往往导致器件响应速度的大幅下降,牺牲了工作带宽。

其次,石墨烯内部光生电子–空穴对的分离效率低,导致器件量子效率较低。需要采取一定策略来延长光生载流子的寿命,提升分离效率,来获得高的光响应度。但这些策略同样会导致工作带宽的降低。

最后,由于石墨烯具有良好的导电性,偏压工作条件下暗电流较大。对于要求低噪声和大的比探测率的应用,如单光子探测,需要设法抑制暗电流。

3.1.4　石墨烯基光电探测器的发展现状

石墨烯超高的载流子迁移率以及从紫外到太赫兹波段的超宽吸收谱带,使其在超快、宽谱带光电探测器中具有广泛的应用。然而,由于石墨烯自身的光响应度较弱,关于石墨烯基光电探测器的早期研究多集中在石墨烯/金属界面[52-54]。2009 年,Fengnian Xia 等[1]利用机械剥离的单层和少层石墨烯制备出了第一个具有超快响应速度的近红外光电探测器(1.55 μm),如图 3 – 2(a)、(b)所示。该光电探测器的调制带宽高达40 GHz[图 3 – 2(c)],并预测石墨烯基光电探测器的理论带宽可超过 500 GHz,开启了石墨烯在超快光电探测器领域的应用研究。然而,该光电探测器的有效探测区域仅在电极附近很小的区域,响应度也只有 0.5 mA · W⁻¹[图 3 – 2(c)]。为提升光电探测器的有效工作区域,提升光探测效率,Thomas Mueller 等[55]采用 Pd、Ti 叉指电极构筑石墨烯基光电探测器,如图 3 – 2(d)所示。这种非对称电极打破了传统的金属 – 石墨烯 – 金属结构光电探测中使用相同金属时产生的对称型内建电场[图 3 – 2(e)],从而增强了内建电场对光生电子 – 空穴对的分离效果,使石墨烯基光电探测器对 1.55 μm 波长红外光的响应度增大至 6.1 mA · W⁻¹。如图 3 – 2(f)所示,该器件可以实现 10 Gbit · s⁻¹的高速光学数据传输,在光通信领域展现出卓越的性能。为研究石墨烯基光电探测器能够实现超高速响应的原因,Urich 等[56]对金属 – 石墨烯 – 金属结构的石墨烯基光电探测器的本征响应时间进行了测量,结果表明,器件的本征响应时间取决于石墨烯中光生电子 – 空穴对的寿命,仅为 2.1 ps,相应的带宽为 262 GHz,从而证明了石墨烯在超高速光电探测器中巨大的应用前景。

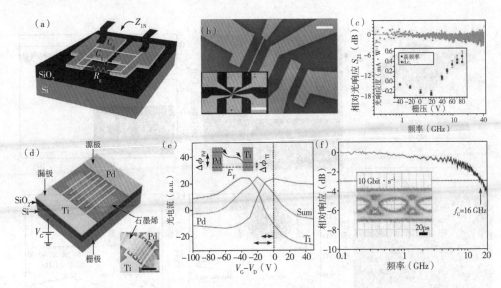

图 3 - 2 石墨烯超高速光电探测器[1,2]

(a,b)金属-石墨烯-金属结构超高速光电探测器示意图与器件照片;(c)器件光电响应衰减随
信号调制频率的变化关系,-3 dB 对应的调制频率约为 40 GHz,插图为器件光响应度 R 随栅压
的变化情况;(d)采用非对称式叉指电极的石墨烯基光电探测器结构示意图与器件照片;(e)器件
在 Ti(红色)和 Pd(蓝色)电极处的光电流随 $V_G - V_D$ 的变化情况,绿色曲线为二者之和;(f)器
件光电响应衰减随信号调制频率的变化关系,-3 dB 对应的调制频率约为 16 GHz,插图为器
件以 10 Gbit·s^{-1} 通信速度接收到的眼图(Eye-diagram)

虽然通过对石墨烯/金属界面的合理设计可以在一定程度上提升光电探测器的响
应度,但受限于石墨烯本身吸光性能较弱,器件的光响应度仍然难以满足实际应用的需
要。为此,科学家们开发出诸如光学共振腔、等离子体共振结构、金属光栅[60]等光学辅
助结构来增强石墨烯的吸收,然而这些设计在一定程度上牺牲了石墨烯探测器的带宽。
Englund 等[3]提出一种将石墨烯基光电探测器集成到硅波导上的器件设计方案,如图
3-3(a)所示,将硅波导埋入石墨烯下方靠近其中一个电极。图 3-3(b)模拟了光在波
导中的传输截面,在石墨烯与硅波导界面处光密度较高,大幅增加了石墨烯的吸收。光
诱导产生的电子-空穴对在石墨烯/金属界面内建电场的作用下分离产生光电流。该
器件的光响应度达到了 0.1 A·W^{-1},带宽和传输速度可以达到 20 GHz 和 12 Gbit·s^{-1}
[图 3-3(c)]。

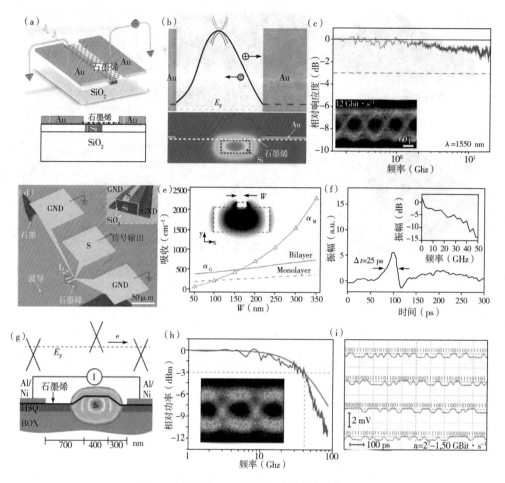

图 3 - 3　石墨烯 - 硅波导集成超快光电探测器

（a）石墨烯 - 硅波导集成器件结构示意图；（b）器件的电势截面（上）和光场分布截面（下）；（c）器件光电响应衰减随调制频率的变化情况,20 GHz 时的衰减约为 1 dB,插图为器件以 12 Gbit·s^{-1}通信速度接收到的眼图；（d）具有对称结构的石墨烯 - 硅波导集成器件显微照片与结构示意图；（e）电极光损耗和石墨烯光吸收随电极宽度 W 的变化情况,截图为光场在波导中的分布截面；（f）器件超快动态响应结果,插图为傅立叶变换结果；（g）CVD 石墨烯 - 硅波导集成器件结构与光场分布截面；（h）器件光电响应衰减随频率变换与器件接收到的眼图；（i）器件接收到的
50 Gbit·s^{-1}光学数据截图

　　同一时期,Mueller 等[34]采用类似的方案构筑了如图 3 - 3（d）所示的石墨烯基光电探测器。他们将硅波导突出二氧化硅基底表面以增加石墨烯与硅波导的接触面积,并将金属电极沉积在硅波导上方,大幅提升石墨烯和金属电极对光的吸收［图 3 - 3（e）］。

该器件的响应时间为 25 ps,计算得到调制带宽约为 18 GHz[图 3 – 3(f)]。Schall 等[61]将硅波导与化学气相沉积(Chemical vapor deposition, CVD)方法制备的石墨烯集成,构筑了晶圆尺寸的石墨烯基光电探测器阵列。器件结构与光场分布如图 3 – 3(g)所示。该器件的带宽和光学数据传输速度高达 41 GHz[图 3 – 3(h)]和 50 Gbit·s^{-1}[图 3 – 3(i)]。

为提升石墨烯基光电探测器的光电响应强度,实现对于长波信号的有效探测,科学家们进行了诸多的努力和尝试。例如,通过将石墨烯与 PbS 量子点复合构筑的光电探测器响应度高达 10^7 A·W^{-1}[27];利用天线耦合石墨烯场效应晶体管,可实现室温下对 0.6 THz 波的有效探测[62]。关于石墨烯基光电探测器光电响应增强策略及其在长波探测领域的应用研究将在本章 3.2 和 3.3 小节进行详细介绍,此处不再赘述。表 3 – 1 总结了当前石墨烯基光电探测器的器件结构和重要参数。

表 3 – 1　石墨烯基光电探测器性能参数

结构	类型	R	带宽	波段	IQE	EQE	参考文献
石墨烯/金属肖特基结	PV/PTE	6.1 mA·W^{-1}	>40 GHz	可见光、近红外光	10%	0.5%	[1,2]
石墨烯 p – n 结	PTE	10 mA·W^{-1}	—	可见光	35%	2.5%	[12,15,25]
石墨烯波导耦合结构	PV/PTE	0.13 A·W^{-1}	>20 GHz	1.3 ~ 2.75 μm	10%	10%	[3,34,63]
石墨烯 – 硅异质结	肖特基光二极管	0.435 A·W^{-1}	1 kHz	0.2 ~ 1 μm	—	65%	[64]
施加偏压的石墨烯	辐射热	0.2 mA·W^{-1}	—	可见光、红外光	—	—	[11]
双栅结构双层石墨烯	辐射热	10^5 V·W^{-1}	>1 GHz	10 μm	—	—	[65]
石墨烯量子点复合	光晶体管	10^8 A·W^{-1}	100 Hz	0.3 ~ 2 μm	50%	25%	[27]
太赫兹天线耦合石墨烯	过阻尼等离子体波	1.2 V·W^{-1}	—	1000 μm	—	—	[31]
石墨烯叉指太赫兹天线	PV/辐射热	5 nA·W^{-1}	20 GHz	2.5 THz	—	—	[66]
石墨烯/TMD/石墨烯异质结	垂直光二极管	0.1 A·W^{-1}	—	<650 nm	—	30%	[67,68]

3.2　石墨烯光电响应增强策略

单层石墨烯 2.3% 的光学吸收对于单层薄膜而言是很强的,但作为绝对值来说 2.3% 的吸收是非常少的,难以满足光电探测器的应用要求。因此,需要通过设计合适的光学结构等测量提升石墨烯的吸光性能。

3.2.1　等离子体增强型石墨烯基光电探测器

表面等离子体(Surface plasmon)是由金属表面自由振动的电子和入射光子相互作用产生的一种沿着金属与表面传播的倏逝波。当入射光波矢与倏逝波振动波矢相匹配时则会产生表面等离子体共振(Surface plasmon resonance,SPR),使金属表面附近的电磁波产生近场增强,从而大幅增强光与物质的相互作用[69,70]。将 SPR 技术应用于光电探测,能够大幅提升光电器件的量子效率和光响应度,从而有效减小器件尺寸。例如,将石墨烯与金属纳米颗粒进行耦合,这些金属纳米颗粒在光照时产生强烈的 SPR,使石墨烯与纳米颗粒界面处的局域电场大幅增强,从而促进光生电子 - 空穴对在石墨烯中的产生、分离和输运,提升器件的光电响应。另外,由于 SPR 的产生受到金属纳米结构的控制,可以通过改变结构构型来实现对特定波长光信号的选择性响应。

2011 年,Kostya Konoselov 等[35]提出一种利用金属纳米结构选择性增强石墨烯基光电探测器光响应度的策略。如图 3 - 4(a)所示,作者在电极附近设计了不同周期的纳米结构,这些结构会与特定波长的入射光产生 SPR,从而实现对光信号的选择性增强[图 3 - 4(b)、(c)],光响应度最大可增大 20 倍,约为 10 mA · W^{-1}。同一时期,Yu Huang 和 Xiangfeng Duan 团队[71]将金纳米结构耦合到石墨烯光电晶体管表面,通过金纳米结构产生的局域等离子体增强效应,大大提高了光电探测器的光电性能,在偏压和栅压均为零时器件的外量子效率为 1.5,而光响应度最大可提升 1500% ,达到 6.1 mA · W^{-1}。另外,如图 3 - 4(d)、(e)所示,作者通过对纳米颗粒尺寸和周期的控制,实现了对不同波长的入射光的选择性增强。因此,可以通过对金属纳米阵列结构的合理设计实现对特定光信号的特异性检测。

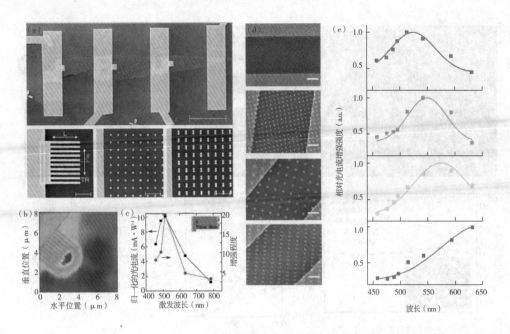

图 3-4　金属纳米结构耦合石墨烯基光电探测器

（a）将不同结构和周期的金属纳米阵列耦合到石墨烯器件的照片；（b）金属纳米结构与 514 nm 入射光耦合产生的增强光电压；（c）器件对于不同波长入射光的响应度及增强幅度，插图为相应的金属纳米阵列结构；（d）负载了不同尺寸和周期的金纳米阵列照片；（e）不同阵列对于波长的选择性增强

　　除了金属纳米结构之外，基于其他材料的纳米结构也可以作为天线增强石墨烯与入射光的相互作用。2012 年，Zheyu Fang 等[72]首次利用高分子聚合物构筑的纳米结构与石墨烯进行耦合，证实了高分子聚合物形成的纳米结构同样可以实现等离子体增强效应。如图 3-5（a）、（b）所示，作者将聚合物纳米结构夹在两层石墨烯中间构筑成三明治结构的光电探测器。作者认为这种纳米结构天线对于光电流的增强是通过两种途径实现的：纳米天线中产生的电子转移至石墨烯中；在近场作用下等离子体增强激发石墨烯中的电子。相比于无天线结构的石墨烯基光电探测器，这种三明治结构的光电器件光电流增强了 800%，达到 13 mA·W^{-1}[图 3-5（c）]。同样地，这种高分子纳米结构耦合的光电探测器也表现出对入射波长的选择性增强特性，如图 3-5（d）所示，量子效率增强中心随着纳米结构尺寸的增大逐渐由可见光向近红外波段移动，最高量子 IQE 超过 20%。另外，作者在研究中发现，对于某些纳米结构，器件表现出偏振依赖的光电响应。2013 年，Freitag 等[73]直接利用石墨烯纳米带构筑了如图 3-5（e）所示的光电探测器，同样实现了等离子体增强效应。同样地，这一器件也表现出偏振依赖的光电响应特性[图 3-5（f）]。

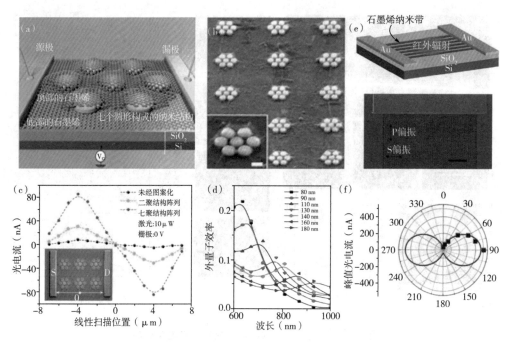

图3-5　非金属纳米结构耦合石墨烯基光电探测器[72,73]

(a,b)石墨烯/高分子纳米结构/石墨烯三明治结构光电探测器示意图与器件照片;(c)不同纳米
结构对石墨烯光电响应增强随光斑位置的变化情况;(d)不同纳米结构尺寸下器件对于入射光的
选择性增强;(e)石墨烯纳米带光电探测器示意图与器件照片;(f)器件对于不同偏振光激发下
的各向异性光电响应

2016年,Lin Bao Luo等[74]将利用CVD方法合成的ZeSe纳米带与单层石墨烯构筑
成异质结,并在石墨烯表面通过微球阵列掩膜的方式沉积铟纳米颗粒(InNPs),制备出
如图3-6(a)、(b)所示的蓝光光电探测器。图3-6(c)对比了未沉积InNPs和沉积有
InNPs的异质结器件的光电响应,结果表明InNPs的引入对于提升器件的光响应度发挥
了巨大作用。作者发现,器件对于460 nm的入射光的增强效果最为显著,光电流从
0.9 μA增大至22 μA,光响应度增大至620.5 A·W^{-1},远超常规石墨烯基光电探测器。
作者通过有限元方法对InNPs在不同波长光激发下电场能量分布进行了模拟,结果如
图3-6(d)所示,当入射波长为460 nm时异质结界面处电场能量最高,对于光电响应
的增强最为显著。对于该器件所表现出远超常规的光响应度,作者提出如图3-6(e)
所示的机理,器件的光电流主要由两种机制产生:一种为ZnSe纳米带吸收光子产生的
电子-空穴对在石墨烯/ZnSe界面处内建电场的作用下分离的光电流,另一种为InNPs

在光照条件下诱导产生局域 SPR 效应,产生大量高能电子注入石墨烯中,这些电子同样在内建电场的驱动下产生光电流。后者对于光电流的产生起主导作用。随后,该课题组又通过在多层石墨烯/CdSe 纳米带表面修饰铜纳米颗粒阵列构筑了一种等离子体增强的红光光电探测器[75]。该器件在 700 ~ 900 nm 范围内表现出显著的局域 SPR 效应,产生的热电子注入石墨烯中大幅提升器件的光电响应。实验结果表明,器件在修饰铜纳米颗粒后光电流从 0.124 μA 增大到 3.1 μA,增加了近 24 倍。

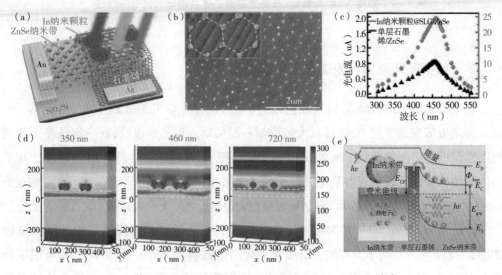

图 3 - 6　InNPs/石墨烯/ZnSe 异质结蓝光光电探测器[74]

(a,b)器件结构与样品照片;(c)InNPs/石墨烯/ZnSe 与石墨烯/ZnSe 结构器件 d 的光电响应对比;

(d)不同波长激发 InNPs 产生局域 SPR 电场能量分布图;(e)器件在蓝光激发下能带结构图

2018 年,何淑娟等[76]提出一种双层金纳米颗粒等离子体共振增强的石墨烯基光电探测器。器件结构如图 3 - 7 所示,在石墨烯的上下两侧分别沉积一层金纳米颗粒,并与底部的硅衬底形成肖特基接触。相比于单层金纳米颗粒,由于石墨烯的厚度仅为 0.34 nm,上下两层金纳米颗粒之间产生了超强的双重 SPR 效应,极大增强了器件的光电性能。实验结果表明,该器件对可见光的响应度、比探测率和响应时间分别为 6.7×10^{-3} A·W^{-1}、2.31×10^{13} Jones、360 ns(上升)/330 ns(下降)。

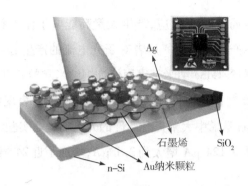

图 3 − 7　双层 Au 纳米颗粒/石墨烯等离子体共振增强光电探测器[75]

3.2.2　共振腔增强型石墨烯基光电探测器

除了利用纳米结构激发 SPR 效应之外,通过设计光学共振腔或平面的光子晶体,将入射光束缚在光学腔中,也可以大幅增加石墨烯对入射光的吸收,在一定条件下甚至可以实现近乎完美的吸收。例如,Zhimin Zhang 等[77]通过理论计算证明合理设计光子晶体的结构参数可以实现对某些波段光的完全吸收;黎志文等和 Xi Wang 等[78,79]的理论研究结果表明设计合理的光学薄膜结构可分别实现对近红外光和太赫兹光的近完美吸收。

2012 年,Krupke 等[80]首次将光学微腔集成到石墨烯基光电探测器中。微腔结构如图 3 − 8(a)所示,光学微腔的上下表面均采用金属银作为反射镜,中间的介电层则分别选用 Si_2O_3 和 Si_3N_4,介电层的厚度设计为入射波长的一半,即 $\lambda/2$,石墨烯位于光学微腔的中间。由于光学微腔的参数是按照入射光波长进行设计的,因此光电流的增强表现出很强的选择性。如图 3 − 8(b)所示,583 nm 入射光激发的光电流为 23.3 nA,而 633 nm 激光激发的光电流只有 1.2 nA,可见该器件对于光电流的调制超过了 20 倍。图 3 − 8(c)对比了自由空间和光学微腔限域条件下光场与石墨烯的耦合,证明了光学微腔的限域效应可以改变石墨烯晶体管的电输运特性。然而,入射光由于两个金属反射镜的吸收而产生了额外的损耗。同年,Mueller 等[38]也进行了类似的研究,他们将石墨烯集成到法布里 − 珀罗(Fabry − Perot)微腔中,构筑了如图 3 − 8(d)所示的器件。该微腔采用具有不同折射率的厚度为 $\lambda/4$ 的材料交替组成 Bragg 反射镜,例如 SiO/SiN 和 AlGaAs。通过对 Si_3N_4 缓冲层厚度的调节确保电场振幅最大值出现在石墨烯所在平面,从而最大限度地增强石墨烯的光学吸收。当入射光进入微腔后被束缚在微腔中穿过石墨烯发生多次反射,石墨烯的光学增强能够增大 26 倍,达到 60% 以上,其光响应度为 21 mA · W^{-1}[图 3 − 8(e)]。

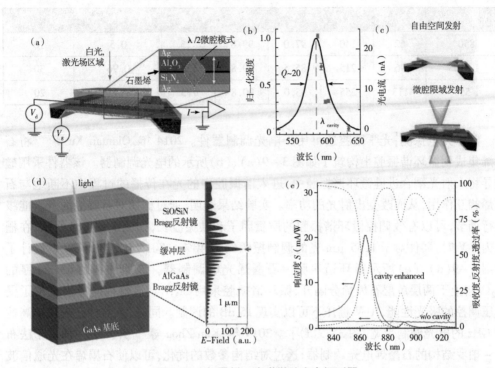

图 3 - 8 石墨烯 - 光学微腔光电探测器

(a)光学微腔 - 石墨烯基光电探测器结构示意图;(b)光学透过率谱线(黑色曲线)与不同波长激
发下的光电流(红色点);(c)自由可见(上)和微腔限域(下)条件下光与石墨烯的耦合效果示
意图;(d)基于 Bragg 反射镜的法布里 - 珀罗微腔 - 石墨烯基光电探测器示意图(左)与电场
分布(右);(e)不同波长激发下器件的光电流以及吸收、反射和透过率曲线

    Mueller 等为确保石墨烯位于光学微腔中电场分布最强的位置而引入了缓冲层,但
这无疑增大了器件的工艺复杂程度。另外,他们的工作并未对光场谐振增强的原理以
及驻波效应等进行深入的探讨,缺少对谐振腔长度这一参数的定性及定量分析。基于
此,梁振江课题组基于麦克斯韦方程组和光传输理论,对谐振腔反射镜的反射率和腔体
结构参数对于器件响应度和半峰宽(Full width at half maxima, FWHM)的影响进行了理
论研究,结果如表 3 - 2 所示。共振腔增强型石墨烯基光电探测器能够明显提升器件的
响应度,但限制在光学微腔内的光波是基于多光束干涉效应而得到加强,波长与器件结
构参数有很大的相关性,因此能够有效工作的光波带宽较为狭窄,不适合宽带探测
使用。

表 3 - 2　不同波长对应的微腔结构优化参数及器件性能

谐振波长(nm)	d_{Si}(nm)	d_{SiO_2}(nm)	R_t(%)	R_b(%)	L(nm)	R(A·W^{-1})	FWHM(nm)
850	62	140	97.0	99.8	425	0.5	10
1 310	96	215	85.5	99.8	655	0.96	30
1 550	113	255	95.0	99.8	775	1.12	20

除了光电探测,光学微腔还可用于电光调制器件。2014 年,Qianfan Xu 等[84]将石墨烯集成到微环谐振腔上构筑了如图 3 - 9(a)、(b)所示的电光调制器。该器件采用硅波导将入射光耦合进硅微环谐振腔中,进入谐振腔中的光在传播的过程中不断地与石墨烯相互作用,从而改变出射光的功率。实验结果表明,通过栅压对石墨烯的费米能级进行调节,可以有效调控微环谐振腔的质量因子和共振波长,如图 3 - 9(c)所示,在栅压为 6 V 时,器件对于 1.55 μm 光的调制振幅约为 40%。2015 年,Phare 等[85]设计了如图 3 - 9(d)、(e)所示微环谐振腔 - 石墨烯光电调制器。该器件利用 65 nm 厚的 Al_2O_3 将上下两层单层石墨烯分隔开,微环谐振腔采用 Si_3N_4。该器件同样表现出了受栅压调控的吸光性能,10 V 栅压下可以实现 15 dB 的调制。同时,该器件还表现出高达 30 GHz 的电光调制带宽[图 3 - 9(f)]。2019 年,Kun Zhou 等[86]开发了一种基于法布里 - 珀罗结构的石墨烯电光调制器,透过对结构参数的优化,可以使石墨烯在光通信波段的光吸收由 2.3% 提升至 83.2%。

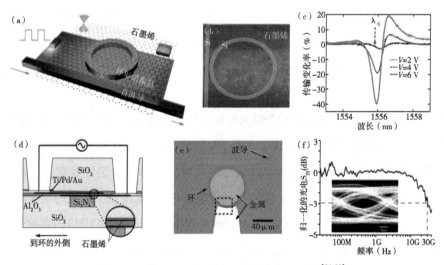

图 3 - 9　基于环形微腔的石墨烯电光调制器[84,85]

(a,b)硅基环形微腔石墨烯电光调制器结构示意图与器件照片;(c)不同栅压下器件对于近红外光的调制效果;(d,e)基于 Si_3N_4 的环形微腔调制器结构与实物图;(f)器件衰减随调制频率的变化,插图为器件接收到的眼图

3.2.3 波导型石墨烯基光电探测器

硅基光子学为发展下一代高速低能耗芯片提供了重要解决方案,其最大的优势在于绝缘衬底上的硅(Silicon-on-insulator, SOI)既可用于制作 CMOS 集成电路,又能加工成光波导、调制器以及各种分光器等[87]。硅基光波导是硅基光子器件的基本组成部分,在高速光电探测器、高速电光调制器和窄带光滤波器等器件中发挥重要作用。然而,由于难以实现全硅有源光器件,硅光子学器件需要与其他材料结合;另外,由于硅具有难以调制的间接带隙,电光调制效应较弱,致使全硅光电器件在实际应用中仍面临着诸多技术瓶颈。石墨烯的出现为硅基光子学的发展注入了新的元素,石墨烯超高的载流子迁移率和宽光谱吸收特性能够大幅提升硅基光子器件的性能。反之,将硅波导集成到石墨烯光电器件中,能够极大地增强石墨烯与光的相互作用,提升器件性能。

2011 年,Xiang Zhang 团队[33]首次提出了基于石墨烯－硅波导的宽谱带光调制器,器件结构如图 3 – 10(a)所示。通过模拟光在硅波导中的光场分布,设计合理的结构参数,可以实现石墨烯/硅波导界面处石墨烯与光相互作用的最大化[图 3 – 10(b)]。如图 3 – 10(c)所示,通过驱动电压调节石墨烯的费米能级,器件可以对光信号实现有效的调控。实验结果表明,该光调制器能够对 1.35 ~ 1.6 μm 光进行调制,调制频率可达 1.2 GHz。这款光调制器的有效器件尺寸仅为 25 μm²,是当时最小的调制器。

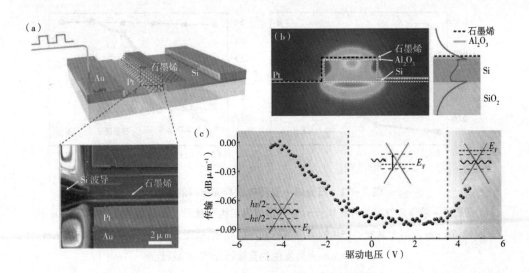

图 3 – 10 石墨烯－硅波导宽谱带光调制器[33]

(a)光调制器结构示意图与器件照片;(b)光在波导中的光场分布;

(c)不同驱动电压下器件的电光调制响应

2013 年,《自然·光子学》杂志同刊报道了三个课题组在石墨烯 - 硅波导集成光电探测器方面的独立研究进展。其中 Englund 等[3] 和 Mueller 等[34] 利用硅波导增强石墨烯对光的吸收,构筑了具有超高带宽的光电探测器,相关工作在 3.1.4 中已做详细介绍,此处不再赘述。Jianbin Xu 等[63] 设计了如图 3 - 11(a)、(b)所示的悬浮硅波导,石墨烯集成到悬浮硅波导上方。图 3 - 11(c)、(d)分别为器件在 1.55 μm 和 2.75 μm 入射光激发下的光电流,光电流明显依赖偏压的极性,器件在 - 1.5 V 偏压下对于 2.75 μm 入射光的响应度为 0.13 A·W⁻¹。作者认为,石墨烯对于 1.55 μm 入射光的吸收是通过直接跃迁实现的[图 3 - 11(c)],而对于 2.75 μm 光的吸收则属于间接跃迁[图 3 - 11(d)]。器件在中红外波段表现出极高的光响应度和开关电流比,表明利用石墨烯/硅异质结波导中间接跃迁可以有效实现中红外探测。

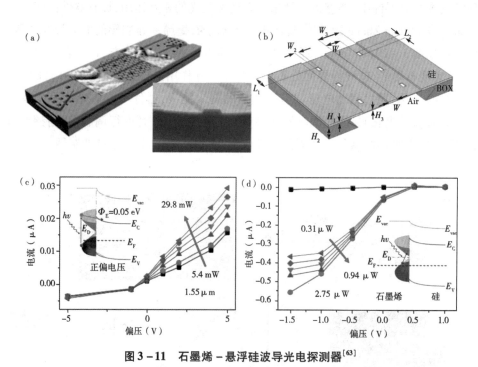

图 3 - 11 石墨烯 - 悬浮硅波导光电探测器[63]

(a)石墨烯 - 悬浮硅波导器件结构;(b)悬浮硅波导结构示意图;(c,d)器件在(c)1.55 μm 和
(d)2.75 μm 入射光激发下产生的光电流随偏压的变化,插图分别为石墨烯吸收 1.55 μm
和 2.75 μm 光时发生的直接跃迁和间接跃迁

2014 年,Mo Li 等[88] 首次构筑了栅压调控的石墨烯 - 硅波导集成光电器件,该器件的结构如图 3 - 12(a)、(b)所示。该器件集成了光电探测器和光调制器的功能,通过调节栅压可以对器件的光电响应和电光调制性能进行调控。该器件对于近红外波段的

响应度可达 $0.57\ \mathrm{mA}\cdot\mathrm{W}^{-1}$,光调制深度为 64% ,并且对于光调制和光探测的带宽均达到 GHz 量级[图 3 – 12(c)]。

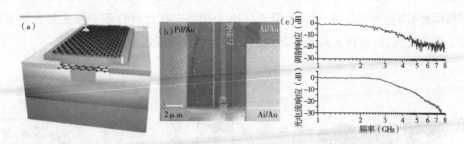

图 3 – 12 栅压调控石墨烯 – 硅波导多功能光电器件[88]

(a,b)石墨烯 – 硅波导多功能光电器件结构示意图与器件照片;(c)光调制(上)和
光电流(下)随调制频率的衰减

由上述工作可知,石墨烯 – 硅波导集成器件的主要特点在于:光的传播被限制在波导中,在石墨烯/硅波导界面处产生强的电场分布,光在传播过程中不断地与石墨烯发生相互作用并激发石墨烯产生光生电子 – 空穴对和热载流子。一系列的工作表明,石墨烯 – 硅波导集成光电探测器在高速光通信领域具有很高的应用价值。

3.2.4 叠层范德瓦尔斯异质结型石墨烯基光电探测器

二维材料具有原子层级的厚度,层与层之间通过范德瓦尔斯力相结合,表面没有化学悬挂键,这些特点为构筑二维材料范德瓦尔斯异质结创造了条件。二维材料家族非常庞大,涵盖了超导体、导体、半导体和绝缘体等各个类型。其中,以过渡金属双硫属化合物(Transition metal dichalcogenide, TMDs)为代表的半导体材料和以六方氮化硼(Hexagonal boron nitride, hBN)为代表的介电层材料应用最为广泛。由于这些材料具有与石墨烯互补的特性,与石墨烯结合构筑异质结光电器件能够大幅提升器件的光电性能。

2013 年,Castro Neto 等[68]提出一种基于石墨烯/WS$_2$/石墨烯异质结构的光电探测器,如图 3 – 13(a)所示。该器件的能带结构如图 3 – 13(b)所示,WS$_2$ 吸收入射光子产生的电子 – 空穴对在内建电场的作用下有效地分离,分别进入 WS$_2$ 上方和下方的石墨烯层中,从而使器件获得 $0.1\ \mathrm{A}\cdot\mathrm{W}^{-1}$ 的光响应度,外量子效率更是达到了 30%[图 3 – 13(c)]。同年,Xiangfeng Duan 团队[67]基于类似的原理设计了三种不同结构的异质结光电器件,这些器件都表现出受栅压调控的光电响应。其中采用非对称的石墨烯/Ti 电极分别堆叠在 MoS$_2$ 两侧构筑的垂直异质结器件[图 3 – 13(d)]具有更高的光电响应,其在负栅压和正栅压作用下的能带结构如图3-13(e)所示,施加负栅压时更加有利于光生电子-空穴对的分离。该器件的外量子效率最大可达55%。相比于平面器件结构,叠层结构器件的优势在于光生电子-空穴对只需运动很短的距离(二维材料厚度)即可发生分离,极大地降低了电子和空穴在迁移过程中发生复合的概率,缩短了迁移时间,从而极大提升了器件的光响应度和响应速度。

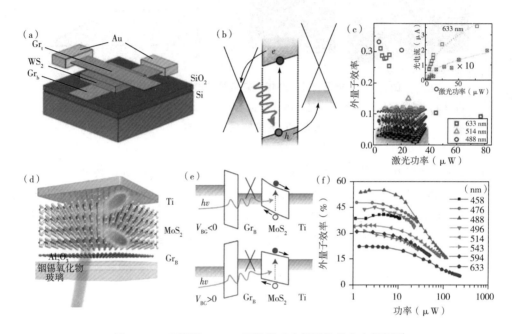

图3-13 石墨烯/TMDs/石墨烯垂直异质结构光电探测器

(a)石墨烯/WS$_2$/石墨烯异质结构光电探测器结构示意图;(b)器件在栅压作用下的能带结构图;
(c)不同激光功率激发的外量子效率,插图为光电流随激光功率的变化情况;(d)石墨烯/MoS$_2$/Ti
垂直异质结器件结构图;(e)器件在负栅压(上)和正栅压(下)条件下的能带结构图;
(f)不同波长激光激发下器件外量子效率随激光功率变化情况

石墨烯在上述异质结器件中主要作为透明电极使用,并未充分发挥石墨烯优异的物理性能。2013年,Ghosh等[89]构筑了一种基于石墨烯/MoS$_2$垂直异质结的光电探测器[图3-14(a)]。不同于常规的光电探测器,该器件在栅压作用下表现出持续光电导(Persistent photoconductivity, PPC)特性,这是因为MoS$_2$产生的光生电子在电场作用下进入石墨烯中,而光生空穴则被电场束缚在MoS$_2$中,光照结束后,石墨烯/MoS$_2$界面处的电子和空穴逐渐复合,但MoS$_2$中远离界面处的空穴不会与电子发生复合,诱导石墨烯电导率发生持续的改变[图3-14(b)]。该器件具有超高的光响应度,在130 K温度条件下响应度高达 10^{10} A·W^{-1},室温条件下也可获得 5×10^8 A·W^{-1} 的响应度 [图 3-14(c)],这在石墨烯基光电探测器中是最高的。

以上器件采用的均是机械剥离的石墨烯,为探索石墨烯器件的大规模制备与应用前景,基于 CVD 方法制备的大面积石墨烯和 MoS$_2$ 薄膜开始用于构筑异质结光电探测器。2014 年,Lain-Jong Li 等[50]构筑了一种大尺寸的石墨烯/MoS$_2$ 光电探测器,如图 3-14(d)插图所示,石墨烯位于 MoS$_2$ 上方。该器件在 -10 V 栅压作用下的光响应度高达 10^7 A·W^{-1},光电导增益更是高达 10^8[图 3-14(d)]。2016 年,Andrea Ferrari 等[90]在柔性 PET 衬底上制作了类似的器件,如图 3-14(e)所示,该器件通过有机电解质来施加栅压。在 642 nm 光激发下,该器件的外响应度为 45.4 A·W^{-1},内响应度为 570 A·W^{-1},光电导增益为 4×10^5。尤为重要的是,该器件对于 642 nm 光的吸收仅为 8%,具有良好的透光性[图 3-14(f)],同时在弯曲过程中表现出良好的稳定性 [图 3-14(f)],在可穿戴器件等领域展现出诱人的应用前景。

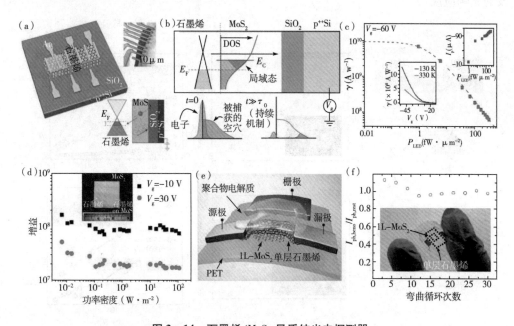

图 3-14　石墨烯/MoS$_2$ 异质结光电探测器

(a)石墨烯/MoS$_2$ 垂直异质结光电探测器结构示意图,右上方插图为器件照片,右下方插图为光照条件下的能带结构图;(b)持续光电导产生机理;(c)光响应度随光功率变化的情况,右上方插图为不同光功率激发的光电流,左下方插图为 130 K 和 330 K 温度下器件光响应度随栅压的变化情况;(d)基于 CVD 石墨烯/MoS$_2$ 大尺寸光电探测器的光电导增益随光功率的变化情况,插图为器件的实物照片;

(e)在柔性 PET 衬底上制备石墨烯/MoS$_2$ 光电探测器结构示意图;(f)器件的弯曲稳定性测试,插图为该柔性透明器件的实物照片

除 TMDs 材料外,一些较为传统的材料也可与石墨烯构筑垂直异质结以增强器件的光电性能。2013 年,Xiaohong An 等[64]将石墨烯与硅结合构筑成如图 3-15(a)所示的光电探测器。受到石墨烯与硅接触界面的影响,器件具有明显的整流特性,在施加反偏电压时器件具有明显的光电响应[图 3-15(b)]。该器件具有光电压响应和光电流响应两种工作模式:在光电压模式下对于弱光信号的探测响应度可达 10^7 V·W^{-1} [图 3-15(c)],噪声等效功率约为 1 pW·$Hz^{-1/2}$;在光电流工作模式下的光响应度为 435 mA·W^{-1},入射光子转换效率(Incident photon conversion efficiency, IPCE)达到 65%[图 3-15(d)]。该器件的响应时间均为毫米量级,开关比超过 10^4,工作波段为 400~900 nm。2015 年,Jianbin Xu 等[91]采用类似的结构利用 CVD 法制备的石墨烯构筑了一种可在通信波段工作的高响应度光电探测器。作者认为,器件对于可见光的吸收主要依赖硅,632 nm 光激发的光响应度高达 10^4 A·W^{-1},而在近红外波段的光吸收以石墨烯为主,对 1 550 nm 光的响应度为 0.23 A·W^{-1},远高于纯石墨烯器件在此波段的光响应度。

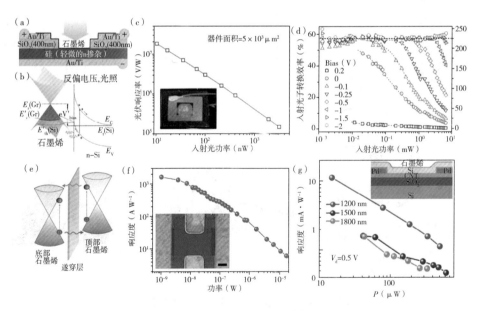

图 3-15 石墨烯与非二维材料构筑的叠层光电探测器

(a)石墨烯-硅叠层结构光电探测器结构示意图;(b)施加反偏电压时器件的能带结构图;(c)器件光电压随入射光功率的变化情况,插图为器件的样品照片;(d)不同偏压下器件的 IPCE 随光功率的变化情况;(e)石墨烯双层结构光电探测器能带结构图;(f)器件在可见光激发下响应度随光功率的变化情况,插图为器件的样品照片;(g)石墨烯/Si/碳纳米管结构光电探测器在近红外波段光响应度随光功率的变化情况,插图为器件的结构示意图

2014 年,Zhaohui Zhong 等[92]设计了一种基于石墨烯双层结构的光电探测器,两层石墨烯之间通过一层很薄的隧穿层(5 nm 厚的 Ta_2O_5 或 6 nm 厚的 Si)分隔开。在该器件中,上层的石墨烯作为浮栅层,下层的石墨烯作为沟道层。如图 3 - 15(e)所示,在光照条件下上层的石墨烯产生的光生电子在内建电场的作用下隧穿进入下层的石墨烯沟道中,而空穴则在上层石墨烯中积累,利用光栅效应大幅度改变下层石墨烯沟道的电导率。本器件中采用的隧穿层很薄,一方面有利于光生载流子的隧穿,另一方面增强了介电层电容。图 3 - 15(f)为采用 5 nm 厚的 Ta_2O_5 作为介电层的器件在可见光激发下的光响应度随光功率的变化情况,在弱光下器件的光响应度可达 10^3 A · W^{-1}。另外,当器件采用 6 nm 厚的 Si 作为介电层时,在近红外和中红外波段都表现出良好的光电性能,光响应度均超过 1 A · W^{-1}。2016 年,王胜等[93]利用石墨烯和碳纳米管构筑了类似的器件,器件结构如图 3 - 15(g)插图所示,采用 6 nm 厚的非晶硅作为隧穿层,碳纳米管条带薄膜作为下层沟道,石墨烯在上作为浮栅材料。同样地,光照条件下石墨烯产生的光生空穴隧穿进入碳纳米管,而光生电子在石墨烯中的积累导致光栅效应引起碳纳米管电导率的变化。由于碳纳米管的半导体特性,该器件的暗电流仅为纳安量级,相比采用石墨烯作为沟道的器件降低了 4 个数量级。该器件同样在可见和近红外光波段表现出较为良好的光电性能[图 3 - 15(g)]。

3.2.5　量子点增强型石墨烯基光电探测器

量子点(Quantum dots, QDs)是一类由少量原子组成的、三个维度尺寸均小于 100 nm 的零维纳米材料,它通常是由 Ⅱ ~ Ⅵ族和 Ⅱ ~ Ⅴ族构成的化合物。由于量子点材料的三个维度的尺寸均受到限制,因此具有一些独特的物理和化学性质,例如表面效应、尺寸效应、量子隧穿效应和介电约束效应等。另外,量子点材料一般具有较为良好的稳定性,而且其吸光性能受到其自身大小和组分的调控。因此,将丰富多样的量子点材料与石墨烯复合构筑光电探测器,能极大地增强器件的光电性能。

2012 年,Frank Koppens 等[27]首次引入 PbS 量子点用于构筑具有超高灵敏度的石墨烯基光电探测器。器件结构如图 3 - 16(a)所示,在石墨烯表面旋涂一层 PbS 量子点。由于 PbS 量子点在 980 nm 附近有非常优异的吸光性能,光照条件下 PbS 中产生的光生空穴在内建电场作用下转移至石墨烯沟道中,而光生电子则被束缚在量子点中,由此产生了光栅效应[图 3 - 16(a)]。由于量子点的束缚,光生载流子的寿命 τ_{life} 远超载流子在石墨烯沟道中的渡越时间 τ_{transit}，因此器件的光电导增益可达 10^8。束缚在 PbS 中的电子相当于对石墨烯施加一个额外的负栅压，导致石墨烯的费米能级下降，狄拉克电压向左移动[图 3－16(b)]，光功率越大，引起的狄拉克电压的改变（ΔV_{G}）也就越大。光电流的大小可以通过 ΔV_{G} 进行计算：

$$\Delta I_{\text{DS}} = \frac{W}{L} C_{\text{ox}} \mu \Delta V_{\text{G}} V_{\text{DS}} \qquad (3-10)$$

其中，W 和 L 分别为沟道的宽和长，C_{ox} 为介电层的单位电容。图 3－16(c)给出了器件的光响应度在不同波长和不同光功率光激发下的变化情况，响应度超过了 10^7 A·W^{-1}，创下了当时石墨烯基光电探测器光响应度的记录。这一工作开启了量子点增强型石墨烯基光电探测器研究的大门。同年，Feng Yan 等[41]利用 CVD 法制备的大面积石墨烯薄膜构筑了相同结构的石墨烯－PbS 量子点光电探测器，器件的光响应度同样达到 10^7 A·W^{-1}。作者还采用柔性 PET 衬底来构筑这种高灵敏度光电探测器，如图 3－16(d)所示，器件在柔性衬底上仍表现出非常优异的光响应度（10^6 A·W^{-1}）。虽然 PbS 量子点能够显著提升器件的光电响应，却牺牲了器件的响应时间（约为 2 s）。为获得更快速的响应，Jun He 等[44]利用 CVD 方法直接在石墨烯表面沉积 PbS 纳米片。相比于量子点，PbS 纳米片与石墨烯直接通过范德瓦尔斯力紧密接触，极大地提升了光生载流子在二者之间的迁移速度，从而获得毫秒量级的响应时间[图 3－16(e)，上升时间为 48 ms，下降时间为 64 ms]，同时器件的光响应度仍保持在 2.5×10^6 A·W^{-1}。在对量子点负载石墨烯基光电探测器的研究中发现，器件的性能受到旋涂量子点层厚度的影响，在一定范围内器件的光电响应随着量子点层厚度的增加而增大，但量子点层过厚则会阻碍光生载流子的传输，造成器件性能的下降。为进一步提升器件的光电响应，Oscar Vazquez-Mena 等[98]提出一种如图 3－16(f)所示的器件结构，将石墨烯和 PbS 量子点一层一层地相互嵌入，确保量子点中的光生载流子能够迁移进入附近的石墨烯沟道，从而提升光电性能。利用该测量，作者将石墨烯－PbS 量子点光电探测器的外量子效率由 25% 提升至 90%。

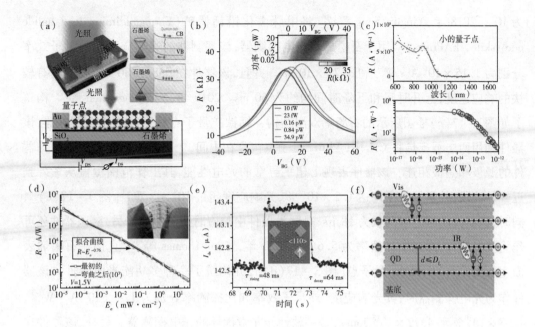

图 3 – 16　石墨烯 – PbS 量子点光电探测器

（a）石墨烯 – PbS 量子点光电探测器结构示意图,右上方插图为器件在光照时和光照结束后的能带结构;（b）器件在不同光功率照射下的转移特性曲线;（c）器件的光响应度随入射光波长（上）和光功率（下）的变化情况;（d）位于柔性衬底上的 CVD 石墨烯 – PbS 量子点器件的光响应度随光功率的变化情况,插图为器件实物照片;（e）石墨烯 – PbS 纳米片光电探测器的响应时间,插图为石墨烯/PbS 纳米片结构示意图;（f）多层嵌入结构的石墨烯 – PbS 量子点光电探测器结构示意图

　　钙钛矿材料具有非常优异的光电性能,在光伏器件等领域发挥着重要作用[101]。将钙钛矿量子点运用到石墨烯基光电探测器中将极大地提升器件的光电响应。2015 年,Jeong Ho Cho 等[45]首次将有机/无机混合钙钛矿 $CH_3NH_3PbI_3$ 负载到石墨烯表面构筑了如图 3 – 17（a）所示的石墨烯 – 钙钛矿量子点复合光电探测器。该探测器的工作原理与石墨烯 – PbS 量子点类似,通过光生载流子的转移和光栅效应实现光电性能的大幅提升。如图 3 – 17（b）所示,该器件的光响应度为 140 A · W^{-1},有效量子效率约为 $5 × 10^4$%,比探测率约为 10^9 Jones。Nae – Eung Lee 等[102]在聚酰亚胺（Polyimide,PI）衬底上制备了石墨烯 – 有机/无机混合钙钛矿量子点柔性光电探测器,该探测器具有与刚性衬底相匹配的光响应度,并且表现出良好的抗弯曲性能。2015 年,Qiaoliang Bao 等[103]通过在石墨烯上负载分散的 $CH_3NH_3PbBr_2I$ 纳米颗粒（尺寸约为几百纳米）构筑了一种高响应的光电探测器,该探测器的光响应度高达 $6 × 10^5$ A · W^{-1},光电导增益约

为 10^9。2018 年，Yinglin Song 等[104]将甲脒卤化铅钙钛矿（Formamidinium lead halide perovskite，$FAPbBr_3$）应用于石墨烯基光电探测器，该探测器的光响应度和外量子效率分别为 1.15×10^5 A·W^{-1} 和 3.72×10^7%。并且，该器件在 538 ~ 980 nm 波段具有较快的响应速度，上升时间和下降时间均约为 60 ms。2019 年，Yangfang Chen 等[99]构筑了如图 3 – 17（c）插图所示的石墨烯双层结构 – 钙钛矿量子点垂直结构光电探测器，该器件利用两层石墨烯将 $CH_3NH_3PbBr_3$ 量子点包裹在中间，上下两层石墨烯分别作为器件的源极和漏极相连。该器件表现出超乎寻常的光电性能，其工作范围覆盖从紫外到近红外波段，外量子效率高达 1.2×10^{10}%，光响应度超过 10^9 A·W^{-1}[图 3 – 17（c）]，同时，该器件的响应时间仅为 18 μs，是同类器件中响应时间最短的。另外，该器件还可作为发光器件，绿光发光效率为 5.6%。2020 年，Jayan Thomas 等[100]直接在石墨烯表面生长出 $CH_3NH_3PbBr_3$ 量子点[图 3 – 17（d）]，并构筑了一种多功能光电器件。该器件作为光电探测器时，其光响应度、外量子效率和比探测率分别为 1.4×10^8 A·W^{-1}、4.08×10^{10}% 和 4.72×10^{15} Jones，是一款性能非常优异的光电探测器。另外，该器件在光激发下还表现出一定的记忆效应，可用作低能耗的光电突触器件，每个脉冲的能耗仅为36.75 pJ。

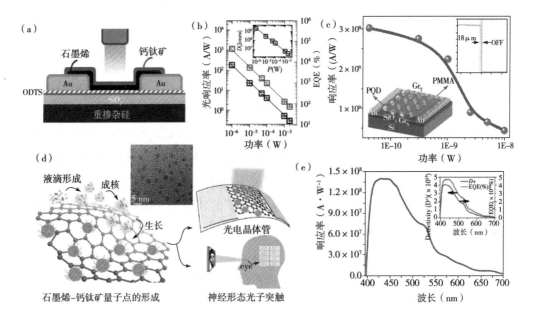

图 3 – 17　石墨烯 – 有机/无机混合钙钛矿量子点光电探测器

（a）石墨烯 – 钙钛矿量子点光电探测器结构示意图；（b）器件光响应度、外量子效率和比探测率随光

功率的变化情况;(c)石墨烯双层结构－钙钛矿量子光电探测器光响应度随光功率的变化情况,左下方插
图为器件结构示意图,右上方插图为器件的响应时间;(d)石墨烯表面直接生长钙钛矿量子点,插图为石
墨烯/钙钛矿量子点 TEM 图像;(e)器件的光响应度、外量子效率和比探测率随入射光的变化情况

相比于有机/无机混合钙钛矿材料,近几年发展起来的全无机钙钛矿具有更加优异的光电性能。2016 年,Jong－Soo Lee 等[46]首次将全无机钙钛矿量子点 $CsPbBr_{3-x}I_x$ 应用于石墨烯基光电探测器,在 405 nm 光激发下,该器件具有 8.2×10^8 A·W^{-1} 的光响应度和 2.4×10^{16} Jones 的比探测率[图 3－18(a)]。2019 年,Wei Lin Leong 等[105]制备了一种碘含量高于溴含量的全无机钙钛矿量子点 $CsPbBr_xI_{3-x}$,并用其构筑了高性能的石墨烯基光电探测器。该器件的光响应度为 1.13×10^4 A·W^{-1},光电导增益为 9.32×10^{10},比探测率为 1.17×10^{11} Jones。相比于之前的工作,该器件表现出良好的稳定性,在连续光照 5 h 后器件的光电流的衰减小于 5%,间隔光照 37 h 后光电流的变化小于 18%。同年,Judy Wu 等[106]利用巯基丙酸(3－mercaptopropionic acid,MPA)钝化 $CsPbI_3$ 量子点的表面,使其在空气中变得非常稳定。他们将量子点制成墨水采用打印的方式构筑了大面积的柔性石墨烯－钙钛矿量子点器件。如图 3－18(b)所示,该器件对于 400 nm 以下波段的光具有很好的光电响应,光响应度超过 10^6 A·W^{-1},比探测率为 2×10^{13} Jones,响应时间为 0.3 s。尤为重要的是,量子点经过钝化之后器件的光电流在 2 400 h 内仅衰减了 10%[图 3－18(c)],证明了量子点良好的稳定性。2019 年,Xiang Liu 等[107]提出一种如图 3－18(d)所示的垂直结构光电探测器,该器件从上向下依次为铟镓锌氧化物(Indium gallium zinc oxide,IGZO)/$CsPbBr_3$QDs/石墨烯纳米带(Graphene nanoribbon,GNR),其中 IGZO 作为一种电子传输层能够将石墨烯和量子点中的光生电子传输至顶部的漏极,同时将光生空穴阻隔在石墨烯和量子点中[图 3－18(e)]。该器件的暗电流很小(小于 10 nA),开关比大于 10^3,亚阈值摆幅(Subthreshold Slope,S S)为 0.9 V·dec^{-1}。由于 IGZO 是一种宽禁带半导体,在紫外光波段有很强的吸收,因此在紫外光波段器件的光响应度为 2.3×10^5 A·W^{-1},比探测率为 7.5×10^{14} Jones,外量子效率为 10^6%[图 3－18(f)],响应时间仅为 141 μs。

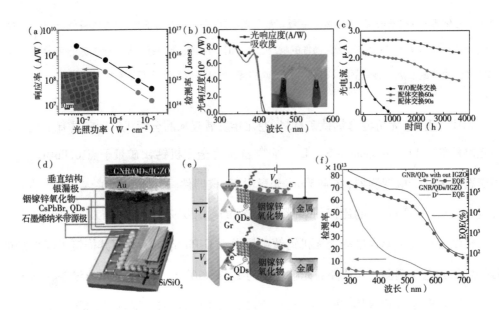

图 3 – 18　石墨烯 – 全无机钙钛矿量子点光电探测器

（a）石墨烯 – $CsPbBr_{3-x}I_x$ 量子点光电探测器光响应度和比探测率随光功率的变化情况，插图为 $CsPbBr_{3-x}I_x$ 量子点的 TEM 图像；（b）利用 MPA 钝化的 $CsPbI_3$ 量子点与石墨烯复合的光电探测器光响应随波长的变化情况，插图为该器件的完全测试照片；（c）器件在空气环境中的稳定性测试；（d）$IGZO/CsPbBr_3$ QDs/GNR 垂直结构光电探测器结构示意图与样品 SEM 图片；（e）器件在正栅压（上）和负栅压（下）状态下的能带结构图；（f）器件的比探测率和外量子效率随波长的变化情况

　　除了上文中介绍的 PbS 量子点和钙钛矿量子点之外，科学家们还用了很多其他种类的量子点与石墨烯复合构筑高性能光电探测器，例如 PbSe 量子点[108]、CdS 量子点[109]、CdSe 量子点[42]、ZnO 量子点、TiO_2 量子点、Cu_2Se 量子点[114]、Cu_3P 量子点[115]、Si 量子点等。另外，很多有机染料分子也被用来提升石墨烯基光电探测器的光电响应。由于这些器件的结构和工作原理大体类似，在此我们不再做详细介绍，对相关内容感兴趣的读者可自行查阅参考文献。

　　石墨烯本身也可以利用溶剂热、电化学剥离、超声和微波等方法制备成尺寸小于 10 nm 的石墨烯量子点（Graphene quantum dots, GQDs）。2015 年，Shuit – Tong Lee 等[120]利用石墨烯量子点构筑了一种深紫外（Deep ultraviolet, DUV）光电探测器，器件结构如图 3 – 19（a）、（b）所示。当采用非对称的 Au 和 Ag 作为源漏电极时，在 254 nm 深紫外光的照射下器件的光暗电流比（I_{light}/I_{dark}）为 5 882，光响应度为 2.1 mA · W^{-1}，比探测率为 9.59×10^{11} Jones，上升时间和下降时间分别为 64 ms 和 63 ms。Rongbin Ji 等制备了氯掺杂的石墨烯量子点（Cl – GQDs），并构筑了如图 3 – 19（c）所示的垂直结构光电探测器。Cl – GQDs 在器件中发挥了吸光材料和电子受体的作用,器件的光暗电流比达到了 10^5。在对器件的工作原理进行系统研究后发现[图 3 – 19(d)],Cl – GQDs 的引入使载流子浓度增加了 30%,耗尽层宽度也明显减小。

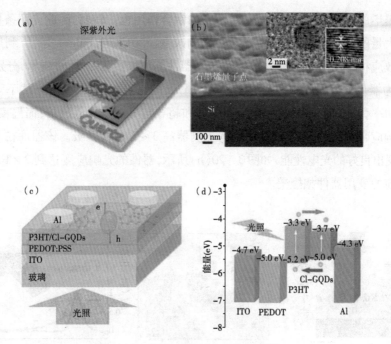

图 3 – 19　石墨烯量子点光电探测器

(a)石墨烯量子点光电探测器结构示意图;(b)石墨烯量子点薄膜 SEM 图像,插图为石墨烯量子点的 TEM 图像;(c)Cl – GQDs 垂直光电探测器结构示意图;(d)器件的能带结构图

3.3　石墨烯长波光电探测器

红外成像具有作用距离远、抗干扰性好、穿越障碍物能力强、可全天候工作等优势,在工业生产、军事侦察、通信、医疗等诸多领域均具有广泛的应用。目前,红外光电探测器已经发展到了第三代,具有大面阵、小型化、智能化、集成化等特点。适合于第三代红外光电探测器的材料相对较少,主要集中在 HgCdTe[123,124]、GaAs 基量子阱[125,126]、Ⅱ 型超晶格材料[127,128]等。然而,这些材料的制备相对困难,器件需要在低温下工作,探测器成本高,严重制约了红外光电探测器的发展。石墨烯室温下超高的载流子迁移率、超快的响应速度和红外波段优异的吸光性能,使其在高速、宽光谱和非制冷的低成本红外光电探测器方面极具潜力。前文中我们所介绍的与光学微腔、光波导、PbS 量子点材料

等集成的石墨烯基光电探测器具有近红外和短波红外探测功能,此处不再赘述。本节将重点介绍石墨烯基光电探测器在中红外和太赫兹波段的应用。

3.3.1　中红外波段光电探测器

石墨烯的电子热容较小,电子-声子的耦合作用也比较弱,因此光照条件下石墨烯中产生大量的热电子,导致石墨烯电导率的改变。2012 年,Fuhrer 等[129]利用石墨烯的辐射热效应构筑了一种红外光电探测器。器件结构如图 3-20(a)所示,分别采用 Si 和 NiCr 作为器件的背栅和顶栅,采用双层石墨烯作为沟道。5 K 温度条件下该器件的噪声等效功率为 33 fW·Hz$^{-1/2}$,比商用的硅和超导越界探测器低数倍;而温度在 10 K 时器件的响应带宽超过 1 GHz,比商用的探测器高 3～5 个数量级。该器件在 10.6 μm 光照下表现出良好的光电性能,如图 3-20(b)所示,器件的光响应度达到 2×10^{5} V·W^{-1},可与目前的商用器件相媲美。

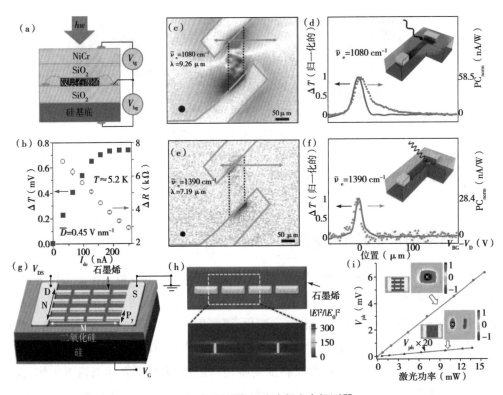

图 3-20　石墨烯中红外波段光电探测器

(a)双栅调控双层石墨烯探测器结构示意图;(b)器件光响应测试结果;(c)器件在 9.26 μm 红外光
激发的光电流成像结果;(d)光电流沿图(c)中橙色箭头方向的空间分布,插图为间接响应机制示

意图;(e)器件在 7.19 μm 红外光激发的光电流成像结果;(f)光电流沿图(e)中绿色箭头方向的
空间分布,插图为直接响应机制示意图;(g)等离子体增强石墨烯红外光电探测器示意图;
(h)端－端耦合的金属纳米结构及 SPR 电场增强分布;(i)器件的光响应曲线

　　由于中红外波段的光子能量和衬底的声子能量相当,探测器对于中红外光的响应机制与可见光光响应有所不同。2014 年,Koppens 等[131]研究了 SiO₂/Si 衬底上的石墨烯基光电探测器对于波长为 6.25 ~ 10 μm 的红外光的响应机制。如图 3 – 20(c) ~ (f)所示,器件在 9.26 μm 光照射下产生光电流的大小和光敏区域要显著优于 7.19 μm 光激发的效果,由此作者提出了两种产生光电流的机制:一种是间接响应机制,即光子直接被衬底的声子所吸收,随后对上层石墨烯中的载流子进行局部加热,由于石墨烯内部载流子温度不同从而产生光热电压,导致载流子的定向移动形成光电流,此机制对应图 3 – 20(c)、(d);另一种是直接响应机制,即石墨烯直接吸收光子产生热电子,进而产生光电流,对应图 3 – 20(e)、(f)。其中,第二种机制产生的光电流可以被衬底表面声子显著增强,这些声子能够产生强烈的近场电场,从而间接增强石墨烯对光的吸收。

　　对于石墨烯红外光电探测器工作机制的研究表明,通过改变基底的介电常数或增强电场的局域化能够显著提高器件的光响应度。2014 年,Federico Capasso 等[130]通过在石墨烯表面修饰端－端耦合的金属纳米结构[图 3 – 20(g)]实现器件对红外光响应的增强。图 3 – 20(h)模拟了金属纳米结构的 SPR 效应,结果表明纳米结构间隙中心处的局域电场强度最大,对于石墨烯与光的相互作用增强最明显。另外,这些金属纳米结构可以作为纳米电极用于收集金属结构间隙处产生的光生载流子。由于这些纳米结构之间的距离仅为 60 nm,光生载流子传输到纳米电极的时间约为亚皮秒量级,小于石墨烯中光生载流子的寿命(约为 1 ps),因此,光生载流子在复合之前能够被有效收集,效率可以达到 100%。该器件对 4.45 μm 红外光的响应度为 0.4 V·W⁻¹,是没有金属纳米结构的石墨烯探测器的 200 倍。并且,该器件具有很快的响应时间,上升时间和下降时间都约为 60 ns。对于这类 SPR 增强器件,可以通过调整金属纳米阵列的结构和尺寸对器件的共振波长进行调整,实现对特定波段的高灵敏、高速探测。

3.3.2　太赫兹波段光电探测器

　　太赫兹波是指频率在 0.1 ~ 10 THz,波长在 0.03 ~ 3 mm 的电磁波。由于太赫兹波的光子能量较低,可以穿透对于可见光和中红外光不透明的介电层。另外,太赫兹波的光子能量仅为 X 射线光子能量的百万分之一。因此,太赫兹成像是一种穿透性强、安全性高、定向性好、时间和空间分辨率高的检测技术,在医学诊断、安全检测、军事侦察、环境监测等领域具有广泛的应用。然而,目前的太赫兹探测器响应速度较慢,需要深低温冷却。石墨烯超高的载流子迁移率使其成为发展常温太赫兹探测器的理想材料。

2009 年,Ryzhii 等[6]提出了一种双栅结构的双层石墨烯太赫兹波光电探测器模型。如图 3 – 21(a)所示,对顶栅施加负栅压时($V_t < 0$),位于顶栅下方的石墨烯形成耗尽层,将石墨烯沟道分隔成高导电区(源漏电极附近)和耗尽区,从而形成电子势垒[图 3 – 21(b)],限制了从源极注入的电子向漏极的移动。在太赫兹波照射下耗尽区产生电子 – 空穴对,光生电子在内建电场作用下迁移到高导电区,而光生空穴则在耗尽区积累,导致耗尽区对于电子传输的势垒降低,使得器件电流大幅增大。研究发现,器件的电流变化远超光生电子和空穴所引起的光电流,证明器件具有很大的光电导增益。

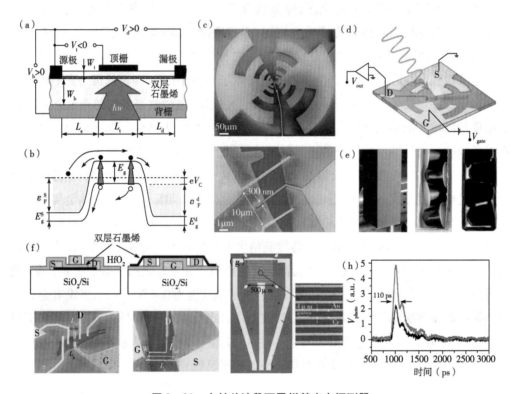

图 3 – 21 太赫兹波段石墨烯基光电探测器

(a)双栅结构双层石墨烯太赫兹探测器结构示意图;(b)器件在 $V_t > 0, V_b > V_d > 0$ 条件下的能带结构图;(c,d)天线耦合石墨烯 FET 太赫兹探测器结构示意图与 SEM 图像;(e)器件用于太赫兹成像;(f)两种器件改进方案:增加顶栅电极宽度使其大于 1 μm(左),将栅极埋入石墨烯沟道下方(右);(g)超快响应石墨烯太赫兹探测器器件照片;(h)器件响应时间

2012 年，Miriam Vitiello 等[30]开发了一种基于天线耦合石墨烯场效应晶体管的太赫兹探测器。器件结构如图 3-21(c)、(d)所示，天线与器件顶栅相连。该器件可在室温条件下对 0.3 THz 波段的光进行探测，在太赫兹成像应用中展现出一定的实用价值。图 3-21(e)展示了该器件对纸盒内的咖啡布丁的太赫兹成像结果，可以清晰地穿透纸盒看到里面的物体。但是受到硅基底对石墨烯载流子迁移率以及耦合效率的影响，该探测器的光电性能较差，探测率仅为 $100~\mathrm{mV \cdot W^{-1}}$，噪声等效功率高达 $200~\mathrm{nW \cdot Hz^{-1/2}}$。为克服这一难题，该课题组于 2014 年提出两种新的器件设计方案[31]，如图 3-21(f)所示，一种方案为增加栅极的宽度(大于 $1~\mu m$)以增加耦合效率，另一种方案为将栅极埋在石墨烯沟道下方以消除硅基底的影响。改进后器件的性能有了显著提升，在 0.29~0.38 THz 波段的响应度为 $1.2~\mathrm{V \cdot W^{-1}}(1.3~\mathrm{mA \cdot W^{-1}})$，噪声等效功率降至 $1~\mathrm{nW \cdot Hz^{-1/2}}$。同年，Audrey Zak 等[62]通过对天线结构的改进以增强耦合效率，减小寄生电容，该器件在室温下对 0.6 THz 波段的响应度超过 $14~\mathrm{V \cdot W^{-1}}$，噪声等效功率最低可至 $515~\mathrm{pW \cdot Hz^{-1/2}}$。Muraviev 等[133]开发的太赫兹探测器能够对 1.63~3.11 THz 波段的信号进行有效探测。Xinxin Yang 等[134]开发出一款性能良好的柔性太赫兹探测器，对 0.48 GHz 波段的响应度超过 $2~\mathrm{V \cdot W^{-1}}$，噪声等效功率低于 $3~\mathrm{nW \cdot Hz^{-1}}$。2014 年，Michael Fuhrer 等[132]开发出一款如图 3-21(g)所示的超快响应的太赫兹探测器，器件对 2 THz 波段的响应时间小于 120 ps[图 3-21(h)]，光响应度和等效噪声功率也达到了 $10~\mathrm{V \cdot W^{-1}}$ 和 $1.1~\mathrm{nW \cdot Hz^{-1}}$，能够满足时间分辨太赫兹成像的实际使用需要。Martin Mittendorff 等[66]发展的超快太赫兹探测器则可对 30~220 μm 波段的光实现 50 ps 的超快探测。

关于石墨烯基光电探测器的研究经过十余年的发展取得了很多优异的成果，它的很多性能参数已经赶上甚至超过了现有的商用探测器，验证了石墨烯在光电探测领域广泛的应用前景。在石墨烯基光电探测器真正实现大规模商业应用之前，尚有很多技术和成本上的问题需要解决。未来关于石墨烯基光电探测器的研究工作将更多地从产业化制造角度出发，如何廉价地制备高质量的石墨烯薄膜，怎样保证批量制造的器件性能稳定，以及如何与传统的 CMOS 工艺兼容等。但我们相信，石墨烯凭借其他材料难以企及的特殊性能，必定能在未来光探测、调制、成像等领域发挥不可替代的作用。

参考文献

［1］ Xia F N, Mueller T, Lin Y M, et al. Ultrafast graphene photodetector［J］. Nature Nanotechnology, 2009, 4(12): 839 – 843.

［2］ Mueller T, Xia F, Avouris P. Graphene photodetectors for high – speed optical communications ［J］. Nature Photonics, 2010, 4(5): 297 – 301.

［3］ Gan X, Shiue R J, Gao Y, et al. Chip – integrated ultrafast graphene photodetector with high responsivity［J］. Nature Photonics, 2013, 7(11): 883 – 887.

［4］ Vasko F T, Ryzhii V. Photoconductivity of intrinsic graphene［J］. Physical Review B, 2008, 77 (19): 195433.

［5］ Ryzhii V, Otsuji T, Ryabova N, et al. Concept of infrared photodetector based on graphene – graphene nanoribbon structure［J］. Infrared Physics & Technology, 2013, 59: 137 – 141.

［6］ Ryzhii V, Ryzhii M. Graphene bilayer field – effect phototransistor for terahertz and infrared detection［J］. Physical Review B, 2009, 79(24): 245311.

［7］ Koppens F H L, Mueller T, Avouris P, et al. Photodetectors based on graphene, other two – dimensional materials and hybrid systems［J］. Nature Nanotechnology, 2014, 9(10): 780 – 793.

［8］ Peters E C, Lee E J H, Burghard M, et al. Gate dependent photocurrents at a graphene p – n junction［J］. Applied Physics Letters, 2010, 97(19): 193102.

［9］ Rao G, Freitag M, Chiu H Y, et al. Raman and photocurrent imaging of electrical stress – induced p – n junctions in graphene［J］. ACS Nano, 2011, 5(7): 5848 – 5854.

［10］ Mueller T, Xia F, Freitag M, et al. Role of contacts in graphene transistors: a scanning photocurrent study［J］. Physical Review B, 2009, 79(24): 245430.

［11］ Freitag M, Low T, Xia F, et al. Photoconductivity of biased graphene［J］. Nature Photonics, 2013, 7(1): 53 – 59.

［12］ Lemme M C, Koppens F H L, Falk A L, et al. Gate – activated photoresponse in a graphene p – n junction［J］. Nano Letters, 2011, 11(10): 4134 – 4137.

［13］ Farmer D B, Golizadeh – Mojarad R, Perebeinos V, et al. Chemical doping and electron – hole conduction asymmetry in graphene devices［J］. Nano Letters, 2009, 9(1): 388 – 392.

［14］ Xu X, Gabor N M, Alden J S, et al. Photo – thermoelectric effect at a graphene interface junction ［J］. Nano Letters, 2010, 10(2): 562 – 566.

［15］ Gabor N M, Song J C W, Ma Q, et al. Hot carrier – assisted intrinsic photoresponse in graphene ［J］. Science, 2011, 334(6056): 648 – 652.

［16］ Song J C W, Rudner M S, Marcus C M, et al. Hot carrier transport and photocurrent response in graphene［J］. Nano Letters, 2011, 11(11): 4688 – 4692.

［17］ Sun D, Aivazian G, Jones A M, et al. Ultrafast hot – carrier – dominated photocurrent in graphene[J]. Nature Nanotechnology, 2012, 7(2): 114 – 118.

[18] Kotov V N, Uchoa B, Pereira V M, et al. Electron – electron interactions in graphene: current status and perspectives[J]. Reviews of Modern Physics, 2012, 84(3): 1067 – 1125.

[19] Tielrooij K J, Song J C W, Jensen S A, et al. Photoexcitation cascade and multiple hot – carrier generation in graphene[J]. Nature Physics, 2013, 9(4): 248 – 252.

[20] Song J C W, Tielrooij K J, Koppens F H L, et al. Photoexcited carrier dynamics and impact – excitation cascade in graphene[J]. Physical Review B, 2013, 87(15): 155429.

[21] Gierz I, Petersen J C, Mitrano M, et al. Snapshots of non – equilibrium dirac carrier distributions in graphene[J]. Nature Materials, 2013, 12(12): 1119 – 1124.

[22] Johannsen J C, Ulstrup S, Cilento F, et al. Direct view of hot carrier dynamics in graphene[J]. Physical Review Letters, 2013, 111(2): 027403.

[23] Bistritzer R, Macdonald A H. Electronic cooling in graphene[J]. Physical Review Letters, 2009, 102(20): 206410.

[24] Tse W K, Das Sarma S. Energy relaxation of hot dirac fermions in graphene[J]. Physical Review B, 2009, 79(23): 235406.

[25] Freitag M, Low T, Avouris P. Increased responsivity of suspended graphene photodetectors[J]. Nano Letters, 2013, 13(4): 1644 – 1648.

[26] Richards P L. Bolometers for infrared and millimeter waves[J]. Journal of Applied Physics, 1994, 76(1): 1 – 24.

[27] Konstantatos G, Badioli M, Gaudreau L, et al. Hybrid graphene – quantum dot phototransistors with ultrahigh gain[J]. Nature Nanotechnology, 2012, 7(6): 363 – 368.

[28] Dyakonov M, Shur M. Shallow water analogy for a ballistic field effect transistor: new mechanism of plasma wave generation by dc current [J]. Physical Review Letters, 1993, 71 (15): 2465 – 2468.

[29] Dyakonov M, Shur M. Detection, mixing, and frequency multiplication of terahertz radiation by two – dimensional electronic fluid[J]. IEEE Transactions on Electron Devices, 1996, 43(3): 380 – 387.

[30] Vicarelli L, Vitiello M S, Coquillat D, et al. Graphene field – effect transistors as room – temperature terahertz detectors[J]. Nature Materials, 2012, 11(10): 865 – 871.

[31] Spirito D, Coquillat D, Bonis S L D, et al. High performance bilayer – graphene terahertz detectors[J]. Applied Physics Letters, 2014, 104(6): 061111.

[32] Nair R R, Blake P, Grigorenko A N, et al. Fine structure constant defines visual transparency of graphene[J]. Science, 2008, 320(5881): 1308.

[33] Liu M, Yin X, Ulin – Avila E, et al. A graphene – based broadband optical modulator[J]. Nature, 2011, 474(7349): 64 – 67.

[34] Pospischil A, Humer M, Furchi M M, et al. Cmos – compatible graphene photodetector covering all optical communication bands[J]. Nature Photonics, 2013, 7(11): 892 – 896.

[35] Echtermeyer T J, Britnell L, Jasnos P K, et al. Strong plasmonic enhancement of photovoltage in graphene[J]. Nature Communications, 2011, 2(1): 458.

[36] Freitag M, Low T, Zhu W, et al. Photocurrent in graphene harnessed by tunable intrinsic plasmons[J]. Nature Communications, 2013, 4(1): 1951.

[37] Fang Z, Wang Y, Liu Z, et al. Plasmon – induced doping of graphene[J]. ACS Nano, 2012, 6 (11): 10222 – 10228.

[38] Furchi M, Urich A, Pospischil A, et al. Microcavity – integrated graphene photodetector[J]. Nano Letters, 2012, 12(6): 2773 – 2777.

[39] Engel M, Steiner M, Lombardo A, et al. Light – matter interaction in a microcavity – controlled graphene transistor[J]. Nature Communications, 2012, 3(1): 906.

[40] Shiue R J, Gan X, Gao Y, et al. Enhanced photodetection in graphene – integrated photonic crystal cavity[J]. Applied Physics Letters, 2013, 103(24): 241109.

[41] Sun Z, Liu Z, Li J, et al. Infrared photodetectors based on cvd – grown graphene and pbs quantum dots with ultrahigh responsivity[J]. Advanced Materials, 2012, 24(43): 5878 – 5883.

[42] Klekachev A V, Cantoro M, Van Der Veen M H, et al. Electron accumulation in graphene by interaction with optically excited quantum dots[J]. Physica E, 2011, 43(5): 1046 – 1049.

[43] Guo W, Xu S, Wu Z, et al. Oxygen – assisted charge transfer between ZnO quantum dots and graphene[J]. Small, 2013, 9(18): 3031 – 3036.

[44] Wang Q, Wen Y, He P, et al. High – performance phototransistor of epitaxial pbs nanoplate – graphene heterostructure with edge contact [J]. Advanced Materials, 2016, 28 (30): 6497 – 6503.

[45] Lee Y, Kwon J, Hwang E, et al. High – performance perovskite – graphene hybrid photodetector [J]. Advanced Materials, 2015, 27(1): 41 – 46.

[46] Kwak D H, Lim D H, Ra H S, et al. High performance hybrid graphene – cspbbr$_{3-x}$i$_x$ perovskite nanocrystal photodetector[J]. RSC Advances, 2016, 6(69): 65252 – 65256.

[47] Bolotin K I, Sikes K J, Jiang Z, et al. Ultrahigh electron mobility in suspended graphene[J]. Solid State Communications, 2008, 146(9 – 10): 351 – 355.

[48] Du X, Skachko I, Barker A, et al. Approaching ballistic transport in suspended graphene[J]. Nature Nanotechnology, 2008, 3(8): 491 – 495.

[49] Britnell L, Ribeiro R M, Eckmann A, et al. Strong light – matter interactions in heterostructures of atomically thin films[J]. Science, 340(6138): 1311 – 1314.

[50] Zhang W, Chuu C P, Huang J K, et al. Ultrahigh – gain photodetectors based on atomically thin graphene – MoS$_2$ heterostructures[J]. Scientific Reports, 2014, 4(1): 3826.

[51] Koester S J, Li H, Li M. Switching energy limits of waveguide – coupled graphene – on – graphene optical modulators[J]. Optics Express, 2012, 20(18): 20330 – 20341.

[52] Park J, Ahn Y H, Ruiz – Vargas C. Imaging of photocurrent generation and collection in single – layer graphene[J]. Nano Letters, 2009, 9(5): 1742 – 1746.

[53] Lee E J H, Balasubramanian K, Weitz R T, et al. Contact and edge effects in graphene devices [J]. Nature nanotechnology, 2008, 3(8): 486 – 490.

[54] Xia F, Mueller T, Golizadeh – Mojarad R, et al. Photocurrent imaging and efficient photon detection in a graphene transistor[J]. Nano Letters, 2009, 9(3): 1039 – 1044.

[55] Mueller T, Xia F, Avouris P. Graphere photodetectors for high – speed optical communicltions [J]. Nature Photon – rics. 2010, 4(5): 297 – 301.

[56] Urich A, Unterrainer K, Mueller T. Intrinsic response time of graphene photodetectors[J]. Nano letters, 2011, 11(7): 2804 – 2808.

[57] Urich A, Pospischil A, Furchi M M, et al. Silver nanoisland enhanced raman interaction in graphene[J]. Applied Physics Letters, 2012, 101(15): 153113.

[58] Gan X, Mak K F, Gao Y, et al. Strong enhancement of light – matter interaction in graphene coupled to a photonic crystal nanocavity[J]. Nano Letters, 2012, 12(11): 5626 – 5631.

[59] Liu Y, Cheng R, Liao L, et al. Plasmon resonance enhanced multicolour photodetection by graphene[J]. Nature Communications, 2011, 2(1): 579.

[60] Zhao B, Zhao J M, Zhang Z M. Enhancement of near – infrared absorption in graphene with metal gratings[J]. Applied Physics Letters, 2014, 105(3): 031905.

[61] Schall D, Neumaier D, Mohsin M, et al. 50 Gbit/s photodetectors based on wafer – scale graphene for integrated silicon photonic communication systems[J]. Acs Photonics, 2014, 1(9): 781 – 784.

[62] Zak A, Andersson M A, Bauer M, et al. Antenna – integrated 0.6 THz fet direct detectors based on CVD graphene[J]. Nano Letters, 2014, 14(10): 5834 – 5838.

[63] Wang X, Cheng Z, Xu K, et al. High – responsivity graphene/silicon – heterostructure waveguide photodetectors[J]. Nature Photonics, 2013, 7(11): 888 – 891.

[64] An X, Liu F, Jung Y J, et al. Tunable graphene – silicon heterojunctions for ultrasensitive photodetection[J]. Nano Letters, 2013, 13(3): 909 – 916.

[65] Yan J, Kim M H, Elle J A, et al. Dual – gated bilayer graphene hot – electron bolometer[J]. Nature Nanotechnology, 2012, 7(7): 472.

[66] Mittendorff M, Winnerl S, Kamann J, et al. Ultrafast graphene – based broadband THz detector [J]. Applied Physics Letters, 2013, 103(2): 021113.

[67] Yu W J, Liu Y, Zhou H, et al. Highly efficient gate – tunable photocurrent generation in vertical heterostructures of layered materials[J]. Nature Nanotechnology, 2013, 8(12): 952 – 958.

[68] Britnell L, Ribeiro R M, Eckmann A, et al. Strong light – matter interactions in heterostructures

of atomically thin films[J]. Science, 2013, 340(6138): 1311 - 1314.

[69] Maier S A, Brongersma M L, Kik P G, et al. Plasmonics: a route to nanoscale optical devices [J]. Advanced Materials, 2001, 13(19): 1501 - 1505.

[70] Zhang Q, Hu Y, Guo S, et al. Seeded growth of uniform Ag nanoplates with high aspect ratio and widely tunable surface plasmon bands[J]. Nano Letters, 2010, 10(12): 5037 - 5042.

[71] Liu Y, Cheng R, Liao L, et al. Plasmon resonance enhanced multicolour photodetection by graphene[J]. Nature Communications, 2011, 2(1): 1 - 7.

[72] Fang Z, Liu Z, Wang Y, et al. Graphene - antenna sandwich photodetector[J]. Nano letters, 2012, 12(7): 3808 - 3813.

[73] Freitag M, Low T, Zhu W, et al. Photocurrent in graphene harnessed by tunable intrinsic plasmons[J]. Nature Communications, 2013, 4(1): 1 - 8.

[74] Wang Y, Ge C W, Zou Y F, et al. Plasmonic indium nanoparticle - induced high - performance photoswitch for blue light detection[J]. Advanced Optical Materials, 2016, 4(2): 291 - 296.

[75] Wang D D, Ge C W, Wu G A, et al. A sensitive red light nano - photodetector propelled by plasmonic copper nanoparticles [J]. Journal of Materials Chemistry C, 2017, 5(6): 1328 - 1335.

[76] 何淑娟, 李晶晶, 李振, 等. 双层 Au 纳米颗粒/石墨烯等离子体共振增强 Si 肖特基结光电探测器的研究[J]. 电子元件与材料, 2018, 37(8): 45 - 49, 60.

[77] Kang Y, Liu H, Cao Q. Enhanced absorption in heterostructure composed of graphene and a doped photonic crystal[J]. Optoelectronics and Advanced Materials - Rapid Communications, 2018, 12(11 - 12): 665 - 669.

[78] 黎志文, 陆华, 李扬武, 等. 光学薄膜塔姆态诱导石墨烯近红外光吸收增强[J]. 光学学报, 2019, 39(1): 0131001.

[79] Wang X, Jiang X, You Q, et al. Tunable and multichannel terahertz perfect absorber due to tamm surface plasmons with graphene[J]. Photonics Research, 2017, 5(6): 536 - 542.

[80] Engel M, Steiner M, Lombardo A, et al. Light - matter interaction in a microcavity - controlled graphene transistor[J]. Nature Communications, 2012, 3(1): 1 - 6.

[81] 梁振江, 刘海霞, 刘凯铭, 等. 基于 1.06 μm 波长的谐振腔型石墨烯基光电探测器的信噪比分析[J]. 光谱学与光谱分析, 2017, 37(02): 356 - 360.

[82] 梁振江, 刘海霞, 牛燕雄, 等. Thz 谐振腔型石墨烯基光电探测器的设计[J]. 物理学报, 2016, 65(16): 168101 - 168101.

[83] 梁振江, 刘海霞, 牛燕雄, 等. 基于谐振腔增强型石墨烯基光电探测器的设计及性能分析 [J]. 物理学报, 2016, 65(13): 138501.

[84] Qiu C, Gao W, Vajtai R, et al. Efficient modulation of 1.55 μm radiation with gated graphene on a silicon microring resonator[J]. Nano Letters, 2014, 14(12): 6811 - 6815.

［85］ Phare C T, Lee Y H D, Cardenas J, et al. 30 GHz zeno – based graphene electro – optic modulator［C］. CLEO：Science and Innovations, 2015：SW4I. 4.

［86］ Zhou K, Cheng Q, Song J, et al. Highly efficient narrow – band absorption of a graphene – based fabry – perot structure at telecommunication wavelengths［J］. Optics Letters, 2019, 44(14)：3430 – 3433.

［87］ 储涛. 硅基光电子集成器件［J］. 光学与光电技术, 2019, 17(4)：5.

［88］ Youngblood N, Anugrah Y, Ma R, et al. Multifunctional graphene optical modulator and photodetector integrated on silicon waveguides［J］. Nano Letters, 2014, 14(5)：2741 – 2746.

［89］ Roy K, Padmanabhan M, Goswami S, et al. Graphene – MoS$_2$ hybrid structures for multifunctional photoresponsive memory devices［J］. Nature Nanotechnology, 2013, 8(11)：826 – 830.

［90］ De Fazio D, Goykhman I, Yoon D, et al. High responsivity, large – area graphene/MoS$_2$ flexible photodetectors［J］. ACS nano, 2016, 10(9)：8252 – 8262.

［91］ Chen Z, Cheng Z, Wang J, et al. High responsivity, broadband, and fast graphene/silicon photodetector in photoconductor mode［J］. Advanced Optical Materials, 2015, 3(9)：1207 – 1214.

［92］ Liu C H, Chang Y C, Norris T B, et al. Graphene photodetectors with ultra – broadband and high responsivity at room temperature［J］. Nature Nanotechnology, 2014, 9(4)：273 – 278.

［93］ 李子珅, 刘旸, 许海涛, 等. 低噪声、宽谱响应的碳纳米管薄膜 – 石墨烯复合光探测器［J］. 北京大学学报：自然科学版, 2016, 52(3)：383 – 388.

［94］ Chen H, Zhu L, Liu H, et al. ITO porous film – supported metal sulfide counter electrodes for high – performance quantum – dot – sensitized solar cells［J］. Journal of Physical Chemistry C, 117(8)：3739 – 3746.

［95］ Hetsch F, Xu X, Wang H, et al. Semiconductor nanocrystal quantum dots as solar cell components and photosensitizers：material, charge transfer, and separation aspects of some device topologies［J］. Journal of Physical Chemistry Letters, 2(15)：1879 – 1887.

［96］ Kamat P V, Tvrdy K, Baker D R, et al. Beyond photovoltaics：semiconductor nanoarchitectures for liquid – junction solar cells［J］. Chemical Reviews, 110(11)：6664 – 6688.

［97］ Yang Z, Chen C Y, Roy P, et al. Quantum dot – sensitized solar cells incorporating nanomaterials ［J］. Chemical Communications, 47(34)：9561 – 9571.

［98］ Chen W, Castro J, Ahn S, et al. Improved charge extraction beyond diffusion length by layer – by – layer multistacking intercalation of graphene layers inside quantum dots films［J］. Advanced Materials, 2019, 31(14)：1807894.

［99］ Bera K P, Haider G, Huang Y T, et al. Graphene sandwich stable perovskite quantum – dot light – emissive ultrasensitive and ultrafast broadband vertical phototransistors［J］. ACS Nano, 2019, 13(11)：12540 – 12552.

[100] Pradhan B, Das S, Li J, et al. Ultrasensitive and ultrathin phototransistors and photonic synapses using perovskite quantum dots grown from graphene lattice [J]. Science, 2020, 6(7): eaay5225.

[101] Burschka J, Pellet N, Moon S J, et al. Sequential deposition as a route to high – performance perovskite – sensitized solar cells[J]. Nature, 2013, 499(7458): 316 – 319.

[102] Dang V Q, Han G S, Trung T Q, et al. Methylammonium lead iodide perovskite – graphene hybrid channels in flexible broadband phototransistors[J]. Carbon, 2016, 105: 353 – 361.

[103] Wang Y, Zhang Y, Lu Y, et al. Hybrid graphene – perovskite phototransistors with ultrahigh responsivity and gain[J]. Advanced Optical Materials, 2015, 3(10): 1389 – 1396.

[104] Pan R, Li H, Wang J, et al. High – responsivity photodetectors based on formamidinium lead halide perovskite quantum dot – graphene hybrid[J]. Particle, 2018, 35(4): 1700304.

[105] Surendran A, Yu X, Begum R, et al. All inorganic mixed halide perovskite nanocrystal – graphene hybrid photodetector: from ultrahigh gain to photostability[J]. ACS Applied Materials & Interfaces, 2019, 11(30): 27064 – 27072.

[106] Gong M, Sakidja R, Goul R, et al. High – performance all – inorganic cspbcl3 perovskite nanocrystal photodetectors with superior stability[J]. ACS Nano, 2019, 13(2): 1772 – 1783.

[107] Liu X, Kuang W, Ni H, et al. A highly sensitive and fast graphene nanoribbon/CsPbBr$_3$ quantum dot phototransistor with enhanced vertical metal oxide heterostructures[J]. Nanoscale, 2018, 10(21): 10182 – 10189.

[108] Zhang Y, Song X, Wang R, et al. Comparison of photoresponse of transistors based on graphene – quantum dot hybrids with layered and bulk heterojunctions [J]. Nanotechnology, 2015, 26(33): 335201.

[109] Spirito D, Kudera S, Miseikis V, et al. UV light detection from cds nanocrystal sensitized graphene photodetectors at kHz frequencies[J]. The Journal of Physical Chemistry C, 2015, 119 (42): 23859 – 23864.

[110] Shao D, Gao J, Chow P, et al. Organic – inorganic heterointerfaces for ultrasensitive detection of ultraviolet light[J]. Nano Letters, 2015, 15(6): 3787 – 3792.

[111] Lu Y, Wu Z, Xu W, et al. ZnO quantum dot – doped graphene/h – BN/GaN – heterostructure ultraviolet photodetector with extremely high responsivity [J]. Nanotechnology, 2016, 27 (48): 48LT03.

[112] Zheng K, Meng F, Jiang L, et al. Visible photoresponse of single – layer graphene decorated with TiO$_2$ nanoparticles[J]. Small, 2013, 9(12): 2076 – 2080.

[113] Zhu M, Zhang L, Li X, et al. TiO$_2$ enhanced ultraviolet detection based on a graphene/Si schottky diode[J]. Journal of Materials Chemistry A, 2015, 3(15): 8133 – 8138.

[114] Lee J, Gim Y, Yang J, et al. Graphene phototransistors sensitized by Cu$_{2-x}$Se nanocrystals with

short amine ligands[J]. The Journal of Physical Chemistry C, 2017, 121(9): 5436 – 5443.

[115] Sun T, Wang Y, Yu W, et al. Flexible broadband graphene photodetectors enhanced by plasmonic Cu_{3-x} P colloidal nanocrystals[J]. Small, 2017, 13(42): 1701881.

[116] Ni Z, Ma L, Du S, et al. Plasmonic silicon quantum dots enabled high – sensitivity ultrabroadband photodetection of graphene – based hybrid phototransistors[J]. ACS Nano, 2017, 11(10): 9854 – 9862.

[117] Yu T, Wang F, Xu Y, et al. Graphene coupled with silicon quantum dots for high – performance bulk – silicon – based schottky – junction photodetectors[J]. Advanced Materials, 2016, 28 (24): 4912 – 4919.

[118] Liu X, Lee E K, Oh J H. Graphene – ruthenium complex hybrid photodetectors with ultrahigh photoresponsivity[J]. Small, 2014, 10(18): 3700 – 3706.

[119] Gim Y S, Lee Y, Kim S, et al. Organic dye graphene hybrid structures with spectral color selectivity[J]. Advanced Functional Materials, 2016, 26(36): 6593 – 6600.

[120] Zhang Q, Jie J, Diao S, et al. Solution – processed graphene quantum dot deep – UV photodetectors[J]. ACS Nano, 2015, 9(2): 1561 – 1570.

[121] Zhao J, Tang L, Xiang J, et al. Fabrication and properties of a high – performance chlorine doped graphene quantum dot based photovoltaic detector[J]. RSC Advances, 2015, 5(37): 29222 – 29229.

[122] Zhao J, Tang L, Xiang J, et al. Chlorine doped graphene quantum dots: preparation, properties, and photovoltaic detectors[J]. Applied Physics Letters, 2014, 105(11): 8869.

[123] Destefanis G, Baylet J, Ballet P, et al. Status of hgcdte bicolor and dual – band infrared focal arrays at leti[J]. Journal of Electronic Materials, 2007, 36(8): 1031 – 1044.

[124] Rutkowski J, Madejczyk P, Piotrowski A, et al. Two – colour hgcdte infrared detectors operating above 200 K[J]. Opto – Electronics Review, 2008, 16(3): 321 – 327.

[125] Martyniuk P, Rogalski A. Quantum – dot infrared photodetectors: status and outlook[J]. Progress in Quantum Electronics, 2008, 32(3 – 4): 89 – 120.

[126] Nedelcu A, Guériaux V, Dua L, et al. A high performance quantum – well infrared photodetector detecting below 4.1 μm[J]. Semiconductor Science and Technology, 2009, 24 (4): 045006.

[127] Manurkar P, Ramezani – Darvish S, Nguyen B – M, et al. High performance long wavelength infrared mega – pixel focal plane array based on type – Ⅱ superlattices[J]. Applied Physics Letters, 2010, 97(19): 193505.

[128] Rodriguez J B, Cervera C, Christol P. A type – Ⅱ superlattice period with a modified inas to gasb thickness ratio for midwavelength infrared photodiode performance improvement[J]. Applied Physics Letters, 2010, 97(25): 251113.

［129］ Yan J, Kim M H, Elle J A, et al. Dual – gated bilayer graphene hot – electron bolometer［J］. Nature Nanotechnology, 2012, 7(7): 472 – 478.

［130］ Yao Y, Shankar R, Rauter P, et al. High – responsivity mid – infrared graphene detectors with antenna – enhanced photocarrier generation and collection［J］. Nano Letters, 2014, 14(7): 3749 – 3754.

［131］ Badioli M, Woessner A, Tielrooij K J, et al. Phonon – mediated mid – infrared photoresponse of graphene［J］. Nano Letters, 2014, 14(11): 6374 – 6381.

［132］ Cai X, Sushkov A B, Suess R J, et al. Sensitive room – temperature terahertz detection via the photothermoelectric effect in graphene［J］. Nature Nanotechnology, 2014, 9(10): 814 – 819.

［133］ Muraviev A V, Rumyantsev S L, Liu G, et al. Plasmonic and bolometric terahertz detection by graphene field – effect transistor［J］. Applied Physics Letters, 2013, 103(18): 181114.

［134］ Yang X, Vorobiev A, Generalov A, et al. A flexible graphene terahertz detector［J］. Applied Physics Letters, 2017, 111(2): 021102.

第4章　石墨烯传感器件

　　人类对于世界的感知是通过视觉、听觉、嗅觉、触觉、味觉实现的,而传感器的诞生和发展则将人类的五感赋予了物体,使物体变得"活"了起来。随着科技的发展,各种各样的传感器已遍及我们生活的各个角落,在物联网、自动驾驶、机器人、航空航天、军事等领域已成为不可或缺的一部分。根据功能,传感器可分为光敏器件、声敏器件、热敏器件、气敏器件、湿敏器件、磁敏器件、力敏器件、色敏器件、味敏器件和放射性敏感器件十大类。传感器正朝着智能化、微型化、多功能化、系统化和网络化发展,这对于传感器材料的选择提出了新的要求。

　　石墨烯作为一种性能优异的二维材料,被广泛应用于各类传感器件。基于石墨烯的传感器件具有高灵敏度、高稳定性、多功能化、便于微型化和集成化等优点。在上一章中,我们已对石墨烯在光探测器件中的应用进行了详细的介绍,本章将重点介绍石墨烯在气敏传感器、力敏传感器、磁敏传感器和生物传感器等方面所取得的成果,向读者展现石墨烯在传感器领域的发展现状与应用前景。

4.1　石墨烯气体传感器

　　气体分子的检测在环境检测、工业生产、公共安全、家居环境监测、农业、医药等诸多领域发挥着重要作用。在很长的一段时间里,金属氧化物半导体作为一种重要的材料被广泛应用于各类气体传感器。基于金属氧化物半导体的气体传感器具有灵敏度高、检测气体种类多、制作简单、成本低、兼容性强、便于操作、能耗低等优点[1,2],被广泛应用于大气污染物检测和工业生产。然而,这类气体传感器存在工作温度较高(200～500 ℃)、恢复时间长、最高灵敏度受限(百万分之一量级)、特异性差、测量精准度有限等缺点,难以满足超高灵敏度检测、特异性检测、实时检测等应用的需要。因此,迫切需要发展新的传感器材料,用于开发高灵敏度、高选择性和高稳定性的气体传感器。

　　比表面积是气体传感材料最重要的一个参数,直接决定了传感器的灵敏度。石墨烯的二维材料属性使其拥有远超常规材料的比表面积。另外,石墨烯优异的电学性能和出色的机械性能使其成为一种非常有潜力的气体传感材料。

4.1.1　基于电学方法的石墨烯气体传感器

4.1.1.1　基本原理与器件结构

石墨烯的二维平面结构使它的导电性能对于吸附在其表面的气体分子非常敏感，这为采用电学方法检测气体分子创造了条件。各种气体分子的结构和组分各不相同，它们影响石墨烯导电性的机理也有所差别。对于开壳层（Open – cell）电子结构的气体分子，如 NO_2[3,4]，当气体分子吸附到石墨烯表面时可以充当电子给体（Donor）或受体（Acceptor），从而引起局域载流子浓度的变化，影响石墨烯的电导率。而对于具有闭壳层（Closed – cell）电子结构的气体分子，如 H_2O，它们吸附在石墨烯表面时不会导致明显的局域掺杂，而是通过诱导石墨烯内部或石墨烯与基底之间电子的重新分配来改变石墨烯的导电性能[5]。大气环境下的石墨烯一般表现出一定的 p 型掺杂，因此，当石墨烯暴露在不同的气体氛围下所产生的电流变化方向可能有所不同。例如，接收电子的 NO_2 分子吸附到石墨烯的表面会引起石墨烯 p 型掺杂程度的进一步增强，从而使电流增大；反之，当石墨烯吸附给电子的 NH_3 分子时，其掺杂程度减弱，导电性下降。

由于石墨烯表面没有悬挂键，与气体分子的吸附主要是通过物理吸附来实现的，这将导致石墨烯与气体分子之间的吸附能较小，不易吸附气体分子。相比之下，准一维的石墨烯纳米带边缘具有很多高化学活性的悬挂键，有利于气体分子的吸附[6]。表 4 – 1 对比了二维石墨烯和 armchair 边的石墨烯纳米带（AGNRs）对于不同气体分子的吸附能和电荷转移情况，石墨烯纳米带的吸附能和电荷转移都远大于二维石墨烯薄膜。

表 4 – 1　二维石墨烯与石墨烯纳米带对气体分子吸附能和电荷转移对比

类型	气体分子	E_{ad}（eV）	ΔQ（e）
2D 石墨烯[7]	NH_3	0.031	0.027
	H_2O	0.047	− 0.025
	NO_2	0.067	− 0.099
	CO	0.014	0.012
	NO	0.029	0.018

（续表）

类型	气体分子	E_{ad}（eV）	ΔQ（e）
石墨烯纳米带[6]	NH₃	− 0.18	0.27
	CO	− 1.34	− 0.30
	NO₂	− 2.7	− 0.53
	NO	− 2.29	− 0.55
	O₂	− 1.88	− 0.78
	CO₂	− 0.31	− 0.41
	N₂	0.24	—

　　与原始石墨烯（Pristine graphene，PG）相比，氧化石墨烯（Graphene oxide，GO）与还原氧化石墨烯（Reduced graphene oxide，RGO）对于 NH_3、NO_2 等气体分子的吸附性能更加优异，因为这些材料表面含有大量的环氧基、羟基和羧基等活性基团，增强了气体分子与石墨烯直接的相互作用，使得气体分子通过化学吸附结合到石墨烯表面[8-10]。除此之外，对石墨烯表面进行修饰，例如引入缺陷和掺杂位点、修饰金属原子等，有利于增强石墨烯对气体分子的吸附能力，促进石墨烯与气体分子之间的电荷转移[11-19]。

　　接下来，我们将对几种常见的石墨烯气体传感器的器件结构进行简单介绍。

　　（1）化敏电阻器（Chemiresistor）

　　化敏电阻器是气体传感器中最常见的结构。气体分子吸附到传感材料（如石墨烯）表面引起传感器电阻发生变化，从而实现对气体分子的检测和分析。这种结构的传感器的优势在于结构简单，便于制造和使用，且价格低廉[20-22]。图 4-1（a）展示了一款电阻式石墨烯气体传感器[22]，该器件可用于检测 NO_2、NH_3、二硝基甲苯蒸气，器件的性能强烈依赖测试温度。

　　（2）场效应晶体管（Field effect transistor，FET）

　　场效应晶体管也常用于气体检测，它的沟道电流受到所施加栅压的调控。沟道电流在气体分子的影响下发生改变，通过施加合适的栅压能够使沟道电流的改变最大化，从而增强器件的灵敏度。对于 FET 结构的气体传感器，电流的开关比是决定器件灵敏度的一个重要因素。为提高石墨烯 FET 的开关比，需要打开石墨烯的带隙，通常采用双层石墨烯，或将石墨烯加工成纳米带等结构。图 4-1（b）展示了一款可用于检测 NO_2 的石墨烯 FET 气体传感器[23]，该器件采用 RGO 作为沟道连接源极和漏极，当 NO_2

分子吸附在石墨烯表面时,引起石墨烯中载流子浓度的局域变化,从而引起监测电流的改变。研究表明,当对石墨烯施加较大的正栅压使石墨烯处于 n 型掺杂时,器件对于 NH_3 的检测能力有大幅提升[24],这是因为石墨烯在正栅压作用下功函数变小,降低了石墨烯和 NH_3 之间电子转移的势垒,同时降低了 NH_3 脱附的能垒。

(3)表面功函数变化晶体管(Surface work function change transistor)

图 4-1(c)展示了一款通过测量石墨烯表面功函数(SWF)的变化来检测气体分子的传感器示意图[25]。由于石墨烯在大气环境中表现出一定的 p 型掺杂,石墨烯表面在吸附目标分子后会引起表面偶极矩和电子亲和势的变化,从而导致石墨烯表面功函数发生改变。基于此原理的石墨烯气体传感器具有相对较快的响应速度(10 s 以内),这是因为器件响应主要是由石墨烯表面电学性质的改变引起的,不涉及气体分子向石墨烯内部的扩散。

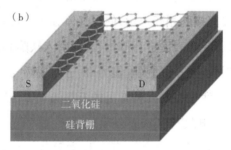
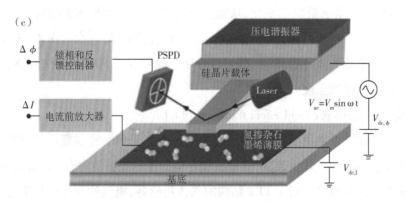

图 4-1 石墨烯气体传感器[22,23,25]

(a)化敏电阻式石墨烯传感器;(b)场效应晶体管式石墨烯传感器;

(c)表面功函数测量装置示意图

石墨烯气体传感器的加工相对比较简单。对于机械剥离或 CVD 法制备的石墨烯薄膜,可以直接转移到刚性或柔性基底表面作为传感层,然后在石墨烯上方沉积金属电极;对于化学修饰的石墨烯粉体材料,可以通过滴涂、旋涂、喷涂等方式制成石墨烯薄膜,采用平面或立体的叉指电极作为集电极。另外,利用 CVD 方法制备的三维泡沫石墨烯也可用于气体传感[26],这种泡沫石墨烯具有大量的孔隙,气体分子很容易扩散进入孔隙内部吸附到石墨烯表面,大大增加了器件的表面积。

4.1.1.2　基于原始石墨烯的气体传感器

2017 年,Novoselov 等[27]利用机械剥离的石墨烯样品研究了气体吸附和脱附过程中石墨烯电学性能的变化。为了获得超高的检测灵敏度,作者采用如图 4-2(a)所示的霍尔器件结构,检测狄拉克点附近石墨烯中载流子浓度的变化。如图 4-2(a)所示,石墨烯中载流子浓度的变化依赖于外界气体分子的浓度。如图 4-2(b)所示,当器件暴露在浓度为 1 ppb(Parts per billion)的 NO_2 中时,可监测到霍尔电阻(Hall resistivity)发生台阶式的变化,这种变化源自石墨烯表面发生的气体分子的吸附过程。每一个吸附在石墨烯表面的 NO_2 分子都会引起石墨烯中局域载流子浓度发生变化,从而导致监测电阻发生台阶式的改变。同样地,在气体分子的脱附过程中也监测到了霍尔电阻的阶梯式下降。图 4-2(c)统计了该器件每吸附或脱附一个气体分子所引起的电阻的改变,证明该器件具有单分子检测的能力,其检测极限高达 1 ppb,是当今灵敏度最高的气体检测器之一。

除 NO_2 之外,基于原始石墨烯的气体传感器还可用于检测其他气体分子,如 NH_3、CO_2、N_2 等[28-30]。如图 4-2(d)所示,石墨烯器件暴露在不同气体氛围时所产生的电阻的变化各不相同,这为实现气体分子的特异性检测创造了条件。2012 年,Seong Chan Jun 等[28]研究了石墨烯层数、沟道长宽比、气体流速、温度等因素对探测器性能的影响,并实现了对 NO_2 和 NH_3 分子的选择性检测[图 4-2(e)]。同年,Alexander Balandin 等[31]利用单层石墨烯构筑的气体传感器实现了对不同有机蒸气的选择性检测。作者发现部分有机蒸气在与石墨烯作用时并不会改变器件的低频噪声谱(Low-frequency noise spectra),而其他蒸气则在低频噪声谱中引入了洛伦兹鼓包,而且不同蒸气所诱导产生的洛伦兹鼓包位置也各不相同[图 4-2(f)],将低频噪声信号与其他检测结果结合在一起即可实现对有机蒸气的选择性检测。

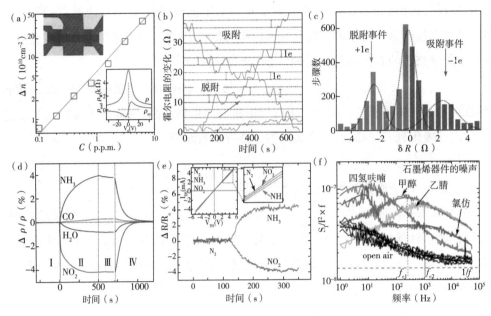

图 4 - 2　机械剥离石墨烯气体传感器[27,28,31]

(a)单层石墨烯载流子浓度的变化与 NO₂ 浓度之间的关系,左上方插图为霍尔器件样品照片,右下方插图为栅压调控下器件的沟道电阻和霍尔电阻的变化情况;(b)NO₂ 分子的吸附和脱附引起石墨烯霍尔电阻的变化;(c)每一个 NO₂ 分子在吸附和脱附过程中所引起的霍尔电阻变化的统计分布;(d)不同气体分子吸附在石墨烯表面导致的沟道电阻的变化情况;(e)器件暴露在 NH₃ 和 NO₂ 环境下所产生的电阻变化,插图为器件在 N₂、NH₃ 和 NO₂ 环境下测量得到的 $I-V$ 曲线;

(f)不同有机蒸气诱导产生的低频噪声谱密度

虽然机械剥离石墨烯在气体分子探测方面表现出非常优异的性能,但这种方法并不适用于未来产业化的大规模应用。因此,发展基于 CVD 石墨烯的气体传感器是推动产业化发展的关键。2011 年,S. C. Hung 等[32]利用 CVD 法制备的单层石墨烯构筑了一款用于检测 O₂ 的气体传感器。当 O₂ 分子吸附在石墨烯表面时充当了 p 型掺杂位点,引起石墨烯电阻的明显变化。如图 4 - 3(a)所示,该器件可检测出体积分数为 1.25% 的氧气[图 4 - 3(a)]。同年,Junhong Chen 等[33]利用等离子体增强 CVD 法在 SiO₂ 基底和金属图形表面制备出石墨烯纳米墙阵列[图 4 - 3(b)],这些纳米墙极大地增大了石墨烯与气体分子的作用面积,在气体检测方面发挥着重要作用。如图 4 - 3(c)所示,当器件暴露在体积分数为 1% 的 NH₃ 环境下时,可监测到电压信号上升;而当器件在检测 100 ppm 的 NO₂ 时,电压信号下降。Ahalapitiya Jayatissa 等[34]的研究表明

CVD 石墨烯气体传感器的响应时间、恢复时间、灵敏度等性能严重依赖于检测气体的种类、浓度、测试温度、环境等因素。当测试温度在 $150 \sim 200$ ℃时,器件表现出最高的灵敏度。另外,湿度也是影响器件响应的一个非常重要的因素。对于石墨烯而言,H_2O 分子充当电子受体,因此,当用于检测电子受体型气体分子时,如 NO_2,器件所检测到的信号是 NO_2 分子和 H_2O 分子作用的叠加;反之,当器件在检测 NH_3 这类电子给体型的气体分子时,H_2O 分子的出现会削弱输出信号。

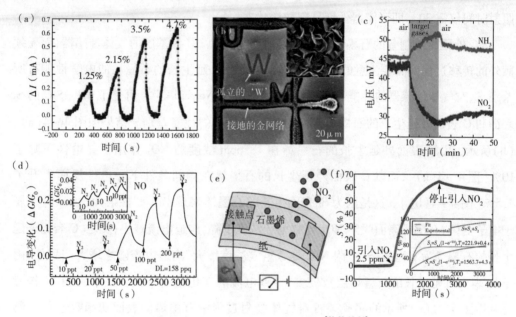

图 4-3　CVD 石墨烯气体传感器[32,33,35,36]

(a) CVD 石墨烯传感器用于检测不同浓度的 O_2;(b)等离子体增强 CVD 法制备的石墨烯纳米墙,右上方插图为石墨烯纳米墙的放大照片;(c)基于石墨烯纳米墙的气体传感器检测 NH_3 和 NO_2 时的响应曲线;(d)紫外光照射下石墨烯传感器对于 $10 \sim 200$ ppt 浓度的 NO 的响应曲线,插图为器件对 10 ppt 浓度的 NO 的重复响应;(e)石墨烯直接转移到纸表面制成的传感器示意图;(f)器件对于 2.5 ppm 浓度的 NO_2 的响应曲线,插图为瞬态响应的双指数拟合曲线

　　这些基于原始石墨烯的气体传感器大都表现出较差的可逆性,通过加热的方式难以完全去除吸附的分子,导致器件不能完全恢复到初始状态,从而影响了测量结果的可靠性及器件的灵敏度。2012 年,Avetik Harutyunyan 等[35]研究发现采用紫外光持续照射石墨烯可以有效清洁石墨烯表面,从而大幅提升器件的灵敏度,室温下器件对于 NO

的检测极限可达 158 ppq（Parts per quadrillion）。图 4 – 3（d）展示了器件在检测 10 ~ 200 ppt（Parts per trillion）浓度的 NO 时的响应曲线。除了 NO 之外，该器件对于 NH_3、NO_2、O_2、SO_2 等气体分子都具有很高的灵敏度。2015 年，Shishir Kumar 等[36] 将 CVD 石墨烯转移到纸上制成如图 4 – 3（e）所示的气体传感器，该器件结构简单，制备方便，并且具有很高的灵敏度，对于 NO_2 的检测极限达到 300 ppt。图 4 – 3（f）展示了器件在 2.5 ppm（Parts per million）浓度的 NO_2 环境下的响应曲线，器件的电导率在通入 NO_2 后 1 400 s 内增大了 65%。利用紫外光照射的方法可以实现气体分子的快速脱附，照射时间仅需 30 s 即可使器件恢复到初始状态。

SiC 外延生长制备的石墨烯可以直接用于构筑以 SiC 为基底的气体传感器，而无须额外的转移过程。需要注意的是，不同晶面的 SiC 外延生长的石墨烯的电学性能有所差别，这对气体传感器的性能有重要影响。2010 年，Nomani 等[37] 研究了 6H—SiC 的 Si 表面和 C 表面外延生长的石墨烯在检测 NO_2 气体时的性能差别。结果如图 4 – 4（a）、（b）所示，以 Si 表面外延生长的石墨烯在 18 ppm 浓度的 NO_2 作用下导电性下降了 10%［图 4 – 4（a）］，而以 C 表面外延生长的石墨烯在相同条件下导电性反而上升了 4.5%［图 4 – 4（b）］。这是因为 Si 表面生长的石墨烯表现出 n 型掺杂，而 NO_2 分子属于电子受体，石墨烯表面吸附 NO_2 导致电子浓度下降，沟道电流减小；反之，C 表面外延生长的石墨烯为 p 型掺杂，吸附 NO_2 导致空穴浓度增大，沟道电流随之增大。另外，由于 Si 表面外延生长的石墨烯层数较多，导致电流的变化幅度较大。在本实验中，作者还利用图 4 – 1（c）所示的实验装置对气体吸附过程中石墨烯的表面功函数进行了测量，如图 4 – 4（c）、（d）所示，石墨烯的表面功函数在吸附 NO_2 和 NH_3 后发生了明显的变化，证明 SWF 法也可用于气体检测。

探测器电流信号的变化方向除了与石墨烯本身有关之外，还受到待检气体浓度的影响。Pearce 等[38] 在研究中发现当器件暴露在不同浓度的 NO_2 氛围中时，器件电流变化的方向发生了变化。如图 4 – 4（e）所示，当器件暴露在 2.5 ppm 浓度的 NO_2 环境中时，器件电阻变大；而暴露在 50 ppm 浓度的 NO_2 环境下的器件电阻呈现出下降的趋势。作者认为造成这一现象的原因在于当石墨烯暴露在高浓度的 NO_2 环境下时，石墨烯中的电子大量转移至 NO_2 中，造成石墨烯由初始的 n 型掺杂转变为 p 型掺杂，导致电学响应方向的改变。

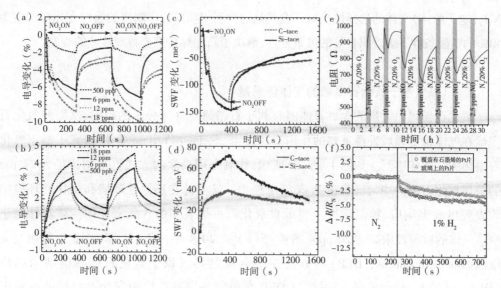

图4-4 SiC 外延生长石墨烯气体传感器[37-39]

(a,b)6H-SiC 基底以 Si 表面(a)和 C 表面(b)外延生长的石墨烯检测不同浓度的 NO_2 气体的响应
曲线;(c,d)采用 SWF 法检测(c)NO_2 和(d)NH_3 的响应曲线;(e)SiC 外延基底生长的石墨烯
在不同浓度的 NO_2 环境下的响应曲线;(f)石墨烯对于 Pt 催化氢气传感器检测能力的提升

以上介绍的石墨烯传感器都是基于气体分子在石墨烯表面的物理吸附过程,而
F. Ren等[39]则研究了石墨烯在 Pt 催化氢气传感器中的应用。作者将4H—SiC 表面外
延生长的石墨烯覆盖在 Pt 薄片表面,用于提升器件的 H_2 检测能力。图4-4(f)对比了
在175 ℃条件下覆盖有石墨烯的 Pt 片和单独的 Pt 对于1%浓度的 H_2 的检测结果,证
明石墨烯的引入提升了器件的灵敏度。该传感器的工作原理为:高温条件下 H_2 在 Pt
的催化作用下裂解产生氢原子,这些氢原子在 Pt 表面积累并扩散到 Pt/石墨烯界面,并
与石墨烯形成共价键,发生氢化的石墨烯表面功函数增大,从而使石墨烯中的载流子浓
度增大,提高了 Pt/石墨烯的电导率。

液相剥离法是一种大批量制备石墨烯的有效手段,基于液相剥离法制备的石墨烯
也广泛应用于气体传感。Waghuley 等[40]利用电化学剥离法制备的少层石墨烯(3~10
层)制作了化敏电阻器,用于检测 CO_2 和液态石油气,该器件表现出较高的灵敏度及很
快的响应时间和恢复时间。该器件对 CO_2 和液态石油气的检测极限分别为 3 ppm 和
4 ppm。该器件在较低的温度下(398 K)能够对液态石油气进行高灵敏度检测,满足了
实际应用的需求。Ricciardella 等[41]将液相剥离的石墨烯片制成墨水,直接采用喷墨打
印的方式批量制备化敏电阻器式石墨烯传感器。该器件同样表现出对 NO_2(电子受体)和

NH₃（电子给体）气体的选择性检测。尤其是这种利用喷墨打印制造的器件在相对湿度为50%的室温条件下表现出良好的可重复性,解决了石墨烯传感器再现性差的难题。

4.1.1.3　基于氧化石墨烯的气体传感器

氧化石墨烯中大量的含氧官能团有利于石墨烯对气体分子的吸附,从而使氧化石墨烯在气体检测领域发挥重要的作用。2013 年,Stefano Prezioso 等[42]研究了基于氧化石墨烯的气体传感器。如图 4 - 5(a)所示,作者采用滴涂的方式将平均片径为 27 μm 的单层氧化石墨烯均匀覆盖在 Pt 叉指电极上。该器件在还原性环境和氧化性环境中均表现出 p 型响应,检测活性主要源自氧化石墨烯表面的含氧官能团。该器件对于 NO₂ 气体的检测极限高达 20 ppb[图 4 - 5(b)]。2014 年,Gil - Ho Kim 等[43]利用交流电泳(Dielectrophoresis, DEP)的方法在金电极之间沉积了氧化石墨烯的纳米结构[图 4 - 5(c)]。作者发现,通过调节 DEP 参数制备出准连续的氧化石墨烯薄膜对于 H₂ 的检测效果要优于利用滴涂方法制备的器件,该器件在室温条件下对 100 ppm 浓度的 H₂ 产生 5% 的响应,响应时间小于 90 s,恢复时间小于 60 s。

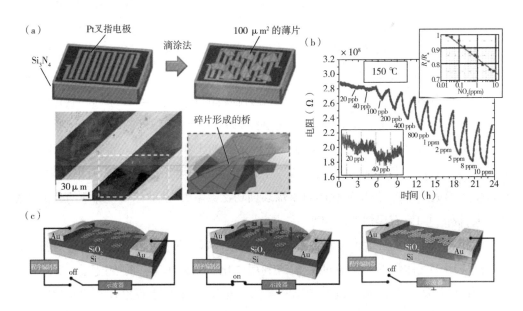

图 4 - 5　化敏电阻式氧化石墨烯气体传感器[42,43]

(a)利用滴涂法构筑氧化石墨烯气体传感器;(b)器件对不同浓度的 NO₂ 气体的响应;

(c)采用交流电泳法制备氧化石墨烯纳米结构流程示意图

　　氧化石墨烯具有良好的亲水特性,是最适用于湿度传感器的材料之一。2013 年,Litao Sun 等[44]利用氧化石墨烯构筑了一种电容式的湿度传感器[图 4-6(a)、(b)]。该传感器对于相对湿度为 15% ~95% 的空气的检测灵敏度高达 37 800% ,是传统湿度传感器的十余倍。图 4-6(c)为氧化石墨烯进行湿度检测的原理图:在相对湿度较低时,水分子与氧化石墨烯表面的活性位点通过形成两个氢键结合在一起,形成第一层吸附在石墨烯表面的水分子。此时,由于两个氢键的锚定,这些水分子自由地移动,而质子在相邻水分子的羟基之间的跳跃转移需要很高的能量,因此,氧化石墨烯电阻很大,器件的泄漏电流(Leak conduction)很小,电容较大。当相对湿度较大时,水分子通过物理吸附形成多层膜,从第二层开始,这些水分子之间仅通过一个氢键相互作用,逐渐变得能够移动。这些水分子在电场作用下离子化形成水合氢离子(H_3O^+),随着吸附的水分子层数增多,这些 H_3O^+ 能够像在液态水中一样自由移动,从而导致泄漏电流增大,器件电容降低。

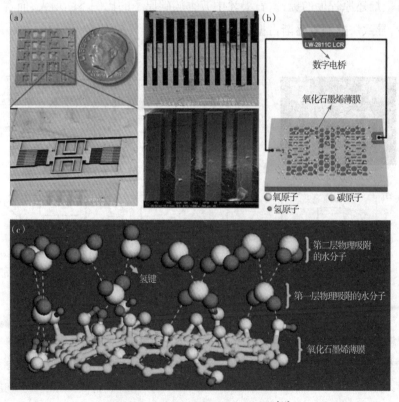

图 4-6　氧化石墨烯湿度传感器[44]

(a)基于氧化石墨烯的电容式湿度传感器;(b)湿度测试示意图;(c)水分子在氧化石墨烯表面吸附示意图

4.1.1.4 基于还原氧化石墨烯(RGO)的气体传感器

RGO 是通过热还原或化学还原方法去除氧化石墨烯中的含氧官能团,使其具有类似于石墨烯的结构。RGO 的质量和性质与还原的方法和工艺息息相关。相比于原始石墨烯,RGO 中仍含有少量的含氧基团,同时又具有较好的导电性,能够进行表面修饰,在水中有较好的分散性,这些特点使 RGO 可以广泛应用于气体检测。

2008 年,Robinson 等[45]研究了不同还原程度的 RGO 在气体检测时的性能变化。作者通过控制氧化石墨烯薄膜在肼水合物蒸气中的暴露时间来调节氧化石墨烯的还原程度,并制备成如图 4-7(a)所示的叉指电极器件用于气体检测。该传感器对于丙酮和一些有毒化学品,如二硝基甲苯、氰化氢、甲基膦酸二甲酯等,检测极限可达 ppb 量级,响应时间也在 10 s 以内。作者发现,随着石墨烯还原程度的增大,器件的灵敏度逐渐提升,而 $1/f$ 而噪声也在逐渐降低。作者对器件的响应过程进行分析后发现,整个响应过程由快速响应和慢速响应两个过程组成[图 4-7(b)]:快速响应是由气体分子吸附在芳香族碳原子上引起的,而慢速响应则是含氧基团吸附气体分子导致的。因此,随着氧化石墨烯还原程度的提升,石墨烯中芳香族碳原子的比例不断增大,而含氧基团则不断减少,导致快速响应逐渐占据主导地位。

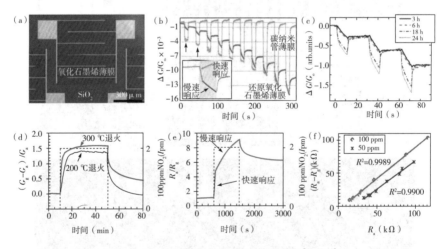

图 4-7 还原氧化石墨烯气体传感器[23,45,46]

(a)还原氧化石墨烯构筑的叉指电极器件;(b)器件对于丙酮蒸气的响应曲线,插图为对单个响应脉冲的分析,可分为快速响应部分和慢速响应部分;(c)不同肼还原时间的氧化石墨烯对丙酮蒸气的响应对比;(d)采用 300 ℃和 200 ℃退火处理的氧化石墨烯对 100 ppm 浓度的 NO_2 的响应曲线;(e)采用化学方法还原的氧化石墨烯对 100 ppm 浓度的 NO_2 的响应曲线;(f)测量 100 ppm 和 50 ppm 浓度的 NO_2 时 $R_a - R_g$ 与 R_a 呈线性关系

2009 年,Junhong Chen 等[46]利用热还原的方法研究了氧化石墨烯还原程度对于气体检测性能的影响。作者采用多步退火(100 ℃ 和 200 ℃ 各退火 1 h)和一步退火(200 ℃退火 1 h)的方式制备出部分还原的 RGO,并制备成叉指电极器件。该器件可以检测到 100 ppm 浓度的 NO_2 和 1% 浓度的 NH_3,而未经还原的氧化石墨烯则没有响应。另外,作者对比了分别用 300 ℃ 和 200 ℃ 处理的 RGO 的气体检测能力,结果如图 4 -7(d)所示,经过 300 ℃退火处理的 RGO 具有更高的灵敏度和更快的响应速度。2011 年,该团队又研究了利用化学方法还原的 RGO 在 NO_2 和 NH_3 检测中的性能[23]。如图 4 -7(e)所示,该器件在室温下对 100 ppm 浓度的 NO_2 的最大响应度为 9.15,与此前采用热还原方法制备的 RGO 器件相比提升了 360%。同时,该器件对于 1% 浓度的 NH_3 的最大响应度为 1.7,同样高于热还原 RGO 器件(响应度为 1.3)。另外,由于气体分子与 RGO 中的含氧基团的结合能非常大,测量结束后气体分子难以去除,导致器件无法恢复到初始状态,从而对下一次的测量造成影响[图 4 -7(b)]。为使测量结果具有可重复性,作者提出一种新的信号处理方法,即以 $R_a - R_g$ 与 R_a 的斜率[图 4 -7(f)]作为一种可靠的评价指标,其中 R_a 和 R_g 分别为器件在空气和目标气体中的电阻。

　　RGO 对于各种气体分子都有很好的吸附性能,使得它对气体的选择性检测变得困难。尤其是 RGO 在制备过程中受到工艺的影响,每一个传感器的性能都有所差别。为解决 RGO 气体传感器选择性差的问题,Alexander Sinitskii 等[47]开发了一种基于 RGO 的气体传感器阵列。如图 4 -8(a)、(b)所示,该集成器件采用热还原的 RGO 作为沟道,包含了 20 个独立的传感器。作者利用这些传感器分别检测 1000 ppm 的水、甲醇、乙醇和异丙醇蒸气,利用计算机采集每个器件输出的响应信号[图 4 -8(c)],这些信号包含了能够代表待检气体特征的信息。作者利用人工神经网络(Artificial neural network, ANN)对这些信号进行处理,最终只输出 X 和 Y 两个值,代表待检气体的坐标,如图 4 -8(e)所示,这些信息经过 ANN 处理后分成了四个坐标,代表四种待测气体,从而成功实现了气体的高选择性检测。

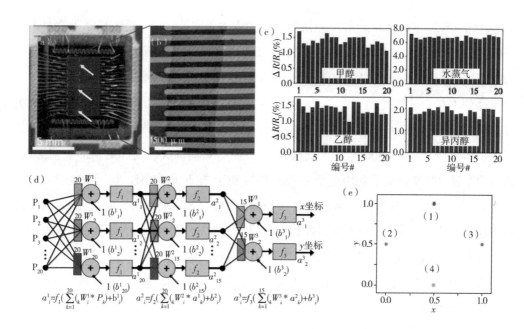

图 4-8　具备气体识别功能的 RGO 传感器阵列[47]

(a,b)基于 RGO 制备的气体传感器阵列照片;(c)传感器阵列中 20 个器件分别检测甲醇、水、
乙醇和异丙醇得到的响应结果;(d)人工神经网络处理数据流程示意图;(e)由人工神经网络
输出的 x 和 y 完成对检测气体的识别,(1)为水,(2)为甲醇,(3)为乙醇,(4)为异丙醇

　　2014 年,Yafei Zhang 等[48]利用吡咯作为还原剂制备了化学还原的 RGO,基于这种
RGO 材料构筑的气体传感器能够实现 NH_3 的高速度、高灵敏度、高选择性检测。室温
下,器件对于 1 ppb 浓度的 NH_3 的响应达到 2.4%,响应时间仅需 1.4 s,并且器件在红
外光照射下能够很快地恢复到初始状态。该器件对于 NH_3 的检测灵敏度要远大于其
他气体,表现出高的选择性。作者认为这是吡咯和 RGO 共同作用的结果。W Chen[49]
等利用一锅煮水热法制备出多孔的 RGO 材料,为气体的扩散提供了通道。采用这种多
孔 RGO 构筑的气体传感器能够完成对 ppb 量级的 NO_2 的检测。作者认为器件具有如
此高的灵敏度的原因是在 RGO 中引入了很多的孔隙,这些孔隙不仅为气体吸附提供了
大量位点,并且为气体在石墨烯内部的扩散提供了通道,增大了与气体相互作用的表面
积。因此,对石墨烯的微观结构进行优化是提升传感器性能的一种有效手段[50]。

　　激光诱导还原氧化石墨烯也可用于制备 RGO。由于激光光束中心具有很高的能
量,能够产生高温清除掉石墨烯表面的含氧官能团,从而得到 RGO。利用激光制备

RGO 的优势在于可以通过设计激光加工的区域和功率,实现对氧化石墨烯的局部还原和部分还原,从而制备出图案化的 RGO 样品[图 4-9(b)]。2012 年,Hong Bo Sun 等利用双光束干涉的方法[图 4-9(a)]制备出周期性还原的 RGO/GO 条纹,如图 4-9(c)所示。通过调节激光功率可以对条纹的周期进行调控。作者利用这种周期性 RGO/GO 材料制备了一种湿度传感器。由于 RGO 表面残留的含氧官能团的数量可以通过激光的功率进行调节,利用 0.2 W 激光制备的样品在湿度传感过程中具有较快的响应速度和恢复速度。同年,Richard Kaner 等[52]利用激光直写的方式直接还原氧化石墨烯。作者通过控制激光的功率和时间来获得不同还原程度的石墨烯,将还原和图形化过程合二为一。图 4-9(d)展示了作者利用这项技术构筑的复杂的 RGO 图案,图 4-9(f)为不同灰度的 RGO 所对应的电阻值。作者利用这种方法在柔性衬底上制备了 RGO 电路[图 4-9(e)],用于检测 NO_2,器件表现出较好的灵敏度。激光诱导氧化石墨烯还原为复杂结构器件的制备提供了一条便捷的途径。

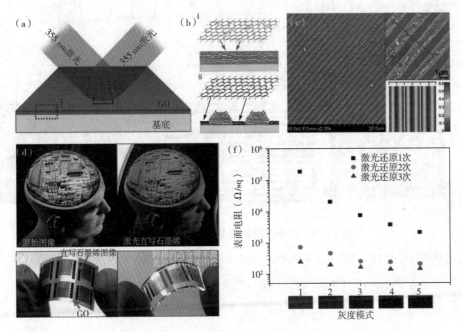

图 4-9　激光诱导还原氧化石墨烯[51,52]

(a)双光束干涉还原氧化石墨烯示意图;(b)氧化石墨烯在激光诱导下还原为石墨烯示意图;(c)利用双光束干涉法制备的 RGO/GO 条纹;(d)利用激光直写还原石墨烯制备的复杂图案;(e)利用激光直写还原氧化石墨烯制备的石墨烯传感器电路;(f)不同灰度的 RGO 所对应的电阻值

由于 RGO 具有良好的分散性,能够制成墨水直接进行打印。2010 年,Manohar 等[53]利用抗坏血酸还原氧化石墨烯制成 RGO 墨水,采用喷墨打印的方式直接在 PET 薄膜上制作了柔性气体传感器[图 4-10(a)]。该器件在室温条件下能够实现对100~500 ppb 浓度的化学腐蚀性气体(如 NO$_2$、Cl$_2$ 等)的高选择性检测。图 4-10(b)、(c) 分别为该器件对于不同浓度的 NO$_2$ 和 Cl$_2$ 的响应,结果表明器件对于 NO$_2$ 具有更高的灵敏度。该器件可以在紫外光的照射下恢复到初始状态。2013 年,Hassinen 等[54]利用类似的方法在多孔的纸上制备出廉价的 RGO 气体传感器,该传感器的结构如图 4-10(d)~(f)所示。该器件对于 ppm 量级的 NO$_2$ 表现出很高的灵敏度,同样地,器件的恢复过程可以通过紫外光照射完成。

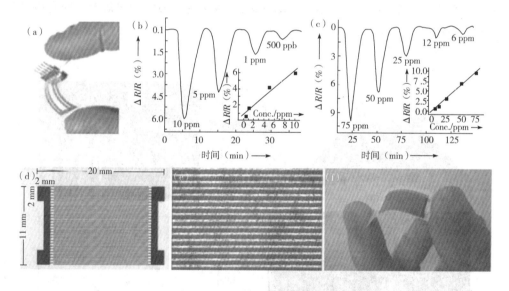

图 4-10　喷墨打印柔性 RGO 气体传感器[53,54]

(a)喷墨打印在 PET 薄膜上制备的 RGO 气体传感器;(b,c)该器件对于不同浓度(b)NO$_2$ 和

(c)Cl$_2$ 的响应,插图为器件电阻随蒸气浓度的变化情况;(d~f)喷墨打印在多孔的

纸上制备得到的 RGO 气体传感器

4.1.1.5　基于表面修饰的石墨烯气体传感器

对石墨烯表面进行修饰有利于提升石墨烯气体传感器的灵敏度、选择性和稳定性等性能,在石墨烯气体传感器中广泛使用。通常来说,经过表面修饰的石墨烯保留了石

墨烯和修饰物各自的优点,有利于提升材料的物理和化学性能。常用的表面修饰手段包括在石墨烯表面引入缺陷、掺杂、功能分子和基团、金属及金属氧化物纳米颗粒等。丰富的修饰手段确保了我们能够调整石墨烯的物理和化学性质,使其满足高性能气体传感器的要求。

杂原子掺杂是改变石墨烯性质的一种有效手段,石墨烯在掺杂了 N、B、S、Si、P 等原子之后,它的能带结构受到掺杂原子的影响而发生变化,导致石墨烯的电学性能发生相应地改变。2013 年,Weiguo Chen 等[55]在高温还原氧化石墨烯的过程中加入了含有 N 原子和 Si 原子的有机分子,制备得到 N/Si 共掺杂的 RGO 样品,制备过程如图 4-11(a)所示。作者将这种 N/Si 共掺杂的 RGO 制成化敏电阻器式传感器[图 4-11(b)]用于检测 NO_2。在这种 N/Si 共掺杂的石墨烯中,N 原子起到吸附 NO_2 分子的作用,而 Si 原子则提升了 RGO 的电学性能,因此,器件对于 NO_2 检测性能有明显的提升作用[图 4-11(c)]。2014 年,该课题组[56]利用类似的方法制备了掺 P 的 RGO,并将其用于 NH_3 检测。由于 P 原子对 NH_3 的吸附作用,该器件对于 NH_3 的响应灵敏度、响应时间和恢复时间都要优于未掺杂的 RGO 器件。

2013 年,Gaoquan Shi 等[57]分别采用磺化的 RGO 和乙二胺修饰的 RGO 制备了化敏电阻器式气体传感器。与普通 RGO 传感器相比,这些传感器对于 NO_2 的响应度要高出 4~16 倍[图 4-11(d)]。作者认为这些新修饰的功能基团对于器件性能有着重要的影响,由于孤对电子的存在,NO_2 分子更倾向于吸附在这些基团上。另外,该器件对于 NO_2 的检测表现出非常强的选择性[图 4-11(e)]。2014 年,Xin Li 等[58]利用单宁酸(Tannic acid, TA)对氧化石墨烯进行还原的同时修饰了石墨烯表面,如图 4-11(f)所示,石墨烯表面修饰单宁酸之后能够有效吸附 NH_3 分子,因此,基于这种 RGO 制备的气体传感器对于 NH_3 有很好的灵敏度和选择性。反之,该器件对于乙醇和丙酮蒸气几乎没有响应。表 4-2 对比了几种基于化学修饰石墨烯气体传感器的性能。

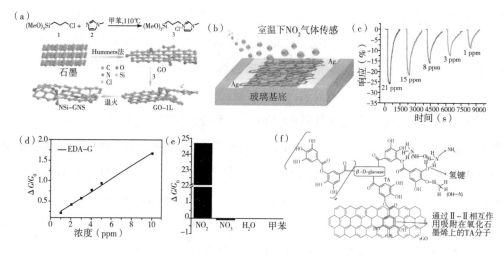

图 4-11 化学修饰石墨烯气体传感器[55,57,58]

（a）制备 N/Si 共掺杂 RGO 流程图；（b）基于 N/Si 共掺杂 RGO 的化敏电阻器式 NO₂ 传感器；
（c）器件对于不同浓度的 NO₂ 气体的响应；（d）二乙胺修饰的 RGO 对不同浓度的 NO₂ 的响应度；
（e）器件对于 NO₂ 的高选择性检测；（f）单宁酸修饰的 RGO 对于 NH₃ 分子的吸附示意图

表 4-2 化学掺杂石墨烯气体传感器性能参数

种类	修饰	气体	浓度（ppm）	响应度	响应时间（min）	恢复时间（min）
石墨烯	N/Si 共掺杂[55]	NO₂	21	−26%	1.13	10.5
	P 掺杂[56]	NH₃	100	5.4%	2.23	13.6
	正丙基磷酸酐[59]	H₂	10⁴	8%	—	—
	臭氧处理[60]	NO₂	200	19.7%	15	30
氧化石墨烯	油胺[61]	甲醇	—	116%	10	—
		丙酮	—	45.5%	10	—
还原氧化石墨烯	对苯二胺[62]	DMMP	20	8%	18	6
	巯基乙胺[63]	NO₂	5	11.5%	7	28
	单宁酸[58]	NH₃	2620	−87.5%	0.67	4.33

　　在石墨烯表面修饰金属或金属氧化物的纳米颗粒能够有效提高传感器对于气体检测的灵敏度和选择性。2009 年，Ramaprabhu 等[64]采用滴涂的方式将 Pt、Pd、Au 等贵金属纳米颗粒负载到石墨烯表面用于 H₂ 检测。负载有 Pt 的石墨烯对于 4% H₂ 的响应

是负载 Pt 的碳纳米管传感器的 2 倍。2012 年,Liwei Liu 等[65] 通过交流电泳的方法将负载有 Pt 的 RGO 纳米片沉积形成薄膜用于检测 NO,制备过程如图 4 – 12(a)所示。该器件对于 2 ~ 420 ppb 浓度的 NO 都有很好的响应,响应时间约为几百秒[图 4 – 12(b)]。同年,Maboudian 等[66] 发展了一种非电镀式的沉积方法,可在铜箔表面生长的 CVD 石墨烯上沉积 Au、Pd、Pt、Ag 等贵金属,该过程的原理在于所沉积金属的还原势高于铜(+ 0.34 V),贵金属的盐溶液在铜的作用下还原为金属纳米颗粒负载在石墨烯表面。随后将金属修饰的石墨烯转移至叉指电极上制作成气体传感器,在检测 H_2S 气体时表现出很快的响应速度。Yong Hyup Kim 等[67] 利用热蒸镀的方式在 CVD 生长的单层石墨烯表面沉积了 Pd 纳米颗粒用于检测 H_2。在通入 H_2 后,H_2 与石墨烯表面的 Pd 纳米颗粒作用形成钯氢化物,由于钯氢化物的功函数小于 Pd,因此石墨烯中的电子流向钯氢化物,导致器件电流发生变化。该器件在室温下对 1000 ppm 浓度的 H_2 的响应度为33%。2014 年,Gun – Young Jung 等[68] 将 Pd 纳米颗粒沉积在石墨烯纳米带表面并用于 H_2 检测,相比于二维薄膜石墨烯,该器件的响应速度很快,响应时间仅需 60 s,恢复时间也只有 90 s。但由于纳米带与 H_2 的作用面积减小,该器件的响应度相比于二维薄膜有所降低。Ag 纳米颗粒也经常用于石墨烯改性。2013 年,Junhong Chen 等[69] 采用物理气相沉积(Physical vapor deposition, PVD)的方法在 RGO 薄膜表面沉积 Ag 纳米颗粒,用于构筑对 NH_3 具有高选择性的传感器。由于 NH_3 为还原性气体,吸附在 Ag 纳米颗粒表面的 NH_3 将电子转移至 Ag,从而降低 Ag 的氧化态,增加石墨烯中空穴的消耗,导致 RGO 电阻的增大。该器件具有很快的响应速度,响应时间仅需 6 s,恢复时间为10 s。作者认为 Ag 纳米颗粒的引入使得电子能够在 NH_3 和 RGO 之间快速转移是器件实现快速响应的重要原因。2014 年,Lei Huang 等[70] 用 Ag 纳米颗粒对磺化的 RGO 表面进行修饰,样品制备过程如图 4 – 12(c)所示。由于 Ag 纳米颗粒和—SO_3H 的修饰,该器件在 NO_2 检测中表现出很高的灵敏度,对于 50 ppm 浓度的 NO_2 的响应度高达74.6,响应时间和恢复时间分别为 12 s 和 20 s。另外,该器件表现出很好的耐弯曲性能,器件电阻在进行 1000 次弯曲过程中几乎未发生改变。图 4 – 12(c)对比了器件对于不同气体的检测灵敏度,证明该器件对于 NO_2 和 NH_3 具有很强的选择性。

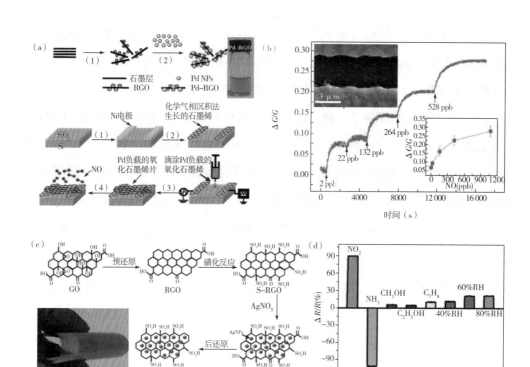

图 4-12 金属纳米颗粒修饰的石墨烯气体传感器[65,70]

(a)利用交流电泳法沉积 Pt 修饰的 RGO 薄膜,构筑 NO 传感器;(b)器件对不同浓度的 NO 的响应,
左上方插图为电泳法沉积的 RGO 薄膜的 SEM 图像,右下方插图为器件响应随 NO 浓度的变化情况;

(c)Ag/—SO$_3$H 共修饰 RGO 制备流程,左下方插图为利用该材料制备的柔性传感器照片;

(d)该器件对于不同气体的检测灵敏度对比

　　除贵金属外,金属氧化物纳米颗粒修饰的石墨烯也可实现对气体的高灵敏度、高选择性检测。2012 年,Junhong Chen 等[71]在 RGO 表面修饰 SnO$_2$ 纳米晶用于构筑 NO$_2$ 探测器[图 4-13(a)],由于 SnO$_2$ 为 n 型半导体,而 RGO 表现出 p 型掺杂的电学形貌,二者结合对于器件性能有较大的影响。作者对比了 SnO$_2$ 修饰之后的 RGO 和原始 RGO 对于 NO$_2$ 和 NH$_3$ 的检测结果,如图 4-13(b)、(c)所示,该器件对于 100 ppm 浓度的 NO$_2$ 的响应度由 2.16(未修饰的 RGO 器件)提升至 2.87,而对于 1% 浓度的 NH$_3$ 的响应则由 1.46(未修饰的 RGO 器件)降至 1.12,表明 SnO$_2$ 修饰有利于提升 NO$_2$ 的检测灵敏度和选择性。另外,该器件对 NO$_2$ 和 NH$_3$ 的响应时间分别为 65 s 和 30 s。Tong Zhang 等[72]利用水热法还原氧化石墨烯时加入锡盐制备出的 SnO$_2$-RGO 复合材料也

表现出类似的性质。这种气体传感器性能的提升是 SnO_2 纳米颗粒和 RGO 协同作用的结果,如图 4－13(d)所示,n 型的 SnO_2 与 p 型的 RGO 接触形成耗尽层,而 SnO_2 吸附 NO_2 分子将电子转移至 NO_2,导致耗尽层厚度减小,RGO 导电性能提升。2014 年,Tong Zhang 等[73]还利用类似的方法在 RGO 表面负载了 ZnO 纳米颗粒,该材料制备的气体传感器对于 5 ppm 浓度的 NO_2 的响应度高达25.6%,远高于对 NO、CO 和 Cl_2 的响应度[图 4－13(e)],说明该器件对于 NO_2 检测具有很高的灵敏度和选择性。2013 年,Wei Chen 等[74]在功能化的石墨烯表面生长出均匀分布的 Cu_2O 纳米晶(尺寸约为 3 nm)。Cu_2O 纳米晶具有很高的表面活性,易于吸附气体分子,而功能化的石墨烯具有很好的电荷转移效率,凭借 Cu_2O 纳米晶和功能化的石墨烯的协同作用,这种复合材料对于 H_2S 表现出极其优异的灵敏度,5 ppb 浓度的 H_2S 诱导器件达到11%的响应度。相比之下,该器件对于其他气体分子,如 NH_3、H_2、CH_4、乙醇等的灵敏度较低[图 4－13(f)],证明该器件对于 H_2S 具有很高的选择性和灵敏性。

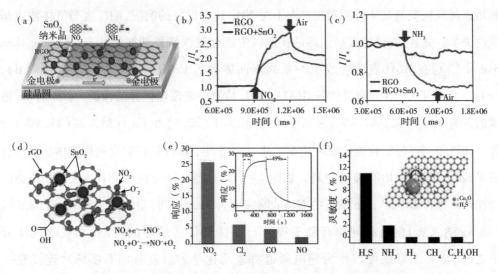

图 4－13　金属氧化物纳米颗粒修饰的石墨烯气体传感器[71-74]

(a) SnO_2－RGO 气体传感器检测 NO_2 和 NH_3 示意图;(b,c) SnO_2－RGO 与 RGO 气体传感器对于
(b) NO_2 和(c) NH_3 的响应曲线;(d) SnO_2－RGO 与 NO_2 分子相互作用原理示意图;(e) ZnO－RGO
气体传感器对于 NO_2 的高选择性检测,插图为器件对 5 ppm 浓度的 NO_2 的响应曲线;(f) Cu_2O－RGO 气
体传感器对于 H_2S 气体的高选择性检测,插图为 Cu_2O－RGO 与 H_2S 分子的相互作用

原理示意图

一维纳米线与石墨烯复合材料也广泛用于气体传感器。2011 年,Seung Hyun Hur 等[75]利用溶液法在 RGO 表面生长了一层垂直于石墨烯表面的 ZnO 纳米线阵列,可用于室温检测 H_2S 气体。作者认为,ZnO 纳米线表面吸附的氧对于器件性能有重要的影响,氧气吸附到 ZnO 表面俘获电子变为氧离子,导致有氧环境下器件的电阻上升;而在通入 H_2S 后,受到 H_2S 与吸附的氧离子相互作用的影响,ZnO 纳米线的电子浓度随之增大,导致 ZnO/石墨烯复合材料的电阻降低,器件发生响应。2011 年,Won I. Park 等[76]采用如图 4 – 14(a)所示的流程将 CVD 法制备的石墨烯平铺在 ZnO 纳米线阵列上,制备出 ZnO 纳米线/石墨烯/金属复合材料[图 4 – 14(b)],这种结构的优势在于 ZnO 纳米线阵列能够为气体吸附提供足够大的表面积,同时有利于气体的快速通过。利用这种材料构筑的气体传感器对于 10 ppm 和 50 ppm 浓度的乙醇的响应度分别为 9 和 90 [图 4 – 14(c)]。2014 年,Yafeng Guan 等[77]利用两步法在 RGO 表面合成 Cu_2O 纳米棒。作者首先采用微波辅助水热法在氧化石墨烯还原过程中原位生长出 CuO 纳米棒,随后通过热退火的方式将 CuO 转变为 Cu_2O,完成 Cu_2O/RGO 复合材料的制备。利用该材料构筑的气体探测器在室温下对 NH_3 具有很好的响应,响应度与气体浓度呈线性关系。并且,测试结束后该器件在空气中能够很快恢复到初始状态。Chorng Haur Sow 等[78]则在 RGO 表面合成了一系列八面体型的 Cu_2O 介观晶体[图 4 – 14(d)、(e)]。负载了 Cu_2O 介观晶体的 RGO 在 NO_2 检测中表现出优异的性能,对于 2 ppm 浓度的 NO_2 的响应高达67.8%,远高于单纯的 RGO (22.5)和 Cu_2O 纳米线(44.5%)器件。计算得到器件的检测极限可达 64 ppb。2016 年,Huan Liu 等[79]利用胶体法一步合成了 SnO_2 纳米线/RGO 复合材料。如图 4 – 14(f)所示,该材料对于 H_2S 表现出很高的选择性。器件对于 50 ppm 浓度的 H_2S 的响应度为 33,响应时间仅需 2 s。金属纳米线(如 Ag 纳米线)的负载同样有助于提升石墨烯气体传感器的性能,除吸附气体分子之外,金属纳米线可以作为导电通道将采用化学方法制备的石墨烯片连接在一起,提升器件对气体的响应[80]。

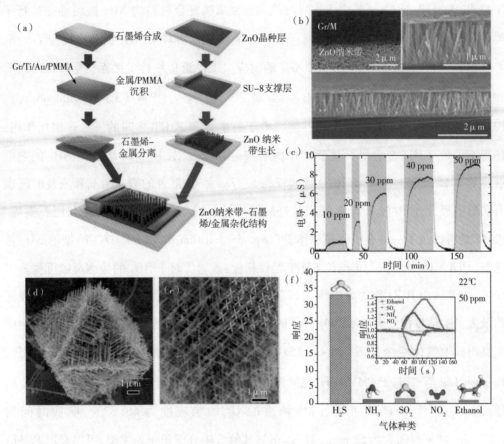

图 4-14　一维纳米线/石墨烯复合材料气体传感器[76,78,79]

（a）制备 ZnO 纳米线/石墨烯/金属复合结构流程示意图；（b）ZnO 纳米线/石墨烯/金属复合材料
SEM 图像；（c）器件对于不同浓度的乙醇的响应；（d,e）石墨烯表面制备的 Cu_2O 介观晶体结
构 SEM 图像；（f）SnO_2 纳米线/RGO 复合材料对于 H_2S 气体的高选择性检测，
插图为器件对不同气体的响应曲线

4.1.1.6　基于石墨烯/有机聚合物复合材料的气体传感器

石墨烯与有机聚合物的复合能够将二者的优势合二为一，在气体检测中表现出超越单一材料的性能。2012 年，Yafei Zhang 等[81]采用如图 4-15（a）所示的流程制备了石墨烯/聚苯胺（PANI）复合材料，并将其用于 NH_3 检测。如图 4-15（b）所示，在 50 ppm 浓度的 NH_3 环境下器件的电阻增大 59.2%，远大于基于单纯 RGO 和聚苯胺器件的响应（分别为 5.2% 和 13.4%）。并且，石墨烯/聚苯胺复合材料大幅提升了器件对于 NH_3 检测的选择性，相比 RGO 器件和聚苯胺器件分别提升了 10.4 倍和 3.5 倍。

2013 年,Xiangdong Chen 等[82]同样对石墨烯/聚苯胺复合材料的 NH$_3$ 检测性能进行了类似研究。与单层的聚苯胺相比,石墨烯/聚苯胺复合物对于 NH$_3$ 的响应提升了 5 倍,并且在 1~6400 ppm 浓度范围内对 NH$_3$ 的响应呈现出近似线性的关系[图 4-15(c)]。2014 年,Huiling Tai 等[86]研究了石墨烯/聚-3 己基噻吩[Poly(3-hexylthiophone),P3HT]复合材料在 NH$_3$ 检测中的性能。由于石墨烯和 P3HT 之间的 π-π 相互作用,使得石墨烯/P3HT 复合材料对于 NH$_3$ 的响应显著增强,对 10 ppm 浓度的 NH$_3$ 的响应度达到 7.15,而未经修饰的 RGO 薄膜仅为 5.37。另外,器件的响应时间和恢复时间也有明显的提升,同时对 NH$_3$ 表现出较好的选择性。同年,该课题组[83]还利用石墨烯/P3HT 材料构筑了一种有机薄膜晶体管(Organic thin film transistor,OTFT)型的 NO$_2$ 传感器[图 4-15(d)]。与单纯的 P3HT 器件相比,该器件对于 NO$_2$ 的检测灵敏度提升了80%,作者认为 RGO 作为导电沟道显著提升了器件的电学性能,另外,RGO 大的表面积及大量的活性位点有助于 NO$_2$ 分子的吸附。尤为重要的是,该器件对于 NO$_2$ 的响应度高出其他气体两个量级[图 4-15(e)],表现出对 NO$_2$ 极高的选择性。2015 年,Taeyoon Lee 等[84]基于 PMMA/Pd 纳米颗粒/单层石墨烯复合材料构筑了一种 H$_2$ 传感器[图 4-15(f)]。该器件对于 2% 浓度的 H$_2$ 的响应度为 66.37%,响应时间为1.81 min,恢复时间为 5.52 min。H$_2$ 体积与其他气体分子相比非常小,可以穿过 PMMA 薄膜,而 CH$_4$、CO、NO$_2$ 等体积较大的分子难以穿越 PMMA 与底部的 Pd 纳米颗粒和石墨烯相互作用,因此器件对于这些气体无响应[图 4-15(g)],器件表现出对 H$_2$ 极高的选择性。

2014 年,Yajie Yang 等[92]将 RGO 与多孔的导电聚合物聚(3,4-乙烯二氧噻吩)[Poly(3,4-ethylenedioxythiophene),PEDOT]复合用于构筑高灵敏度、高选择性的 NH$_3$ 传感器。该器件能够实现对 ppb 量级的 NH$_3$ 的高选择性检测。同年,Wongchoosuk 等[85]将石墨烯与 PEDOT:PSS 混合制成电子墨水,采用喷墨打印的方式制备了如图 4-15(h)、(i)所示的柔性气体传感器。同样地,该器件在 NH$_3$ 检测中表现出良好的灵敏度和选择性。本工作为大面积制造低成本的气体传感器提供了一条可行的道路。

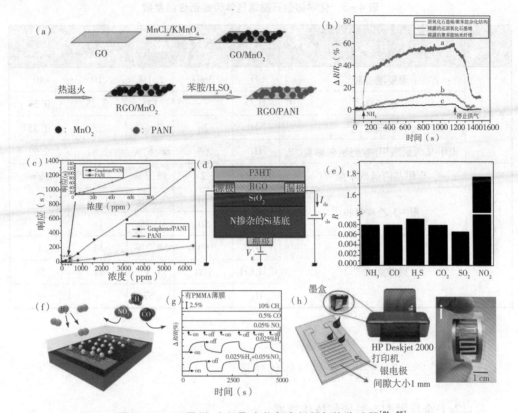

图 4－15　石墨烯/有机聚合物复合材料气体传感器[81－85]

（a）RGO/聚苯胺复合材料制备流程图；（b）RGO/PANI、RGO 和 PANI 基气体传感器对于 50 ppm 浓
度的 NH₃ 响应对比；（c）RGO/PANI 和 PANI 基气体传感器的响应随 NH₃ 浓度变化的线性关系；（d）RGO/
P3HT 基 OTFT 结构气体传感器示意图；（e）器件对于 NO₂ 气体的高选择性检测；（f）PMMA/Pd 纳米颗粒/
石墨烯基气体传感器结构示意图；（g）器件对于 CH₄、CO、NO₂ 和 H₂ 的响应曲线；（h）喷墨
打印制备柔性 RGO/PEDOT：PSS 基气体传感器示意图；（i）柔性器件照片

　　除上述工作外，石墨烯与其他一些有机聚合物材料的复合，如聚乙烯、聚吡咯
等[87,88,93]，同样在气体传感器中发挥了主要作用。这些工作证明，将石墨烯与有机聚合
物复合后对于气体检测性能超过了单一的石墨烯和聚合物材料。表 4－3 总结了部分
基于石墨烯/有机聚合物复合材料气体传感器的性能参数。

表 4 – 3 化学掺杂石墨烯气体传感器性能参数

种类	有机物	气体	浓度 （ppm）	响应度	响应时间 （min）	恢复时间 （min）
石墨烯	聚醚酰亚胺[87]	CO_2	3667	2.1%	10	10
	聚吡咯[88]	H_2O	—	138	0.25	0.33
	聚苯胺[82]	NH_3	20	3.65	0.83	0.35
	聚甲基丙烯酸甲酯/钯纳米颗粒[84]	H_2	2%	66.67%	1.81	5.52
氧化石墨烯	聚甲基丙烯酸甲酯[89]	HCHO	2	13.7%	—	Slow
	聚 – 3 乙基噻吩[86]	NH_3	10	7.15%	1.34	8.1
		NH_3	50	31.7%	18	2
	聚苯胺[81,90,91]	NH_3	50	59.2%	15	4
		$C_6H_5CH_3$	100	35.5%	11	54
		H_2	10^4	16.57%	—	—

4.1.2 基于光学方法的石墨烯气体传感器

4.1.2.1 全反射型石墨烯气体传感器

2012 年，Jianguo Tian 等[94] 提出一种全反射条件下光与石墨烯相互作用的模型。如图 4 – 16（a）所示，当石墨烯位于两种不同折射率介质的界面处时，通过模拟光从高折射率介质向低折射率介质传播的能量分布发现，在全反射条件下石墨烯对 TE 模式的光存在非常强的吸收，而对 TM 模式的波吸收很弱[图 4 – 16（b）、（c）]，这是由于全反射条件下光在反射界面形成的倏逝波与石墨烯相互作用的结果。根据这一模型，石墨烯对于光的吸收取决于石墨烯两侧介质的折射率。换言之，可以通过监测石墨烯光吸收的变化来实时检测石墨烯表面附近折射率的变化，实验装置如图 4 – 16（d）所示。利用这一原理，Jianguo Tian 课题组开发出一系列传感器，包括折射率传感器、溶液浓度传感器、液态流速传感器、湿度传感器、细胞传感器、免疫传感器等。这些传感器具有响应速度快、灵敏度高、特异性强等优势，性能远超电学传感器。

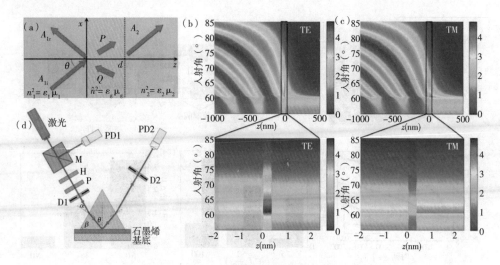

图4-16 全反射条件下光与石墨烯相互作用[94]

(a)光密介质/石墨烯/光疏介质结构的光传输模型图;(b)TE模式下光在全反射界面附近的
能量分布;(c)TM模式下光在全反射界面附近的能量分布;(d)实验装置示意图

2016年,Xiaocong Yuan 等[99]利用全反射条件下石墨烯对 TE 模式下光吸收增强的原理构筑了一款 NO_2 气体传感器。该器件的结构和检测装置如图4-17(a)、(b)所示。当 NO_2 气体被石墨烯捕获后,石墨烯表面附近的折射率发生变化,从而导致石墨烯对 TE 模式光的吸收发生改变,通过平衡探测器监测到的信号(光信号转换为电压信号)随即发生改变。为增强器件对气体分子的吸附能力,作者在石墨烯表面修饰了磺基基团。图4-17(c)、(d)对比了磺基修饰的 RGO 和未经修饰的 RGO 在检测 NO_2 时的响应差别,由于磺基修饰后 RGO 能捕获更多的 NO_2,因此器件输出电压信号的改变值 ΔV 也就更大。该器件对于 NO_2 的检测极限为 0.28 ppm,响应时间约为 300 s。另外,该器件对于 NO_2 检测还表现出一定的选择性[图4-17(e)]。

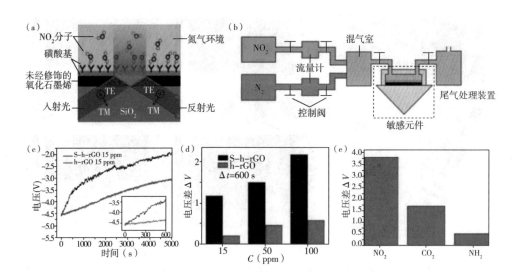

图 4 - 17   全反射型石墨烯气体传感器[99]

(a)全反射界面处石墨烯吸附 NO_2 导致光吸收的变化;(b)实验装置示意图;(c)磺基修饰的 RGO 和
未经修饰的 RGO 对于 15 ppm 浓度的 NO_2 的响应;(d)两组器件对于不同浓度的 NO_2 的响应值;
(e)器件对于 NO_2、CO_2、NH_3 的选择性响应

4.1.2.2 光纤型石墨烯气体传感器

光纤传感器具有结构简单、抗干扰能力强、体积小等优点,广泛应用于各个领域。将石墨烯覆盖在光纤纤芯表面或截面,石墨烯表面状态的改变可以影响光在光纤中的传播,从而导致光纤光场发生改变。利用这一原理可开发光纤型石墨烯气体传感器。

2014 年,Yu Wu 等[100]首次将微纳光纤与石墨烯结合构筑了一种混合光波导用于气体检测。器件结构如图 4 - 18(a)所示,将石墨烯平铺在单模光纤(Single - mode fiber, SMF)和多模光纤(Multi - mode fiber, MMF)下方,光纤中传播的光在石墨烯表面附近形成倏逝波,从而增强与石墨烯的相互作用。如图 4 - 18(b)所示,当石墨烯表面吸附气体分子时,受到范德华力的作用,石墨烯的晶格常数和载流子分布会发生变化,从而导致石墨烯介电常数和折射率的改变。由于 TE 模式下的光的衰减与折射率的虚部成正比,因此石墨烯在吸附气体分子之后可导致透射光信号的衰减。利用该器件检测100 ppm丙酮蒸气时可观察到 0.31 dB 的衰减。为减少光的泄露,提升器件的灵敏性,该课题组[101]设计了一种石墨烯增强型光纤干涉仪(GMMI)。如图 4 - 18(c)所示,该器件采用石墨烯将多模光纤纤芯进行包裹。数值模拟结果显示,相比于无石墨烯包裹的光纤(MMI),光在这种 GMMI 结构的光纤中传播时在表面产生的倏逝波强度更大

[图4-18(d)],从而增强了光与石墨烯的相互作用。这种器件对于NH_3和H_2O的检测极限分别为0.1 ppm和0.2 ppm。另外,该课题组[102]还采用Bragg光栅光纤构筑了类似结构的气体传感器,该器件可检测出0.2 ppm浓度的NH_3和0.5 ppm浓度的二甲苯蒸气。2014年,该课题组[103]提出一种新型石墨烯Bragg光栅光纤模型,结构如图4-18(e)所示,采用石墨烯纳米带在光纤表面构筑Bragg光栅。数值模拟结果显示石墨烯折射率的微小改变会导致石墨烯Bragg光栅光纤反射谱中心波长发生漂移[图4-18(f)],这为高灵敏度的光纤气体传感器提供了新的思路和途径。同年,Banshi Gupta等[104]提出一种基于表面等离子体共振效应(SPR)的光纤气体传感器,首先采用热蒸镀的方法在裸露纤芯外包覆一层40 nm厚的铜膜,随后在铜膜外侧再包覆一层PMMA/GRO复合物薄膜。基于SPR效应的光纤传感器一般通过测量输出端SPR光谱衰减中心波长的漂移来反应SPR区域折射率的变化。如图4-18(g)所示,该器件在检测NH_3时SPR谱出现明显红移,并表现出很强的选择性[图4-18(h)]。2013年,Hyoyoung Lee等[105]在光纤端面包覆了一层RGO/GO薄膜,结构如图4-18(i)所示。该器件可在大湿度、强酸性环境下检测有机蒸气,如四氢呋喃和二氯甲烷等,是一种环境友好型的气体传感器。

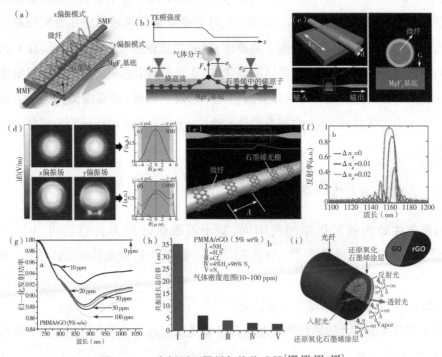

图4-18 光纤型石墨烯气体传感器[100,101,103-105]

(a)石墨烯混合光波段器件结构示意图;(b)气体吸附导致石墨烯对于TE模式下的光吸收增强;

（c）石墨烯增强型光纤干涉仪结构示意图；（d）光在 MMI 和 GMMI 结构中传播的能量分布截面；

（e）石墨烯 Bragg 光栅光纤结构示意图；（f）石墨烯 Bragg 光栅光纤反射谱随石墨烯折射率改变的

变化情况；（g）SPR 光纤传感器输出光谱中心波长随 NH$_3$ 浓度的变化情况；（h）器件在检测不同

气体时所引起的 SPR 光谱中心波长的偏移；（i）RGO/GO 包覆在光纤端面用于检测有机蒸气

石墨烯及其衍生物的超高的比表面积、优异的电学性能和丰富的活性位点赋予了石墨烯远超传统金属氧化物的气体检测能力。基于石墨烯的气体传感器具有灵敏度高、响应速度快、恢复时间短、可在室温下工作等优势。另外，通过对石墨烯表面的特殊设计，可以实现石墨烯传感器对不同气体的高灵敏度和高选择性检测。在未来，关于石墨烯气体传感器的研究将更多地瞄准石墨烯与其他功能材料的杂化，以提升器件的综合性能。

4.2　石墨烯压力与应力传感器

随着可穿戴器件的发展，柔性压力和应力传感器的应用越来越广泛，例如心率监测、电子皮肤等。在传统行业，压力传感器的应用更是遍及各个领域。传统的压力传感器通常体积较大、灵敏度有限，在生物医学、可穿戴设备等领域的应用受到限制。石墨烯具有超大的比表面积、超薄的原子膜厚度、超高的机械强度和杨氏模量、良好的柔韧性，并且气体分子无法穿越。在微压测量领域，基于石墨烯的压力传感器的灵敏度和精确度比目前常压的硅膜压力传感器要高出几个量级。因此，将石墨烯作为压力敏感材料应用于压力传感器，能够大幅提升器件的性能，是未来高灵敏度压力传感器发展的重要方向。

4.2.1　石墨烯压力传感器

根据器件结构和工作原理的不同，基于石墨烯的压力传感器可以分为悬浮式[106,107]、光纤式[108]、隧穿式[109]、电容式[110]、海绵式[111]以及柔性应变式[112,113]等。

4.2.1.1　悬浮式石墨烯压力传感器

悬浮式石墨烯压力传感器的原理是石墨烯受压引起形状发生变化，从而使石墨烯内部载流子分布发生改变，导致石墨烯的电阻发生变化。

石墨烯是一种噪声极低的电子材料，2007 年 Novoselov 等[27]通过石墨烯载流子浓度的变化检测出石墨烯在单个分子诱导下产生的极其微弱的应变,这意味着石墨烯不仅能用于气体检测,同时在高灵敏度的机械应力传感等领域也可以发挥重要作用。同年,Paul McEuen 等[114]设计出一种悬浮式石墨烯谐振器,器件结构如图 4 – 19(a)、(b)所示,将机械剥离的石墨烯覆盖在一个几微米宽的矩形腔的上方构成一个谐振器。该器件的力灵敏度高达 0.9 fN · Hz$^{-1/2}$。这一工作成为悬浮式石墨烯压力传感器的原型。2011 年,Sorkin 等[115]运用分子动力学模拟了覆盖在圆形空腔上的石墨烯膜在外部压力作用下的机械特性与失效行为,发现石墨烯的压力测量范围高达 10 ~ 80 GPa。

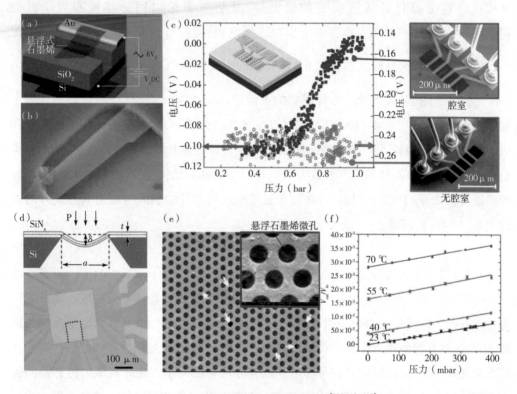

图 4 – 19 悬浮式石墨烯压力传感器[114,116 – 118]

(a,b)悬浮式石墨烯谐振器结构示意图与 SEM 图像;(c)悬浮式石墨烯压力传感器响应信号随压力变化的情况,左上方插图为器件的结构示意图,右侧插图分别为带有方向腔室(上)和无腔室(下)的器件 SEM 图像;(d)基于石墨烯/氮化硅膜的悬浮式压力传感器结构示意图和样品照片;(e)在氮化硅膜上加工纳米孔洞阵列构筑的石墨烯/氮化硅膜压力传感器照片;(f)不同温度下器件响应随压力的线性变化关系

2013 年,Lemme 等[116]完成了世界上第一款悬浮式石墨烯压力传感器的设计和制造工作,器件结构如图 4 – 19(c)插图所示,石墨烯下方腔室尺寸为 64 μm × 6 μm × 0.65 μm(长 × 宽 × 高)。作为对比,作者还制作了一款相同尺寸的无腔室的传感器,比较了两款压力传感器在压力作用下电阻的变化,结果如图 4 – 19(c)所示,无腔室的传感器在压力作用下电阻基本保持不变,而有腔室的石墨烯压力传感器的电阻随压力的增大而增大,并呈现出一定的线性关系。该传感器的灵敏度是传统的基于半导体材料的压力传感器的 20 ~ 100 倍。同年,Shou'en Zhu 等[117]将石墨烯与传统的硅基压阻式压力传感器结合构筑了一种新型压力传感器,该传感器采用氮化硅作为压力膜,通过仿真模拟计算出氮化硅薄膜应变的最大处,并将石墨烯以回形结构布置于此处 [图 4 – 19(d)]。石墨烯在本器件中作为压敏电阻,器件可在 0 ~ 700 mbar 压力下工作,并且表现出较为良好的线性关系,该器件的应变系数(Gauge factor, $G = \dfrac{\Delta R/R}{\Delta L/L}$)为 1.6。为进一步提升石墨烯压力传感器的灵敏度,Liang Dong 等[118]在氮化硅弹性膜上加工出纳米孔阵列[图 4 – 19(e)],并对石墨烯/氮化硅压力膜在压力作用下的形变和应力分布进行了模拟,证明这种纳米孔洞结构能够显著提升器件的弯曲程度,从而获得更高的灵敏度。该器件的应变系数为 4.4,远高于无孔洞结构的应变系数(1.6)。器件的灵敏度为 2.8×10^{-5} m · bar^{-1},并且在测量范围内器件的响应与压力具有良好的线性关系[图 4 – 19(f)]。

4.2.1.2　光纤式石墨烯压力传感器

光纤式压力传感器主要由光源、光纤、光调制器和光探测器四部分构成。光纤式压力传感器的工作过程和原理如图 4 – 20(a)所示:光源输入的光沿光纤传输至光调制区域,调制区在外界的压力作用下会对入射光进行相应的调制,光信号经调制后再沿光纤输出至光探测器,通过解调光信号即可获取外界压力的大小。光纤式压力传感器的优势在于体积小、结构简单、抗干扰能力强等。光纤式压力传感器的核心是法布里 – 珀罗腔,通常在光纤的尖端构筑一个光学腔室,腔室的一侧为光纤纤芯,另一侧为压力敏感膜。

2012 年,Wei Jin 等[119]利用石墨烯作为压力敏感膜在光纤尖端构建了一个法布里 – 珀罗干涉仪用于检测外界压力。器件结构如图 4 – 20(b) ~ (e)所示,将光纤尖端的包覆层腐蚀出一个深为 21 μm、直径为 25 μm 的圆形孔洞,并将单层石墨烯转移到腔室开口处作为压力敏感膜。如图 4 – 20(f)所示,石墨烯在外界压力下发生形变,改变了法布里 – 珀罗腔的结构参数,从而导致经法布里 – 珀罗腔反射进入探测器的光的波形发生变化,从而可以计算得到法布里 – 珀罗腔长度 L 的改变量。图 4 – 20(g) 为法布里 – 珀罗腔长 L 随外界压力的变化情况,计算得到该器件的压力灵敏度为 39.4 nm·kPa^{-1},远大于基于硅膜的光纤式压力传感器。2015 年,Cheng Li 等[120] 采用有限元的方法模拟了石墨烯在外界压力作用下的弯曲幅度与石墨烯层数和内应力等参数的关系。模拟结果表明,当外界压力在 0 ~ 35 kPa 范围内时,单层石墨烯的形变与施加的压力具有线性关系,器件的压力灵敏度为 1096 nm·kPa^{-1}。2019 年,Qingsong Cui 等[121] 采用类似的方法构筑了一个直径为 20 μm 的法布里 – 珀罗腔。如图 4 – 20(h) 所示,器件输出的调制波形随外界压力的增大而逐渐改变,作者利用调制波形的偏移来反应外界压力的大小,计算得到器件的压力灵敏度为 1.28 nm·mmHg^{-1},并且表现出非常好的线性关系。

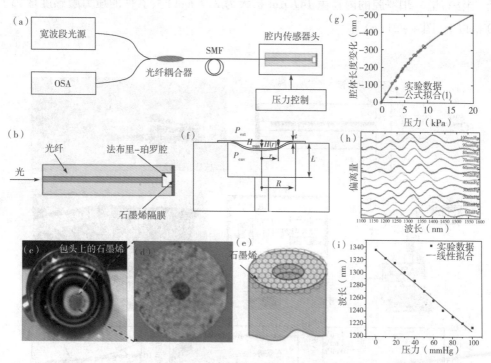

图 4 – 20　光纤式石墨烯压力传感器[119,121]

(a)光纤式石墨烯压力传感器测量装置示意图;(b~e)以石墨烯为压力敏感膜在光纤尖端构筑法布里 – 珀罗腔结构示意图与器件照片;(f)石墨烯在外界压力作用下的形变;(g)法布里 – 珀罗腔长 L 随外界压力的变化情况;(h)器件输出的调制波形随外界压力的变化情况;(i)调制光谱波形的漂移量随外界压力的变化情况

声波检测是光纤式石墨烯压力传感器的一个重要应用。2013 年,Jun Ma 等[122]将厚度约为 100 nm 的厚层石墨烯转移至直径为 125 μm 的法布里－珀罗腔构筑了一款光纤型声波传感器[图 4－21(a)、(b)]。实验装置如图 4－21(c)、(d)所示。经测量,该器件的压力灵敏度为 1100 nm·kPa^{-1},最小可探测声压为 60 μPa·Hz$^{-1/2}$[图 4－21(e)],并且在 0.2～22 kHz 器件的响应不随声波频率发生变化。2015 年,Cheng Li 等[123]利用厚度为 13 层的石墨烯膜制备了一款类似结构的声波传感器,该器件的压力灵敏度高达 2380 nm·kPa^{-1},最小可探测声压为 2.7 mPa·Hz$^{-1/2}$。2019 年,Haijun Liu 等[124]提出两种提升光纤式石墨烯声波传感器灵敏度的改进方案:第一种方案为在多层石墨烯表面沉积一层 5 nm 厚的银膜,采用石墨烯/银复合薄膜作为器件的压力敏感层,采用这种方法能够将器件的力学灵敏度提升 3 倍以上[图 4－21(f)];第二种方案为扩大法布里－珀罗腔的体积,具体为在保持微腔长度不变的情况下扩大微腔的内径,当法布里－珀罗腔的内径由 147 μm 扩大为 2.7 mm 时,器件的压力敏感度增大了 10 倍以上[图 4－21(g)]。

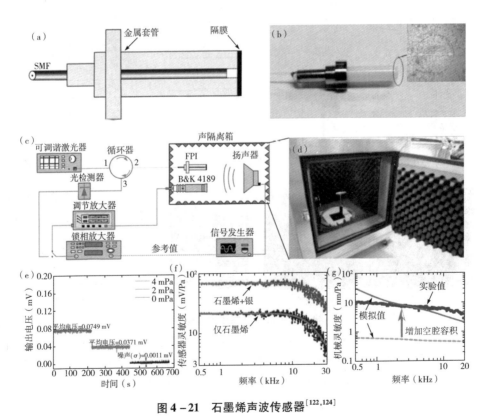

图 4－21　石墨烯声波传感器[122,124]

(a,b)光纤式石墨烯声波传感器结构示意图与器件照片,插图为覆盖有 100 nm 厚石墨烯的法布里－珀罗腔的照片；(c,d)声波测量实验装置；(e)声波压力分别为 0 MPa、2 MPa、4 MPa 时器件的输出信号；(f)采用石墨烯/银复合膜以及单纯石墨烯膜作为压力敏感层的声波传感器灵敏度随频率的变化趋势；(g)采用大微腔和小微腔的石墨烯声波传感器灵敏度随频率的变化趋势

4.2.1.3　其他类型石墨烯压力传感器

在外界压力下石墨烯或石墨烯/二维材料异质结层与层之间的间距会发生改变，从而导致其电学性质的变化，这是构筑隧穿式石墨烯压力传感器的理论基础。2009 年，Gengchiau Liang 等[125]通过第一性原理计算研究了双层石墨烯纳米带(Bilayer graphene nanoribbon, BGNR)在外界压力作用下石墨烯层间距的变化情况，从而导致石墨烯纳米带电学性能发生改变，可作为一种面内石墨烯压力传感器。

六方氮化硼作为一种性能优异的二维介电材料已广泛应用与二维异质结器件中。2011 年，Yang Xu 等[109]提出一种基于面内或隧穿结构的石墨烯压力传感器。图 4－22(a)所示为面内结构石墨烯压力传感器示意图，该器件利用多层氮化硼将单层石墨烯封装在中间。如图 2－22(e)所示，外界压力作用下氮化硼与石墨烯之间的层间距以及石墨烯面内晶格常数均会发生微小变化[图 4－22(b)]，诱导石墨烯产生带隙[126]，同时改变石墨烯的电导率[127]。隧穿式石墨烯压力传感器器件结构如图 4－22(c)所示，将多层氮化硼插入到多层石墨烯中间作为隧穿层，在电压驱动下载流子隧穿通过氮化硼在上下两层石墨烯之间传输。同样地，外界压力能够改变氮化硼与石墨烯以及氮化硼之间的层间距[图 4－22(d)]，从而影响电子隧穿通过氮化硼的概率，导致隧穿器件隧穿电流发生显著变化[图 4－22(f)]。

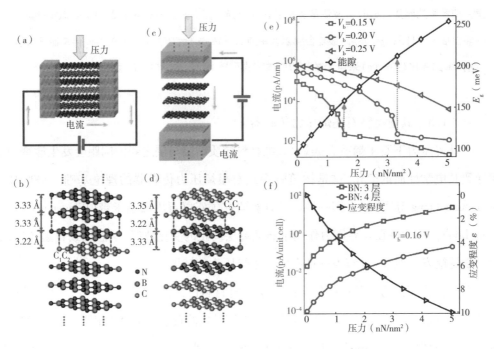

图 4 - 22　面内与隧穿式石墨烯压力传感器[109]

(a) 面内石墨烯压力传感器结构示意图;(b) 氮化硼/石墨烯/氮化硼异质结晶格结构示意图;
(c) 隧穿式石墨烯压力传感器结构示意图;(d) 石墨烯/氮化硼/石墨烯异质结晶格结构示意图;
(e) 面内式器件电流和石墨烯带隙随外界压力的变化情况;(f) 隧穿式器件隧穿电流与压缩应
变随外界压力的变化情况

　　电容式石墨烯压力传感器的原理是利用悬浮的石墨烯与平板电极构筑一个电容
器,石墨烯在外界压力作用下发生形变,使电容器两电极之间的距离发生变化,从而导
致电容的改变。2016 年,Chingyuan Su 等[128] 利用 CVD 法制备的大尺寸石墨烯构筑了
一款电容式的石墨烯压力传感器,结构如图 4 - 23(a) 所示。向密闭腔室内注入气体使
石墨烯所受压力增大,石墨烯发生 100 μm 的形变 [图 4 - 23(b)],导致器件的电容发
生明显变化。如图 4 - 23(c) 所示,在 0 ~ 1800 Pa 范围内电容变化与外界压力呈线性关
系。该器件的灵敏度为 15. 15 aF · Pa^{-1},远高于传统电容式压力传感器的灵敏度。

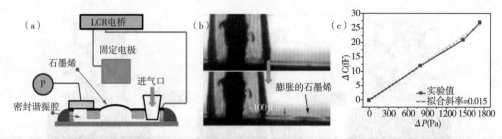

图4-23　电容式石墨烯压力传感器[128]

(a)电容式石墨烯压力传感器结构示意图;(b)石墨烯膜在外界压力作用下发生形貌变化;

(c)器件电容随外界压力的变化情况

2013年,Shuhong Yu 等[111]利用三维海绵式石墨烯构筑了一种高灵敏度的压力传感器。如图4-24(a)~(c)所示,在外界压力下海绵式石墨烯接触面积增大,导致电阻降低。该器件在0~2 kPa压力范围内的灵敏度为0.26 kPa^{-1},并表现出良好的线性关系。2018年,Tianling Ren 等[129]利用PMDS构筑了一种随机分布的棘突结构,并在上面涂覆RGO薄膜,制备出一种压力传感器。如图4-24(d)~(f)所示,当器件受到外界压力时,这种随机分布的棘突结构的接触面积随着压力的增大而增大,导致器件电阻变小。作者模拟了不同结构(棱锥形、半球形、纳米线阵列、随机分布棘突)的电阻随压力的变化情况,这种随机分布的棘突结构具有最高的灵敏度(25.1 kPa^{-1}),并在0~2.6 kPa范围内表现出很好的线性关系,综合性能远超传统器件。该器件具有较快的响应速度,响应时间为120 ms,恢复时间为80 ms。2019年,Zhongfan Liu 等[130]将利用CVD方法制备的石墨烯与聚丙烯腈纳米纤维复合,构筑了一种如图4-24(g)所示的压力传感器。作者采用静电纺丝的方法在石墨烯薄膜表面喷涂一次聚丙烯腈纳米纤维,对样品进行退火处理时纳米纤维发生环合反应,导电性明显增强。纳米纤维除了能增强石墨烯薄膜的导电性,还能起到支撑作用,CVD石墨烯转移过程无须使用高分子薄膜(如PMMA),避免了对石墨烯表面的污染。作者将这种纳米纤维/石墨烯转移至具有棘突结构的PDMS表面构筑了压力传感器,该器件在0~1.8 kPa范围内具有良好的线性响应。作者利用该器件顺利实现对桡动脉脉搏的检测[图4-24(h)]。

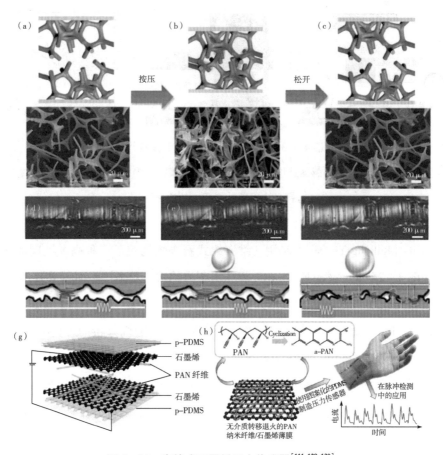

图 4 – 24   海绵式石墨烯压力传感器[111,129,130]

(a ~ c)海绵式石墨烯压力传感器在外界压力作用下发生的形变 (d ~ f)石墨烯压力传感器在不同
外界压力下的形貌及电阻变化;(g)石墨烯/纳米纤维复合材料压力传感器示意图;
(h)石墨烯/纳米纤维制备流程图及其在心率监测方面的应用

4.2.2   石墨烯柔性应力传感器及其在可穿戴器件中的应用

　　柔性应力传感器要求器件具有高的灵敏度和柔韧性。传统应力传感器一般采用金
属作为导电材料,但金属的柔韧性较差,制约了器件的测量范围(一般小于5%)。另
外,金属材料在拉伸过程中容易发生断裂,使器件发生不可逆的损坏。随着导电纳米材
料的诞生和发展,科学家们开始越来越多地采用导电纳米材料来构筑柔性应力传感器,
例如金属纳米颗粒、金属纳米线、碳纳米管、石墨烯等。其中,石墨烯作为一种导电性良

好的二维柔性材料,在柔性应力传感器中表现出巨大的潜力。

2016 年,Gaoquan Shi 等[131]将三层 RGO 膜叠加构筑了一种鳞片状石墨烯柔性应力传感器。器件制备流程如图 4 – 25(a)所示,首先在 PMDS 表面制备一层 RGO 膜,随后将 PMDS 拉伸 50% 使 RGO 膜断裂成条纹状;在断裂的 RGO 表面再覆盖第二层 RGO 膜,并将 PMDS 再次拉伸 100% 使第二层 RGO 膜也发生断裂;最后在表面覆盖第三层 RGO 膜,形成鱼鳞状的上下交错的石墨烯结构[图 4 – 25(b)]。该器件具有很高的灵敏度,当应变小于 60% 时,器件的应变系数为 16.2;当应变大于 60% 时,应变系数高达 150[图 4 – 25(c)]。如图 4 – 25(d)所示,该器件可检测出小于 0.1% 的应变,并具有良好的循环稳定性。随后作者尝试将该器件应用于可穿戴设备,能够检测出手指不同幅度的运动状态[图 4 – 25(e)],并可以监测脉搏[图 4 – 25(f)]。将器件贴在喉咙处可以感知人说话时产生的震动,通过对震动谱的分析可进行语音识别[图 4 – 25(g)、(h)]。

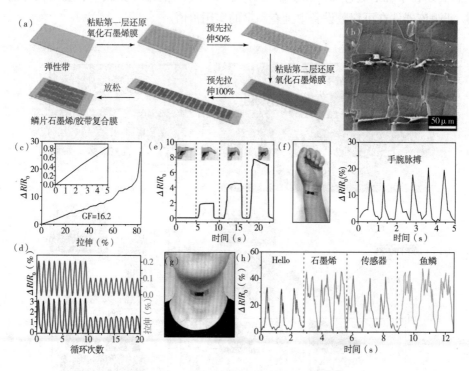

图 4 – 25　鳞片状石墨烯柔性应力传感[131]

(a)鳞片状石墨烯柔性应力传感器制备流程图;(b)鳞片状石墨烯 SEM 图像;(c)器件响应随拉伸应变的变化情况;(d)器件响应循环测试;(e)器件感知手指运动;(f)器件监测脉搏;(g,h)器件对发声过程咽喉震动的识别

2016 年,Lan Liu 等[132]将银纳米线与 RGO 纳米片混合,利用抽滤的方法制备了石墨烯/银纳米线复合膜[图 4 -25(a)、(b)],用于制作柔性应力传感器。作者分析了器件在向外弯曲和向内弯曲两种情况下石墨烯膜形貌的变化和由此引起的器件响应情况。如图 4 -26(c)所示,当器件向外弯曲时,石墨烯膜在拉伸应力作用下发生破裂;而当器件向内弯曲时,石墨烯膜发生压缩形变,片层发生重叠。因此,器件在向外弯曲时电阻增大,向内弯曲时电阻降低。图 4 -26(d)展示了器件在发生不同程度的拉伸应变时的响应值,当应变小于 0.3% 时,器件的应变系数约为 20;而当应变在 0.3% ~0.5%之间时,应变系数增大至 1000 左右;当应变在 0.8% ~1% 之间时,应变系数高达4000,由此证明器件具有超高的灵敏度。作者进行了一系列测试用来验证器件的实用价值。图 4 -26(e)展示了该器件对于振动波形的传感,而图 4 -26(f)、(g)则展示了该器件用于脉搏信号检测和声音识别的可行性。2017 年,Chaoxia Wang 等[133]利用类似的方法在棉布上制备了基于纯 RGO 膜的柔性应力传感器,该器件在拉伸和压缩应变状态下表现出类似的响应信号。作者对器件的循环稳定性进行了测试,如图 4 -26(h)所示,将传感器贴在手腕上进行拉伸和收缩测试,器件在 400 次循环测试中表现出良好的稳定性,证明该器件在可穿戴设备中具有一定的实用价值。

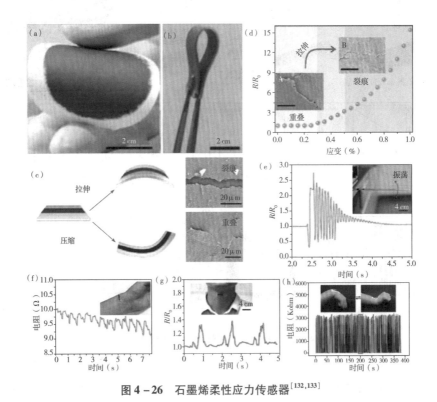

图 4 -26　石墨烯柔性应力传感器[132,133]

(a,b)石墨烯/银纳米线复合膜;(c)器件在向外弯曲(拉伸)和向内弯曲(压缩)状态下石

墨烯/银纳米线复合膜的形貌变化;(d)器件响应随拉伸应变的变化情况;(e)器件对振动波形的
响应;(f)器件用于监测脉搏信号;(g)器件用于监测发生时产生的振动信息;
(h)器件在手腕上的重复弯曲测试

2019 年,Ping'an Hu 等[128]利用等离子体增强化学气相沉积技术(Plasma enhanced chemical vapor deposition, PECVD)生长出百纳米尺寸的石墨烯纳米片[图 4-27(a)],并将其转移至 PET 薄膜上制成柔性应力传感器。由于石墨烯纳米片相互之间并不连续,器件电流以片与片之间的隧穿电流为主。因此,当器件发生弯曲时,片与片之间的间距增大,导致隧穿电流下降[图 4-27(b)]。作者提出两种隧穿机制,在低电压区(0~4 V)时,石墨烯纳米片之间发生直接隧穿(DT),器件的应变系数为 79;而在高电压区(20~40 V)时,器件发生 Fowler Nordheim 隧穿(FNT),此时器件的应变系数增大至 110[图 4-27(c)]。在这两种工作模式下,器件都能对 0.3% 的应变产生显著的响应,并且在超过 3000 次的重复测试中表现出良好的稳定性。作者利用这种传感器构筑了一个 5×5 阵列的电子皮肤[图 4-27(d)、(e)],当按压某一区域时会造成该区域电流发生显著变化[图 4-27(f)],从而反映出外界应力的位置和力度。

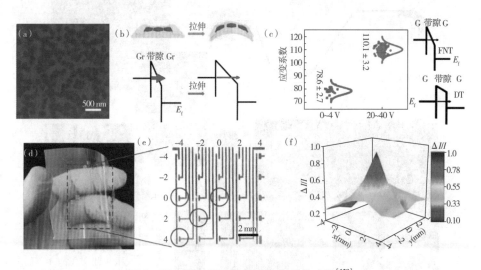

图 4-27　隧穿式石墨烯柔性应力传感器[128]

(a)PECVD 制备的石墨烯纳米片 SEM 图像;(b)基于非连续的石墨烯纳米片构筑的隧穿式柔性应力传感器原理图;(c)器件在低电压区和高电压区工作时的应变系数,插图为 FNT(上)和 DT(下)机制示意图;(d,e)由 5×5 器件构成的电子皮肤;(f)电子皮肤中心点受到按压时产生的响应信号

　　除了前文中介绍的薄膜式应力传感器,还可将石墨烯加工成石墨烯纤维,进而纺织成布料应用于可穿戴器件。2014 年,Tao Liu 等[134]利用如图 4 - 28(a)所示的流程将石墨烯纳米片负载到玻璃纤维表面,制备成石墨烯/玻璃纤维复合材料[图 4 - 28(b)],并研究了该材料在柔性应力传感方面的性能。该材料对于 2.5% 以内的弯曲应变具有很好的响应,并在 0% ~1.2% 范围内具有很好的线性响应,应变系数约为 17。这种石墨烯/玻璃纤维可以嵌入到可穿戴设备中,用于监测人体的微弱运动。2017 年,Hongbing Jia 等[135]将氧化石墨烯涂覆到棉绷带上,随后利用乙醇的火焰来加热还原氧化石墨烯并使棉纤维发生裂解,制备出如图 4 - 28(c) ~(e)所示的石墨烯纤维编织物。基于这种石墨烯编织物的柔性应力传感器具有很好的拉伸特性(拉伸应变可达 57%),器件在 0% ~40% 和 48% ~57% 的应变范围内均表现出高灵敏的线性响应,相应的应变系数分别为 416 和 3667。作者展示了这种柔性应力传感器在可穿戴器件中的各种应用场景[图 4 - 28(f)],例如,将该器件贴附在手臂肌肉处可以感知手臂的弯曲角度[图 4 - 28(g)、(h)],将器件贴附在额头和人中处能够感知哭和笑[图 4 - 28(i)、(j)]。另外,该器件还能感知人的各种面部表情和动作、说话声音、心率等。

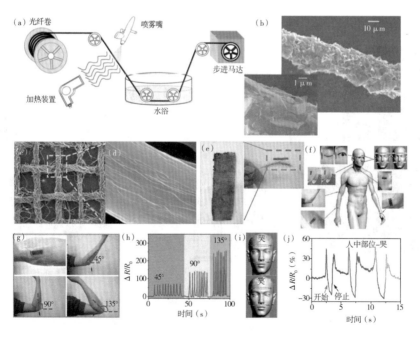

图 4 - 28　石墨烯纤维柔性应力传感器[134,135]

(a)石墨烯/玻璃纤维复合材料制备过程示意图;(b)石墨烯/玻璃纤维复合材料 SEM 图像;(c,d)石

墨烯编织物的 SEM 图像；(e)超轻石墨烯编织物的光学照片；(f)基于石墨烯编织物的柔性应力

传感器在可穿戴器件中的各种应用场景；(g,h)器件用于监测手臂运动状态及相应的响应；

(i,j)器件用于监测人的面部表情及相应的响应

石墨烯优异的电学和力学性能使得基于石墨烯的压力和应力传感器具备了远程常规器件的性能，尤其在微弱力学信号的检测和可穿戴器件中，石墨烯均表现出其他材料难以企及的性能优势。目前，关于石墨烯在力学和应力传感器方面的研究需要更多地面向产业化和实用化，解决实际应用过程中可能会遇到的各种难题和困扰，真正推动石墨烯在力学/声学传感和可穿戴器件领域的广泛应用。

4.3 石墨烯霍尔传感器

霍尔传感器是目前应用最为广泛的磁传感器，每年有超过 20 亿个霍尔传感器被应用在计算机、导航、汽车、航空航天、机械、工业生产以及科研等各个领域。霍尔传感器的基本工作原理是带电载流子在洛伦兹力的作用下发生的电磁感应(霍尔效应)将磁信号转换为电信号。霍尔传感器具有抗干扰能力强、线性关系高、无须接触等优势，在电流探测、地磁场探测和机械传感(位置、速度、加速度、转速、角度等机械物理量的传感)等领域具有广泛的应用。

4.3.1 霍尔传感器的原理

霍尔器件最早诞生于 19 世纪 70 年代，由金属材料制成。然而金属极高的载流子浓度导致霍尔传感器的灵敏度很低。目前，市场上的霍尔器件大都是基于 III ~ V 族半导体和 Si 等具有高迁移率和低载流子浓度的半导体材料，例如 GaAs、InSb 和 InAs 等。这些材料在磁探测性能上各有所长，例如 InSb 器件具有最高的灵敏度和分辨率，GaAs 材料具有最佳的温度稳定性，而 Si 材料最大的优势在于可集成到 CMOS 电路中，是目前应用最为广泛的霍尔器件。

霍尔传感器的评价标准包含性能指标和可靠性指标两部分。其中性能指标是衡量器件探测磁场能力的参数，主要包括灵敏度和分辨率。灵敏度(Sensitivity，S_A)是衡量器件对磁场信号敏感程度的参数，定义为器件输出的霍尔电压 V_H 随输入磁场强度 B 的变化速度，即

$$S_A = \frac{\partial V_H}{\partial B} \tag{4-1}$$

上式定义了器件的绝对灵敏度,除了与材料本身相关外,还受到所施加的电压和电流的影响。针对电压、电流进行归一化处理得到相对灵敏度:

$$S_V = \frac{S_A}{V_C} = \frac{\partial V_H}{\partial B}\frac{1}{V_C} = \frac{\mu W}{L} \tag{4-2}$$

$$S_I = \frac{S_A}{I_C} = \frac{\partial V_H}{\partial B}\frac{1}{I_C} = \frac{1}{nqd} \tag{4-3}$$

其中,n、μ、d 分别为材料的载流子浓度、迁移率和材料的厚度,W 和 L 为器件沟道的宽度和长度,q 为电子电荷量。由式(4-2)和式(4-3)可知,材料的载流子浓度 n 越低、迁移率 μ 越高、厚度 d 越薄,越有利于提升器件的灵敏度。

分辨率(Resolution,B_{min})定义为器件所能分辨的最小磁场强度,是衡量传感器精度的重要指标。器件的灵敏度和噪声电压(N_V)是决定分辨率的两大因素,它们的比值即为器件的分辨率:

$$B_{min} = \frac{V_H}{S_A} = \frac{N_V}{S_A} \tag{4-4}$$

由于霍尔器件大多是在低频下工作的,其噪声主要是 $1/f$ 噪声,噪声电压 N_V 与材料的迁移率 μ 呈负相关的关系。因此,综合考虑噪声电压和灵敏度两个因素,材料具备低载流子浓度、高迁移率和很薄的厚度是器件获得高分辨率的前提条件。目前,III ~ V 族半导体霍尔器件的分辨率最高为 $2.85~\mathrm{mG \cdot Hz^{-1/2}}$[136],而基于二维电子气材料的霍尔器件的最高分辨率可达 $5~\mathrm{mG \cdot Hz^{-1/2}}$[137]。

霍尔传感器的可靠性指标是衡量器件工作稳定性和可靠程度的参数,主要包括线性关系、温度稳定性和失调电压。线性关系是衡量霍尔器件 $V_H - B$ 曲线线性相关程度的参数,由线性误差(Linearity error,α)定量衡量:

$$\alpha = \frac{V_H - V_H^0}{V_H^0} \times 100\% \tag{4-5}$$

其中,V_H^0 是线性拟合的霍尔电压。受限于材料的磁阻效应,目前传统的霍尔器件在 0.1 T 磁场下的线性误差在 ±10% 左右,这一误差在很多应用中是难以容忍的。

温度稳定性是衡量霍尔器件性能对温度敏感程度的参数,由温度系数(Temperature coefficient,γ_T)进行定量:

$$\gamma_{\mathrm{T}} = \frac{1}{S}\frac{\partial S}{\partial T} \qquad\qquad (4-6)$$

其中,S 代表器件的灵敏度,T 代表温度。传统材料的载流子浓度分布与温度呈指数关系:

$$n \propto \exp(AT) \qquad\qquad (4-7)$$

因此,器件的灵敏度对温度变化较为敏感,制约了传统霍尔传感器的温度稳定性。目前商用的霍尔传感器的温度系数大多在 1000 ppm·K^{-1} 左右。

失调电压是指磁场为零时霍尔器件的霍尔电压 V_{H},理想情况下失调电压应为 0。但由于沟道材料不可避免地存在着一定的不均匀性,以及器件几何尺寸并非 100% 对称,因此在实际应用中失调电压难以避免。目前商用的霍尔器件失调电压的典型值为 10 mV(激励电压为 3 V)。

因此,高性能的霍尔传感器要求材料具备低的载流子浓度、高的迁移率、薄的厚度、弱的磁阻效应和温度依赖性、良好的均一性等特点。

4.3.2　石墨烯在霍尔传感器中的应用

石墨烯具有超高的载流子迁移率、单原子层厚度、不随温度变化而有明显变化的载流子浓度和迁移率、以及弱于传统半导体材料的几何和物理磁阻效应,这些特性使石墨烯成为一种非常有潜力的霍尔器件材料。

2011 年,J. C. Chen 等[138]首次制备了基于石墨烯的霍尔器件,并对器件的灵敏度和分辨率等性能指标进行了研究。2012 年,Kazakova 等[139]探索了 SiC 外延生长的石墨烯在霍尔器件中的应用。然而,受到石墨烯品质和器件加工工艺的影响,这些器件的性能尚无法与 Si 基霍尔器件相比。2013 年,Lianmao Peng 等[140]利用 CVD 方法制备的高质量石墨烯薄膜批量制备出高性能的石墨烯霍尔传感器[图 4-29(a)]。如图 4-29(b)~(e)所示,该器件的灵敏度超过 1200 V·A^{-1}·T^{-1},分辨率优于 100 pT·mm·$Hz^{-1/2}$,线性误差小于 ±2%(磁场强度为 2 T),在 2~400 K 温度范围内具有良好的温度稳定性,温度系数小于 800 ppm·K^{-1}(电流模式)和 700 ppm·K^{-1}(电压模式),这些性能均大幅超越了传统的半导体霍尔器件。2014 年,该课题组进一步对材料制备和器件加工进行了优化,制备得到的石墨烯 FET 狄拉克电压仅为 3 V,使器件在零栅压下具有较低的载流子浓度(3×10^{11} cm^{-2}),大幅提升了器件的性能。该器件的电流灵敏度高达 2093 V·A^{-1}·T^{-1},相比之前的工作提升了 2/3。而器件在 3 kHz 下的磁分辨率也在 1 m·$GHz^{-1/2}$ 左右,器件的线性关系保持在 4% 以内。2015 年,该课题组[141]进一步对石墨烯基霍尔器件的分辨率极限进行了研究。作者通过对狄拉克点附近的电子和空穴浓度的综合考虑建立起一个理论模型,结果如图 4 - 29(f)所示,石墨烯霍尔传感器的灵敏度受到栅压的调控,其最高电流灵敏度($S_{I\max}$)可达 2745 V · A^{-1} · T^{-1}。图 4 - 29(g)展示了最高电流灵敏度 $S_{I\max}$ 与石墨烯中残留的载流子浓度的倒数($1/n_0$)之间的线性关系,为高灵敏度器件的设计和优化提供了指导。

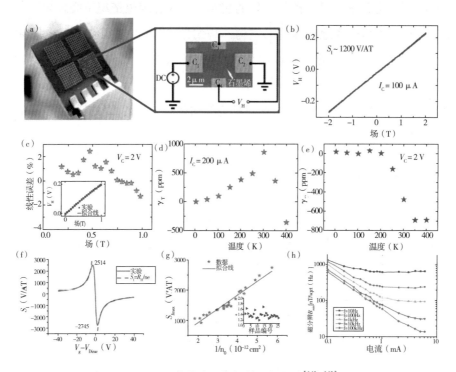

图 4 - 29　高性能石墨烯基霍尔器件[140 - 142]

(a)批量制备基于 CVD 石墨烯的霍尔传感器阵列;(b)在电流模式下器件的霍尔电压随磁场强度的变化曲线;(c)电压模式下器件在不同磁场强度下的线性误差;(d,e)器件在(d)电流模式和(e)电压模式下的温度系数随温度的变化趋势;(f)电流灵敏度随栅压的变化趋势;(g)器件的最大电流灵敏度与石墨烯中残留的载流子浓度倒数之间的关系,插图为不同器件的线性误差统计;
(h)不同频率下器件的磁场分辨率随工作电流的变化情况

2016 年,Wlodzimierz Strupinski 等[142]在 6H—SiC 表面利用氢插层外延生长出准独立(Quasi - free - standing)的单层石墨烯,以此来制备具有超低噪声水平的石墨烯霍尔传感器。该器件的噪声(Hooge's parameter)小于 2×10^{-3},在 10 Hz、1 kHz 和 100 kHz

条件下,器件的磁场分辨率分别为 650 nT · $Hz^{-1/2}$、95 nT · $Hz^{-1/2}$ 和 14 nT · $Hz^{-1/2}$ [图 4-29(h)]。另外,作者还对不同形状的石墨烯沟道的载流子浓度和迁移率进行了测量,结果表明直角十形沟道具有最低的载流子浓度和最高的迁移率,是最适用于霍尔器件的沟道结构。同年,Dongseok Suh 等[143]以六方氮化硼(hBN)为基底构筑了石墨烯霍尔传感器。由于氮化硼具有原子级平整的表面,能够有效抑制对石墨烯中电子的散射和掺杂,显著提升霍尔器件的性能。该器件的电流灵敏度为 1986 V · A^{-1} · T^{-1},在 300 Hz 条件下的分辨率高达 0.5 m · $GHz^{-1/2}$,有效动态范围大于 74 dB。

　　2015 年,Zhenxing Wang 等[144]在柔性薄膜表面构筑了首个柔性石墨烯霍尔传感器 [图 4-30(a)、(b)],该器件的总厚度仅为 50 μm,表现出优良的弯曲稳定性 [图 4-30(c)]。如图 4-30(d)所示,器件的电压灵敏度和电流灵敏度分别为 0.096 V · V^{-1} · T^{-1} 和 79 V · A^{-1} · T^{-1},相比其他的柔性霍尔器件至少高出一个量级。同年,Lianmao Peng 等[145]通过对器件加工工艺的优化制备出高性能的柔性石墨烯霍尔传感器。该器件的电流灵敏度和电压灵敏度分别为 437 V · A^{-1} · T^{-1} 和 0.134 V · V^{-1} · T^{-1},已经优于目前商用的霍尔传感器。另外,如图 4-30(e)、(f)所示,该器件还具有良好的线性关系(线性误差小于 ±2%),并且器件灵敏度在 1000 次弯曲后仍能保持 80% 以上。高性能、高稳定性的柔性霍尔器件对于推动可穿戴器件的发展具有重要意义。

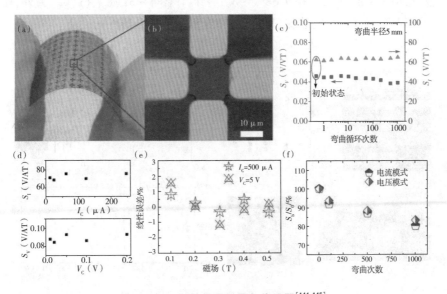

图 4-30　柔性石墨烯霍尔传感器[144,145]

(a,b)柔性石墨烯霍尔器件样品照片;(c)器件在 1000 次弯曲测试过程中电压灵敏度和电流灵敏

度的变化情况；(d)不同电压和电流驱动下器件的电压灵敏度(上)和电流灵敏度(下)；(e)电流
模式和电压模式下器件的线性误差随磁场强度的变化情况；(f)在 1000 次弯曲测试过程中器件
电流灵敏度和电压灵敏度的变化幅度

　　石墨烯长期暴露在空气中会在表面吸附大量的水氧分子,导致石墨烯霍尔器件的
性能发生退化,因此需要对其进行封装。传统的封装材料和工艺很容易对石墨烯产生
污染和掺杂,需要发展针对石墨烯的新型封装技术。hBN 是一种应用广泛的二维介电
材料,它的表面没有悬挂键,拥有与石墨烯非常接近的晶格常数,因此利用 hBN 对石墨
烯进行封装有利于保持石墨烯本征状态下超高的载流子迁移率和低的载流子浓
度[148],从而提升霍尔器件的性能。2015 年,Christoph Stampfer 等[146]基于 hBN/石墨
烯/hBN 异质结制备了一种高灵敏度霍尔探测器。器件结构如图 4 - 31(a)所示,机械
剥离的石墨烯被两层 hBN 夹在中间形成三明治结构,石墨烯与电极之间形成一维线接
触,与面接触相比这种边缘接触模式能够有效避免金属对石墨烯的掺杂,保持石墨烯的
本征状态[148]。这种 hBN 封装的石墨烯霍尔器件具有超高的灵敏度和分辨率,其电流
分辨率和电压分辨率分别为 5700 V·A^{-1}·T^{-1}和 3 V·V^{-1}·T^{-1}[图 4 - 31(b)],灵
敏度可达 50 nT·Hz$^{-1/2}$[图 4 - 31(c)],远超未封装的器件。Dankert 等[149]研究了只在
CVD 石墨烯上方进行封装的霍尔传感器的性能,器件的电流灵敏度为 354 V·A^{-1}·T^{-1}。
2016 年,Zhenxing Wang 等[147]在柔性薄膜表面构筑了 hBN/石墨烯/hBN 结构的柔性霍
尔传感器[图 4 - 31(d)],器件经 hBN 封装后性能显著提升,电流灵敏度和电压灵敏度
分别高达 2270 V·A^{-1}·T^{-1}和 0.68 V·V^{-1}·T^{-1}[图 4 - 31(e)、(f)]。另外,作者发
现利用 PMMA 对器件进行封装保护也能在一定程度上提升器件的性能。

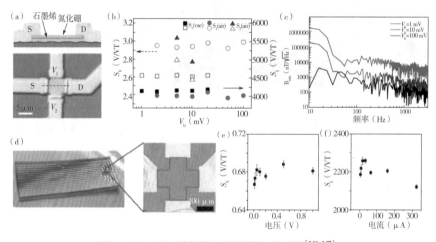

图 4 - 31　hBN 封装的石墨烯霍尔传感器[146,147]

(a)基于 hBN/石墨烯/hBN 三明治结构的霍尔传感器结构示意图和光学照片；(b)未封装器件(S$_1$)

和 hBN 封装器件(S_2)在不同磁场强度下的电流灵敏度(实心)和电压灵敏度(空心) ; (c)不同驱动

电压下器件的分辨率随频率的变化情况 ; (d)柔性基底上的 hBN/石墨烯/hBN 霍尔传感器 ;

(e,f)不同电压和电流条件下器件的(e)电压灵敏度和(f)电流灵敏度

由于石墨烯独特的物理性能,基于石墨烯的霍尔传感器在各个性能指标方面均表现出远超现有商用霍尔器件的潜力,尤其在柔性霍尔器件方面,其对于发展可穿戴电子学具有重要的意义。在未来,石墨烯霍尔传感器的应用可能会更多地集中在高灵敏度和高精度磁场探测、柔性传感和可穿戴电子器件以及与 CMOS 集成构筑磁传感芯片等方面。

4.4　石墨烯生物传感器

生物传感器(Biosensor)是一类用于检测生物信息和信号的器件的总称。根据检测对象的不同,生物传感器可以分为细胞传感器、组织传感器、免疫传感器、酶传感器和微生物传感器五大类。生物传感器一般要求具备灵敏度高、选择性好、分析速度快、成本低、可连续监测等特点,在朝着微型化、集成化、智能化的方向发展。生物传感器的应用遍及国民经济的各个领域,在军事和太空探索等特殊领域也发挥着不可或缺的作用。

石墨烯优异的电学、热学、光学、电化学等方面的性质使其在生物传感器领域有着非常广泛的应用。石墨烯在生物传感器方面的研究工作数以万计,在本小节中,我们将按照器件原理着重介绍几种较为典型的石墨烯生物传感器。

4.4.1　石墨烯电化学生物传感器

石墨烯及其衍生物具有超高的比表面积和丰富的活性位点,是一种良好的电化学电极材料。基于石墨烯衍生物的电化学生物传感器是研究最多的石墨烯类生物传感器。

4.4.1.1　小分子检测

人体内的很多小分子能够反映出人体的健康或疾病状态,这些小分子浓度的微小变化都有可能会引起严重的疾病,从而威胁人体的健康。例如,多巴胺(DA)是一种非常重要的中枢神经系统神经递质,多巴胺异常能够造成诸如帕金森等多种神经系统疾病。然而,由于人体内很多生物分子具有非常接近的氧化电势,例如抗坏血酸和尿酸等,常规的电化学生物传感器很难区分这些小分子。为解决这一难题,Yibin Ying

等[150]利用 RGO 作为电化学传感器的电极材料,由于石墨烯的 π 共轭体系,这些小分子通过 π−π 相互作用吸附在石墨烯表面。分子结构的差别导致这些分子与石墨烯之间的 π−π 相互作用强弱和电荷转移效率各不相同,从而能够对不同的小分子具有很好的灵敏度和选择性。作者利用这种基于 RGO 的电化学传感器成功区分出混合溶液中的多巴胺、抗坏血酸和尿素,器件对于这三种小分子的线性响应范围分别为 $0.5 \sim 2000 \ \mu mol \cdot L^{-1}$、$4.0 \sim 4500 \ \mu mol \cdot L^{-1}$ 和 $0.8 \sim 2500 \ \mu mol \cdot L^{-1}$,检测极限分别为 $0.12 \ \mu mol \cdot L^{-1}$、$0.95 \ \mu mol \cdot L^{-1}$ 和 $0.20 \ \mu mol \cdot L^{-1}$。

为提升石墨烯对于小分子的电化学活性,在石墨烯表面修饰一些具有电催化活性的中间媒介是一种常采用的方案。H_2O_2 是很多生物过程的中间产物,同时 H_2O_2 具有一定的毒化效应,因此检测人体内 H_2O_2 的含量对于研究生物反应过程以及监测人体健康都具有实际意义。由于人体内含有很多电活性成分,H_2O_2 的检测很容易受到干扰。为提升 H_2O_2 的检测效率,Jinqing Wang 等[151]利用石墨烯胶囊负载辣根过氧化物酶(HRP)检测人类血清中的 H_2O_2[图 4-32(a)]。由于石墨烯具有大的比表面积和良好的导电性,而 HRP 能有效催化 H_2O_2 发生电化学反应,二者的协同作用能显著提升催化活性。器件的线性响应范围为 $0.01 \sim 12 \ mmol \cdot L^{-1}$,检测极限为 $3.3 \ \mu mol \cdot L^{-1}$。2013 年,Li Wang 等[152]在石墨烯表面生长普鲁士蓝纳米立方体来替代生物酶催化 H_2O_2 的电化学反应[图 4-32(b)],器件的线性响应范围为 $1.2 \ \mu mol \cdot L^{-1} \sim 15.25 \ mmol \cdot L^{-1}$,检测极限为 $0.4 \mu mol \cdot L^{-1}$,灵敏度为 $300 \ \mu A \cdot cm^{-2} \cdot mmol^{-1}$,响应时间为 2 s。2016 年,Jeong-Woo Choi 等[153]构筑了一种 Mb-GO@MoS_2 结构的电化学传感器,制备流程如图 4-32(c)所示,利用氧化石墨烯包裹 MoS_2 纳米颗粒,随后在表面修饰肌红蛋白(Mp)。由于 Mp 是一种具有独特氧化还原性能的金属蛋白,能够很好地催化 H_2O_2 的还原。血红素是一种天然存在的金属卟啉,是血红蛋白和肌红蛋白这类血红素蛋白中的活性位点。为避免蛋白质结构在电化学反应过程中由于导电性差影响器件的性能,Yongnian Ni 等[154]将血红素负载到石墨烯纳米片表面,构筑了血红素-石墨烯/Au 纳米颗粒/玻璃碳电极[图 4-32(d)]用于检测 H_2O_2。该器件的线性响应范围为 $0.3 \ \mu mol \cdot L^{-1} \sim 1.8 \ mmol \cdot L^{-1}$,检测极限为 $0.11 \ \mu mol \cdot L^{-1}$,灵敏度为 $2774.8 \ \mu A \cdot cm^{-2} \cdot mmol \cdot L^{-1}$。而 Yuehe Lin 等[155]则直接采用氮等离子体处理石墨烯获得的氮掺杂的石墨烯用于检测 H_2O_2,器件表现出比原始石墨烯更高的电催化活性,其催化氧化还原反应的选择性和耐久性甚至超过了通常使用的贵金属 Pt。这是新引入的含氮基团和石墨烯表面的含氧基团以及缺陷共同作用的结果。表 4 - 4 对部分用于检测小分子的石墨烯电化学传感器的性能进行了汇总。

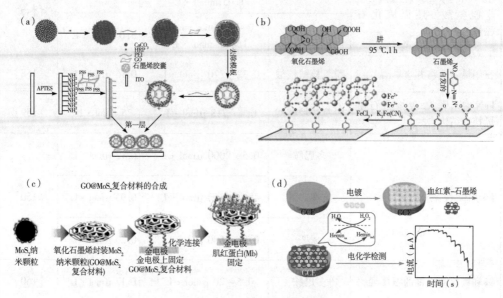

图 4 - 32　石墨烯电化学传感器检测 H_2O_2[151 - 154]

(a)合成 HRP - 石墨烯胶囊复合材料电极流程示意图;(b)石墨烯表面合成普鲁士蓝纳米立方体流程示意图;(c)Mb - GO@ MoS_2 电极流程图;(d)合成血红素 - 石墨烯纳米片/Au 纳米颗粒/玻璃碳电极流程图

表 4 - 4　用于检测小分子的石墨烯电化学传感器性能对比

电极材料	目标	线性响应范围	检测极限	参考文献
石墨烯胶囊/辣根过氧化物酶	过氧化氢	$0.01 \sim 12$ mmol · L^{-1}	3.3 μmol · L^{-1}	[151]
普鲁士蓝色纳米立方体/硝基苯/还原氧化石墨烯	过氧化氢	1.2 μmol · L^{-1} $\sim$ 15.25 mmol · L^{-1}	0.4 μmol · L^{-1}	[152]
肌红蛋白(Mb)/二硫化钼纳米颗粒/氧化石墨烯	过氧化氢	—	20 nmol · L^{-1}	[153]
血红素卟啉/石墨烯/金纳米颗粒	过氧化氢	0.3 μmol · L^{-1} $\sim$ 1.8 mmol · L^{-1}	0.11 μmol · L^{-1}	[154]
钴铁氧体纳米粒子修饰的片状氧化石墨烯	过氧化氢	$0.9 \sim 900$ μmol · L^{-1}	0.54 μmol · L^{-1}	[156]
	脱氧核糖核酸	$0.50 \sim 100$ μmol · L^{-1}	0.38 μmol · L^{-1}	

（续表）

电极材料	目标	线性响应范围	检测极限	参考文献
Au－Ag 纳米颗粒/聚（L－半胱氨酸）/还原氧化石墨烯	脱氧核糖核酸	$0.083~\mu mol \cdot L^{-1}$ ~ $1.05~mmol \cdot L^{-1}$	$9.0~nmol \cdot L^{-1}$	[157]
	乙醇	$0.017~\mu mol \cdot L^{-1}$ ~ $1.845~mmol \cdot L^{-1}$	$5.0~\mu mol \cdot L^{-1}$	
石墨烯－吡咯并喹啉醌	脱氧核糖核酸	$0.32 \sim 220~\mu mol \cdot L^{-1}$	$0.16~\mu mol \cdot L^{-1}$	[158]
FeN 纳米颗粒/氮掺杂石墨烯核壳结构	脱氧核糖核酸	$0.4 \sim 718~\mu mol \cdot L^{-1}$	$25~nmol \cdot L^{-1}$	[159]
网状印刷石墨烯	多巴胺	$0.5 \sim 2000~\mu mol \cdot L^{-1}$	$0.12~\mu mol \cdot L^{-1}$	[150]
	抗坏血酸	$4.0 \sim 4500~\mu mol \cdot L^{-1}$	$0.95~\mu mol \cdot L^{-1}$	
	尿酸	$0.8 \sim 2500~\mu mol \cdot L^{-1}$	$0.20~\mu mol \cdot L^{-1}$	
镍和氧化铜修饰的石墨烯	多巴胺	$0.5 \sim 20~\mu mol \cdot L^{-1}$	$0.17~\mu mol \cdot L^{-1}$	[160]
分子印迹聚合物改性的石墨烯/碳纳米管	多巴胺	$2.0~fmol \cdot L^{-1}$ ~ $1.0~pmol \cdot L^{-1}$	$667~amol \cdot L^{-1}$	[161]
锚定金纳米颗粒的氮掺杂石墨烯	多巴胺葡萄糖	$30~nmol \cdot L^{-1}$ ~ $48~\mu mol \cdot L^{-1}$	$10~nmol \cdot L^{-1}$	[162]
		$40~\mu mol \cdot L^{-1}$ ~ $16.1~mmol \cdot L^{-1}$	$12~\mu mol \cdot L^{-1}$	
包覆金纳米颗粒的石墨烯	葡萄糖	$6~\mu mol \cdot L^{-1}$ ~ $28.5~mmol \cdot L^{-1}$	$1~\mu mol \cdot L^{-1}$	[163]
酞菁钴－离子液体－石墨烯	葡萄糖	$0.01 \sim 1.3~mmol \cdot L^{-1}$, $1.3 \sim 5.0~mmol \cdot L^{-1}$	$0.67~\mu mol \cdot L^{-1}$	[164]
铜纳米粒子/氧化石墨烯/单壁碳纳米管	葡萄糖	$1~\mu mol \cdot L^{-1}$ ~ $4.538~mmol \cdot L^{-1}$	$0.34~\mu mol \cdot L^{-1}$	[165]

4.4.1.2 核酸与蛋白质检测

高灵敏度和高选择性的核酸（如 DNA 和 RNA）传感器对于基因相关疾病的检测而言是必需的。DNA 电化学传感器是通过在传感器上集成特异性序列探针（如 cDNA），从而可以对具有相应序列的 DNA 片段进行捕捉，导致传感器的电化学性能发生改变。

2012 年,Yu Bao 等[166]利用氧化石墨烯来固定具有特异性序列的 DNA 探测,用来检测 HIV - 1 病毒的基因片段[图 4 - 33(a)]。该器件的线性响应范围为 1 pmol · L^{-1} ~ 1 μmol · L^{-1},检测极限为 0.11 pmol · L^{-1}。同年,Omid Akhavan 等[167]利用石墨烯纳米墙独特的边缘结构实现对 DNA 中单个核苷酸位点的吸附,并通过电化学响应检测出所吸附核苷酸的类型,从而实现对 DNA 中单个核苷酸的检测[图 4 - 33(b)]。因此,该器件能够检测极低浓度的 DNA,器件的线性响应范围为 0.1 fmol · L^{-1} ~ 10 mmol · L^{-1},检测极限更是到了 0.94 zmol · L^{-1}(每毫升溶液中约有 5 条双链 DNA),可实现单链 DNA 的分辨率。对石墨烯及其衍生物的表面进行修饰同样也是提升石墨烯电化学核酸传感器性能的一种有效手段。2015 年,Ida Tiwari 等[168]在石墨烯表面修饰氧化铁及壳聚糖,并利用电泳的方法沉积到 ITO 表面构筑一种复合材料电极[图4 - 33(c)]。该器件在检测 DNA 时的线性响应范围为 10 fmol · L^{-1} ~ 1 μmol · L^{-1},检测极限为 10 fmol · L^{-1}。同年,José Pingarrón 等[169]设计了一种羧甲基纤维素(CMC) - RGO 复合材料[图 4 - 33(d)],可以利用喷墨打印的方式批量制备出一次性 DNA 传感器。表 4 -5 汇总了部分石墨烯电化学传感器检测核酸和蛋白质的性能对比。

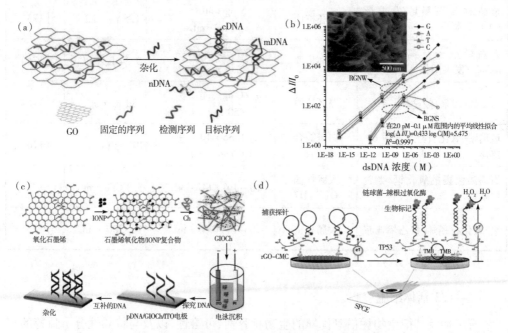

图 4 - 33　石墨烯电化学传感器检测 DNA[166 - 169]

(a)氧化石墨烯表面固定特异性序列探针用于检测 DNA 片段示意图;(b)利用石墨烯纳米墙对单个核苷酸的检测,插图为石墨烯纳米墙 SEM 图像;(c)基于石墨烯/铁氧化物/壳聚糖/ITO 电极的 DNA 传感器制备流程图;(d)CMC - RGO 针对特定 DNA 的特异性检测原理示意图

表 4 – 5　用于检测核酸和蛋白质的石墨烯电化学传感器性能对比

电极材料	目标	线性响应范围	检测极限	参考文献
氧化石墨烯/DNA 探针	HIV – 1 基因（cDNA）	$1\ pmol \cdot L^{-1} \sim 1\mu mol \cdot L^{-1}$	$0.11\ pmol \cdot L^{-1}$	[166]
还原石墨烯纳米墙	双链 DNA	$0.1\ fmol \cdot L^{-1} \sim$ $10\ mmol \cdot L^{-1}$	$9.4\ zmol \cdot L^{-1}$	[167]
氧化石墨烯改性的铁氧化物/壳聚糖/DNA 探针	大肠杆菌 O157：H7 基因（cDNA）	$10\ fmol \cdot L^{-1} \sim$ $1\ \mu mol \cdot L^{-1}$	$10\ fmol \cdot L^{-1}$	[168]
网状印刷碳/还原氧化石墨烯/羧甲基纤维素/DNA 探针	p53 抑癌基因（cDNA）	$10\ nmol \cdot L^{-1} \sim$ $0.1\ \mu mol \cdot L^{-1}$	$2.9\ nmol \cdot L^{-1}$	[169]
氮掺杂石墨烯/金纳米颗粒/DNA 探针	多药耐药基因	$10\ fmol \cdot L^{-1} \sim$ $100\ nmol \cdot L^{-1}$	$3.12\ fmol \cdot L^{-1}$	[170]
Fe_3O_4 纳米颗粒/还原氧化石墨烯	HIV – 1 基因（cDNA）	$10\ amol \cdot L^{-1} \sim$ $100\ pmol \cdot L^{-1}$	—	[171]
玻璃碳/还原氧化石墨烯/聚吡咯 – 3 – 羧酸	乳腺癌 1 号基因	$1\ pmol \cdot L^{-1} \sim$ $0.1\ \mu mol \cdot L^{-1}$	$0.3\ pmol \cdot L^{-1}$	[172]
金纳米棒/石墨烯/发夹形 DNA 适体	癌胚抗原	$5\ pg \cdot mL^{-1} \sim$ $50\ ng \cdot mL^{-1}$	$1.5\ pg \cdot mL^{-1}$	[173]
石墨烯量子点离子液体 nafion/发夹适体	癌胚抗原	$0.5\ fg \cdot mL^{-1} \sim$ $0.5\ ng\ mL^{-1}$	$0.34\ fg \cdot mL^{-1}$	[174]
石墨烯/玻璃碳/适体	癌胚抗原	$80\ ag \cdot mL^{-1} \sim$ $950\ fg \cdot mL^{-1}$	$80\ ag \cdot mL^{-1}$	[175]
玻璃碳/氧化石墨烯亚甲基/抗体	白斑综合症病毒	$1.36 \times 10^{-3} \sim$ $10^7\ copies \cdot \mu L^{-1}$	$10^3 copies \cdot \mu L^{-1}$	[176]
石墨烯包裹的氧化铜/半胱氨酸	大肠杆菌 O157:H7	$10 \sim 10^8\ CFU \cdot mL^{-1}$	$3.8\ CFU \cdot mL^{-1}$	[177]
金/氧化石墨烯/聚乙烯亚胺	大肠杆菌	$10 \sim 10^4\ CFU \cdot mL^{-1}$	$10\ CFU \cdot mL^{-1}$	[178]

4.4.1.3 活体细胞检测

　　石墨烯及其衍生物凭借其优异的生物相容性、可溶性、以及与特异性分子独特的相互作用,在活体细胞检测中也具有非常广泛的应用。例如,干细胞是人体内最重要的细胞,各种功能性细胞都是由干细胞分化而成的。因此,干细胞分化过程的实时无损检测对于再生医学研究具有重要的意义。2018 年,Ki – Bum Lee 等[179]构筑了一种石墨烯－金复合纳米电极阵列(G－Au NEAs)用于实时无损检测干细胞的分化过程。器件制备过程如图4－34(a)所示,首先采用激光干涉光刻和物理气相沉积技术在ITO表面沉积金纳米阵列(Au NEAs)[图4－34(b)]。纳米阵列的尺寸和间距可以通过调节曝光的参数进行控制,作者制备了直径为400 nm、800 nm、1200 nm和1600 nm四种尺寸的金纳米电极阵列。随后,将尺寸约为200 nm的RGO纳米片涂覆在金纳米电极阵列表面,完成石墨烯－金复合纳米电极阵列的制备。由于干细胞分化之前没有任何细胞外基质蛋白,吸附能力较弱。图4－34(c)和(d)对比了细胞培养基板(TCP)、金纳米电极阵列和石墨烯－金复合纳米电极阵列对于干细胞的吸附效果。可以非常明显地看到,石墨烯的引入在很大程度上增强了电极对干细胞的吸附效果。另外,干细胞吸附在石墨烯－金复合纳米电极阵列表面时具有更大的面积[图4－34(d)],有利于干细胞与电极之间的电子传输。作者利用不同尺寸的石墨烯－金复合纳米电极阵列研究了间充质干细胞的成骨分化过程[图4－34(e)],并通过对碱性磷酸酶(ALP)的酶化反应的测量实现了对成骨分化过程的实时无损监控[图4－34(f),(g)]。

H_2O_2是生物过程的重要参与物和产物,因此,很多活体细胞活动是通过监测H_2O_2的含量变化实现的[180-184]。在4.4.1.1小节中我们已对检测H_2O_2的石墨烯传感器进行过介绍,此处不再赘述。除此之外,还可以通过监测NO[185-187]、H_2S[188]、多巴胺[189,190]等小分子实现对活体细胞的检测。表4－6对比了部分有关石墨烯电化学传感器进行生物活体细胞检测的工作。

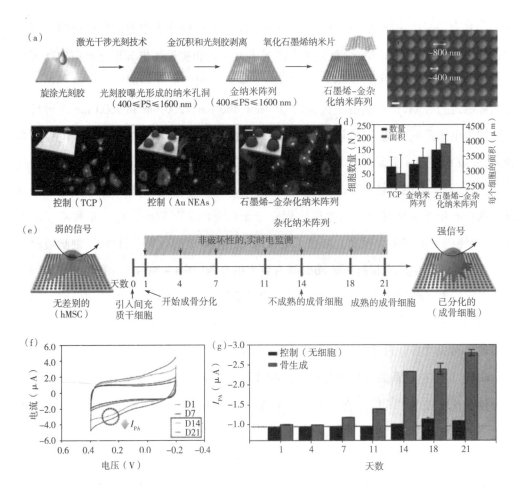

图 4 – 34 石墨烯电化学生物传感器检测干细胞分化[179]

（a）石墨烯 – 金复合纳米电极阵列制备流程图；（b）直径为 400 nm 的金纳米电极阵列 SEM 图像；

（c）干细胞在细胞培养基板、金纳米电极阵列的石墨烯 – 金复合纳米电极阵列表面的吸附对比；

（d）干细胞吸附在三种基底表面的细胞数与单个细胞的面积统计；（e）利用石墨烯 – 金复合纳米

电极阵列监测间充质干细胞的成骨分化过程示意图；（f,g）利用（f）循环伏安法和（g）I_{PC} 值监测

干细胞在成果分化过程中不同阶段的电化学性能

表 4 - 6　用于活体细胞检测的石墨烯电化学传感器性能对比

电极材料	目标	线性范围	检测限	参考文献
氮掺杂石墨烯	过氧化氢	$0.5\ \mu mol \cdot L^{-1} \sim$ $1.2\ mmol \cdot L^{-1}$	$0.05\ \mu mol \cdot L^{-1}$	[180]
石墨烯/铂钯纳米板	过氧化氢	$2\ nmol \cdot L^{-1} \sim$ $2516\ \mu mol \cdot L^{-1}$	$2\ nmol \cdot L^{-1}$	[181]
金纳米花改性离子液体的功能化石墨烯框架	过氧化氢	$2\ nmol \cdot L^{-1} \sim$ $2516\ \mu mol \cdot L^{-1}$	$100\ nmol \cdot L^{-1}$	[182]
HRP 负载的多孔石墨烯	过氧化氢	$2.77 \sim 835\ \mu mol \cdot L^{-1}$	$26.7\ pmol \cdot L^{-1}$	[183]
石墨烯 - 铂纳米复合材料	过氧化氢	$0.5\ \mu mol \cdot L^{-1} \sim$ $0.475\ mmol \cdot L^{-1}$	$0.2\ \mu mol \cdot L^{-1}$	[184]
GNP 沉积三维石墨烯水凝胶	无	$200\ nmol \cdot L^{-1} \sim$ $6\ \mu mol \cdot L^{-1}$	$9\ nmol \cdot L^{-1}$	[185]
GNP /小牛胸腺 DNA /氮掺杂石墨烯	无	$2 \sim 500\ nmol \cdot L^{-1}$	$0.8\ nmol \cdot L^{-1}$	[186]
酞菁铁装饰氮掺杂 ITO 上的石墨烯	无	$0.18 \sim 400\ \mu mol \cdot L^{-1}$	$0.18\ \mu mol \cdot L^{-1}$	[187]
3 - 氨基苯基硼酸功能化的石墨烯泡沫网络	硫化氢	$0.2 \sim 10\ \mu mol \cdot L^{-1}$	$50\ nmol \cdot L^{-1}$	[188]
树突状铂纳米粒子装饰独立石墨烯纸	多巴胺	$87\ nmol \cdot L^{-1} \sim$ $100\ \mu mol \cdot L^{-1}$	$5\ nmol \cdot L^{-1}$	[189]
Zn - NiAl 层状双氢氧化物的还原氧化石墨烯	多巴胺	$1\ nmol \cdot L^{-1} \sim$ $1\ \mu mol \cdot L^{-1}$	$0.1\ nmol \cdot L^{-1}$	[190]
芳基重氮盐和 GNP 装饰的氧化石墨烯	肿瘤坏死因子 - α	$0.1 \sim 150\ pg \cdot mL^{-1}$	$0.1\ pg \cdot mL^{-1}$	[191]
石墨烯 - 金杂化纳米电极阵列	碱性磷酸酯酶	$0.1 \sim 10\ unit \cdot mL^{-1}$	$0.03\ unit \cdot mL^{-1}$	[179]

4.4.2　石墨烯 FET 生物传感器

生物分子或细胞吸附在石墨烯表面会显著改变石墨烯的电学性能,从而为构筑 FET 形石墨烯生物传感器创造了条件。

4.4.2.1　DNA 检测

2014 年,Guojun Zhang 等[192]利用 RGO 构筑的 FET 器件实现了对 DNA 的无标记检测。如图 4 - 35(a)所示,作者首先制备了基于 RGO 的 FET 器件,随后通过 π - π 相互作用在 RGO 表面修饰一层 PASE 分子,最后将与目标 DNA 相匹配的肽核酸(PNA)探针通过共价键连接到 PASE 分子上,即完成 DNA 传感器的制作。当向传感器中通入目标 DNA 时,由于 DNA 与 PNA 的结合会导致石墨烯受掺杂程度发生改变,石墨烯 FET 器件的狄拉克电压随之改变[图 4 – 35(b)],从而实现对目标 DNA 的检测。反之,当如图的 DNA 并非目标 DNA 时,石墨烯表面的 PNA 不会与这些 DNA 结合,因而石墨烯的电学性能不会发生改变[图 4 – 35(c)],因此可以实现对目标 DNA 的特异性检测。该器件的检测极限为 100 fmol · L^{-1}。2015 年,Craighead 等[193]采用 CVD 石墨烯制作的 FET 器件用来检测 DNA 和多聚赖氨酸。同样地,当 DNA 或多聚赖氨酸吸附在石墨烯表面时会导致狄拉克点的偏移。图 4 – 35(d)为石墨烯表面吸附 YOYO – 1 标记的 DNA 之后的荧光显微照片。作者发现,石墨烯 FET 在吸附 DNA 时狄拉克点向负向偏移[图 4 – 35(e)],而吸附多聚赖氨酸则产生正向偏移[图 4 – 35(f)]。

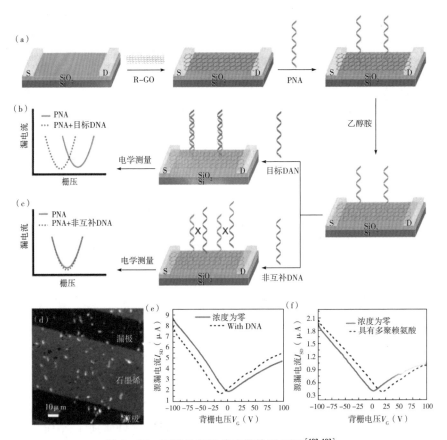

图 4 – 35　石墨烯 FET 传感器检测 DNA[192,193]

(a)修饰有 PNA 的石墨烯 FET 传感器制备流程示意图;(b)器件在检测目标 DNA 时转移曲线的变

化情况;(c)器件在检测非目标 DNA 时转移曲线的变化情况;(d)CVD 石墨烯沟道吸附 YOYO‑1 标记的 DNA 后的荧光显微照片;(e)器件在检测 DNA 时转移曲线的变化情况;(f)器件在检测多聚赖氨酸时转移曲线的变化情况

4.4.2.2　蛋白质检测

2010 年 Yasuhide Ohno 等[194]将 IgE 配体修饰在石墨烯表面构筑了一种 FET 形的免疫传感器。由于 IgE 蛋白与 IgE 配体具有很强的相互作用,通入 IgE 蛋白将显著改变石墨烯沟道的导电性能[图 4‑36(a)]。同年,该课题组[195]还利用机械剥离石墨烯制备的 FET 检测牛血清蛋白(BSA)。作者发现,在不同 pH 值的缓冲液中通入 BSA,所引起的器件沟道电流变化的方向会发生变化。如图 4‑36(b)所示,当缓冲液为邻苯二甲酸酯(pH=4.04)时通入 BSA 导致沟道电流降低,而当缓冲液为磷酸盐(pH=6.8)时通入 BSA 引起沟道电流上升。这是因为 pH 值对石墨烯沟道的电学性能有重要的影响作用[图 4‑36(c)],在 pH=4.04 时石墨烯为电子导电,吸附 BSA 导致石墨烯沟道中电子浓度降低,导电性下降;而 pH=6.8 时石墨烯为空穴导电,吸附 BSA 导致石墨烯沟道中空穴浓度增大,导电性增强。同年,Junhong Chen 等[196]在热还原的 RGO 表面负载均匀分布的金纳米颗粒,并在金纳米颗粒表面修饰 Anti‑IgG 蛋白作为检测 IgG 目标蛋白的探针[图 4‑36(d)]。由于 Anti‑IgG 蛋白能与目标 IgG 蛋白发生特异性结合,器件电学响应较大,而对于其他非特异性蛋白响应则很小。因此,该器件具有很高的检测灵敏度和选择性[图 4‑36(e)],对于 IgG 蛋白的检测极限约为 13 pmol·L^{-1}。2012 年,Jyongsik Jang 等[197]分别利用氧等离子体和氨等离子体处理双层石墨烯使其具有不同的能带结构[图 4‑36(f)],随后在双层石墨烯表面修饰二氨基萘(DAN)和人类嗅觉受体蛋白 2AG1,构筑了一种人造鼻子。由于 2AG1 对丁酸戊酯(Amyl butyrate,AB)具有特异性,因此该人造鼻子能够非常灵敏地检测具有气味的丁酸戊酯(检测极限为0.04 fmol·L^{-1})。利用氧等离子体处理的双层石墨烯为 p 型掺杂,吸附 AB 分子之后导电性增大,而利用氨等离子体处理的石墨烯则表现为 n 型掺杂,吸附 AB 分子之后导电性下降[图 4‑36(g)]。相比之下,未经等离子体处理的原始石墨烯难以观察到响应信号。

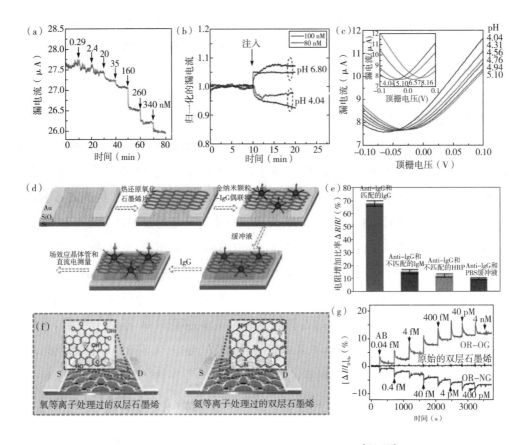

图 4-36 石墨烯 FET 传感器检测生物蛋白质[194-197]

(a) 石墨烯 FET 传感器通入不同浓度的 IgE 蛋白时的电流响应；(b) 石墨烯 FET 传感器通入不同 pH 值的 BSA 溶液时的电流响应；(c) 石墨烯 FET 在不同 pH 值环境中的转移曲线；(d) 金纳米颗粒-Anti-IgG 修饰的石墨烯 FET 传感器制备流程；(e) 器件对于特异性的 IgG 以及非特异性的 IgM、HRP 和 PBS 缓冲液的响应情况；(f) 分别利用氧等离子体（左）和氨等离子体（右）处理双层石墨烯获得 p 型掺杂和 n 型掺杂的石墨烯 FET 器件；(g) 氧等离子体处理、氨等离子体处理和原始的双层石墨烯器件对于不同浓度 AB 溶液的响应

4.4.2.3 葡萄糖检测

2010 年，Peng Chen 等[198]通过在 CVD 石墨烯表面修饰对葡萄糖或谷氨酸分子具有特异性反应的葡萄糖氧化酶（GOD）或谷氨酸脱氢酶（GluD），构筑了一种能够检测葡萄糖和谷氨酸的 FET 传感器[图 4-37(a)]。如图 4-37(b)、(c) 所示，当通入不同浓度的葡萄糖和谷氨酸溶液时，修饰有相应氧化还原酶的石墨烯 FET 的电流发生显著变

化,这是因为葡萄糖或谷氨酸在石墨烯表面的氧化还原酶的催化作用下发生氧化或脱氢反应,造成石墨烯中载流子浓度发生改变。作为对比,未修饰氧化还原酶的石墨烯FET 在通入 10 mmol·L^{-1} 葡萄糖或 1 mmol·L^{-1} 谷氨酸时几乎没有响应。2015 年,Feng Yan 等[199] 构筑了如图 4-37(d)、(e)所示的葡萄糖传感器,作者将葡萄糖氧化酶、金纳米颗粒和生物相容的有机物复合,修饰到 CVD 石墨烯表面。同样地,当向器件中通入不同浓度的葡萄糖溶液时,在石墨烯表面 Pt 纳米颗粒和葡萄糖氧化酶的催化作用下,葡萄糖在石墨烯表面发生氧化反应,进而影响石墨烯的导电性。图 4-37(f)给出了器件对不同浓度的葡萄糖的响应曲线,该器件的检测极限为 0.5 μmol·L^{-1}。

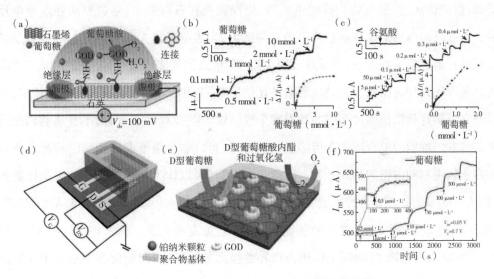

图 4-37 石墨烯 FET 传感器检测葡萄糖[198,199]

(a)修饰葡萄糖氧化酶的石墨烯 FET 传感器示意图;(b)修饰了葡萄糖氧化酶的石墨烯 FET 对不同浓度的葡萄糖溶液的电流响应,右下方插图为响应电流大小与葡萄糖浓度的对应关系,左上方插图为未修饰葡萄糖氧化酶的器件对 10 mmol·L^{-1} 葡萄糖溶液的响应结果;(c)修饰了谷氨酸脱氢酶的石墨烯 FET 对不同浓度的谷氨酸溶液的电流响应,右下方插图为响应电流大小与谷氨酸浓度的对应关系,左上方插图为未修饰谷氨酸脱氢酶的器件对 1 mmol·L^{-1} 谷氨酸溶液的响应结果;(d,e)葡萄糖氧化酶/Pt 纳米颗粒/有机物共同修饰的石墨烯 FET 传感器示意图;(f)器件对于不同浓度的葡萄糖溶液的电流响应

4.4.3 石墨烯光学生物传感器

4.4.3.1 全反射型

全反射型石墨烯生物传感器的基本原理是基于全反射条件下光在界面形成的倏逝波与石墨烯发生强烈的相互作用,其对石墨烯表面发生的折射率变化非常敏感。在4.1.2.1小节中已对相关原理和实验装置做了详细介绍,此处我们不再赘述。

2014 年,Jianguo Tian 等[96]利用高温还原的 RGO 膜制作了一款超高灵敏度的活体细胞传感器。器件结构和实验装置如图 4 – 38(a)所示,将石墨烯检测芯片(石英片/石墨烯/微流体通道)贴合到石英棱镜表面,使探测光在石英片/石墨烯界面处发生全反射。通过微流体通道向检测芯片中通入待测液,当细胞通过光照区域时会导致石墨烯附近的折射率发生变化,从而导致石墨烯对 TE 模式的光吸收发生剧烈变化,而 TM 模式的光吸收则变化微弱。通过检测输出光信号中 TE 和 TM 两种模式光的变化情况,可以非常灵敏地检测出通过细胞的种类和个数。如图 4 – 38(b)、(c)所示,作者将白血病细胞和淋巴细胞的混合液通入传感器检测芯片,可以非常清晰准确地实时检测出所有的白血病细胞和淋巴细胞的个数。因此,该传感器可以作为一种高精度的细胞计数器[图 4 –38(d)]。该器件的灵敏度和分辨率分别可达 $4.3 \times 10^7 \, \mathrm{mV \cdot RIU^{-1}}$ 和 4.3×10^{-8}。2017 年,该课题组[98]利用类似的装置制作了一款免疫传感器。如图 4 – 38(e)所示,作者在 RGO 表面修饰了 anti – IgG 作为特异性检测的探针,当向传感器中通入 IgG 溶液时,IgG 蛋白分子与石墨烯表面的 anti – IgG 发生特异性结合,从而改变石墨烯表面附近的折射率,导致输出信号发生改变,实现对免疫过程的检测[图 4 – 38(f)]。对于非特异性分子,如 IgM,由于不能与 anti – IgG 发生特异性结合,器件的响应信号很微弱。因此,该器件能够很好地实现特异性检测,检测极限低于 $0.0625 \, \mu\mathrm{g \cdot mL^{-1}}$ [图 4 –38(f)]。

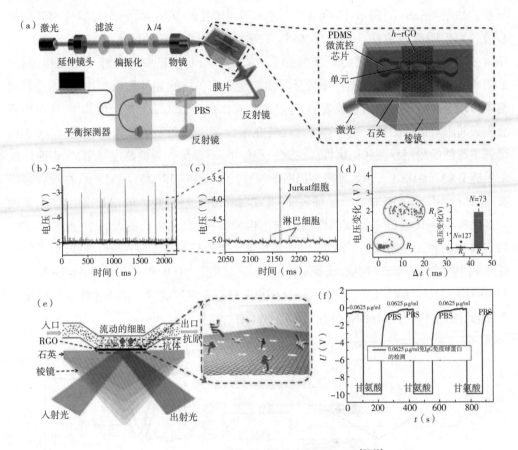

图4-38 全反射型石墨烯光学生物传感器[96,98]

(a)石墨烯光学生物传感器进行活体细胞检测装置示意图;(b,c)传感器实时检测白血病细胞
和淋巴细胞;(d)器件对通入的白血病细胞和淋巴细胞的计数统计;(e)全反射型石墨烯光学
免疫传感器结构示意图;(f)传感器对于0.062 5 μg·mL^{-1}兔IgG免疫球蛋白的检测

4.4.3.2 光纤型

光纤型石墨烯生物传感器通常是基于表面等离子体共振原理对待测物进行检测。如图4-39(a)所示,在光纤纤芯外沉积一层金属,光纤中传输的光与金属相互作用产生表面等离子体共振,金属表面折射率的变化会影响SPR波,从而导致输出光信号发生改变。石墨烯作为检测层一般涂覆在金属层外侧,一方面可以增强器件的检测灵敏度,另一方面可以起到保护金属的作用。2015年,Kamrun Nahar Shushama等[200]将金膜和石墨烯膜涂覆在光纤纤芯外侧制成一款DNA传感器。该器件中石墨烯作为检测层,表面修饰了与待测DNA具有互补序列的探针DNA(P-DNA),用来增强器件检测的特

异性。如图 4-39(b)所示,向传感器中通入不同浓度的 DNA 溶液,引起器件 SPR 波中心波长发生明显的偏移,通过波长偏移量来衡量 DNA 溶液的浓度。2018 年,Yunyun Huang 等[201]利用 Bragg 光栅光纤制备了一款用于检测多巴胺的光纤型生物传感器。如图 4-39(c)所示,光在光纤中传播时由于受到布拉格光栅的散射作用,穿越光纤包覆层传输至包覆层外侧的金膜表面,与金膜相互作用形成表面等离子体共振,从而检测金膜表面附近的待测物。这种器件的优势在于检测区域无须去除光纤包覆层,极大地增强了器件的耐用程度和稳定性。在这一器件中,石墨烯作为检测层使用,在表面修饰了单链 DNA(ssDNA),作为检测多巴胺的探针。如图 4-39(d)、(e)所示,在没有多巴胺时,这种 ssDNA 是平铺在石墨烯表面的,此时 ssDNA 与 SPR 波的相互作用较强;当通入多巴胺后,ssDNA 在多巴胺的作用下发生构象转换,直立在石墨烯表面,此时 ssDNA 与 SPR 波的相互作用减弱,导致输出的光信号发生波长偏移。图 4-39(f)展示了该器件对不同浓度的多巴胺的响应,该器件的线性响应范围为 100 fmol·L^{-1}~10 nmol·L^{-1},检测极限小于 100 fmol·L^{-1}。另外,由于 ssDNA 只有在多巴胺的作用下才能发生构象转变,因此该器件具有很好的特异性[图 4-39(g)]。

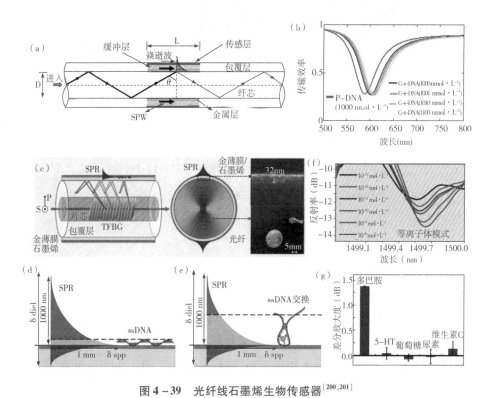

图 4-39 光纤线石墨烯生物传感器[200,201]

(a)基于表面等离子体共振原理的光纤型生物传感器示意图;(b)器件输出的 SPR 波衰减波长随待测

DNA 浓度的变化情况;(c)基于 Bragg 光栅光纤的石墨烯光学生物传感器结构示意图及样品照片;

(d,e)ssDNA 在多巴胺作用下的构象转换及其与 SPR 波的相互作用示意图;(f)器件对不同

浓度的多巴胺的响应;(g)器件对多巴胺的特异性响应

4.4.3.3 荧光型

荧光型石墨烯生物传感器是基于荧光共振能量转移(FRET)原理制成的,即供体荧光团将能量由非辐射途径转移至受体荧光团,引起供体荧光淬灭和受体荧光增强。一般而言,基于 FRET 原理的传感器由供体、受体和桥联媒介三部分组成。石墨烯及其衍生物在 FRET 传感器中一般作为受体,有时也会作为供体使用。2009 年,Huanghao Yang 等[202]首次报道了基于 FRET 原理的石墨烯荧光生物传感器用于检测 DNA。如图 4 -40(a)所示,该传感器由标记了羧基荧光色(FAM)的 ssDNA 和氧化石墨烯组成。在没有目标 DNA 时,FAM - ssDNA 将吸附到氧化石墨烯表面,发生能量转移,从而导致 FAM 荧光团的荧光被迅速淬灭;在通入目标 DNA 时,ssDNA 与目标 DNA 结合在一起会改变 DNA 的构型,使得 ssDNA 与氧化石墨烯之间的相互作用减弱,继而远离氧化石墨烯表面,阻碍了 FAM 与氧化石墨烯之间的能量转移,从而使 FAM 荧光团恢复荧光。图 4 -40(b)展示了向该器件通入不同浓度的目标 DNA 之后器件产生的荧光。通过修饰不同的探针 DNA,该器件可以实现对特定 DNA 的特异性检测。2010 年,Chunhai Fan 等[203]利用不同样式的荧光基团分别标记了几种不同的探针 ssDNA,用来构筑一种能够同时检测多种 DNA 的传感器。如图 4 -40(c)所示,当向传感器中同时通入几种不同的 DNA 时,这些 DNA 会与探针 DNA 结合,从而促使探针 DNA 上标记的荧光基团恢复荧光。因此,可以通过传感器产生荧光的颜色和强度对所通入的 DNA 的类型和浓度进行检测。这种方法可以同时对多种 DNA 进行检测,极大地提升了检测速度。以上传感器都是基于探针 DNA 与基因序列互补的目标 DNA 发生特异性结合导致 DNA 构型的改变,而 Bang - Ce Ye 等[204]则证明除了互补型 DNA,这种荧光传感器还可用于检测多种物质,例如金属离子、凝血酶等。如图 4 -40(d)所示,作者采用不同颜色的荧光发色团修饰了几种 ssDNA,其中探针 DNA P1 能够与凝血酶发生作用改变构型,从而远离氧化石墨烯表面,使荧光基团恢复荧光;而探针 DNA P4/P5 则分别可与 Ag^+ 或 Hg^{2+} 离子发生作用从而恢复荧光;探针 DNA P3 则与互补的 DNA T3 结合使荧光恢复。如图 4 -30(e)所示,利用这种技术可以同时对多种不同的目标进行检测,该器件对于特定序列的 DNA、凝血酶、Ag^+、Hg^{2+} 和半胱氨酸的检测极限分别为 2 $nmol \cdot L^{-1}$、

5 nmol·L^{-1}、20 nmol·L^{-1}、5.7 nmol·L^{-1}和60 nmol·L^{-1}。

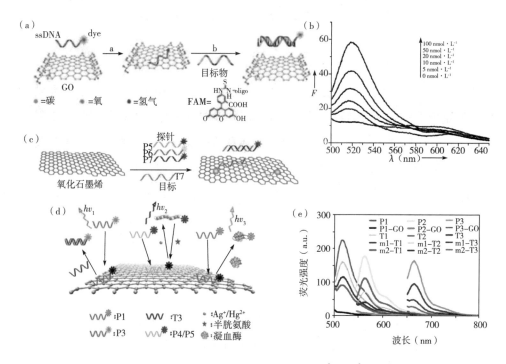

图4-40 荧光型石墨烯生物传感器[202-204]

(a)荧光型石墨烯生物传感器工作原理示意图;(b)器件通入不同浓度的目标DNA产生的荧光光谱;(c)能够同时检测多种目标DNA的荧光型石墨烯传感器原理图;(d)能够同时检测DNA、凝血酶、金属离子、半胱氨酸等目标的荧光型石墨烯传感器原理图;(e)器件对于不同检测物产生的荧光光谱

石墨烯在传感器领域已获得了非常广泛的应用,目前已经有较为成熟的产品投入市场。由于本征的石墨烯不具有悬挂键,不利于与外界物质相互作用,一般需要对石墨烯进行表面修饰,因此,氧化石墨烯和还原氧化石墨烯在传感器的性能上一般要优于本征的石墨烯。另外,目前氧化石墨烯和还原氧化石墨烯已可大规模制备,进一步降低了石墨烯传感器的成本,提升了器件的市场竞争力。对于商用的传感器而言,器件的稳定性和可靠性是非常重要的,这也是推动各类石墨烯传感器走向市场所必须要解决的重要问题。

|参考文献|

［1］Tomchenko A A, Harmer G P, Marquis B T, et al. Semiconducting metal oxide sensor array for the selective detection of combustion gases［J］. Sensors and Actuators B – Chemical, 2003, 93(1 – 3): 126 – 134.

［2］Arafat M M, Dinan B, Akbar S A, et al. Gas sensors based on one dimensional nanostructured metal – oxides: A review［J］. Sensors, 2012, 12(6): 7207 – 7258.

［3］Wehling T O, Novoselov K S, Morozov S V, et al. Molecular doping of graphene［J］. Nano Letters, 2008, 8(1): 173 – 177.

［4］Crowther A C, Ghassaei A, Jung N, et al. Strong charge – transfer doping of 1 to 10 layer graphene by NO_2［J］. ACS Nano, 2012, 6(2): 1865 – 1875.

［5］Wehling T O, Katsnelson M I, Lichtenstein A I. Adsorbates on graphene: impurity states and electron scattering［J］. Chemical Physics Letters, 2009, 476(4 – 6): 125 – 134.

［6］Huang B, Li Z, Liu Z, et al. Adsorption of gas molecules on graphene nanoribbons and its implication for nanoscale molecule sensor［J］. The Journal of Physical Chemistry C, 2008, 112 (35): 13442 – 13446.

［7］Leenaerts O, Partoens B, Peeters F M. Adsorption of H_2O, NH_3, CO, NO_2, and NO on graphene: A first – principles study［J］. Physical Review B, 2008, 77(12): 125416.

［8］Peng Y, Li J. Ammonia adsorption on graphene and graphene oxide: A first – principles study［J］. Frontiers of Environmental Science & Engineering, 2013, 7(3): 403 – 411.

［9］Tang S, Cao Z. Adsorption of nitrogen oxides on graphene and graphene oxides: insights from density functional calculations［J］. The Journal of Chemical Physics, 2011, 134(4): 044710.

［10］Mattson E C, Pande K, Unger M, et al. Exploring adsorption and reactivity of NH_3 on reduced graphene oxide［J］. The Journal of Physical Chemistry C, 2013, 117(20): 10698 – 10707.

［11］Zhang Y H, Chen Y B, Zhou K G, et al. Improving gas sensing properties of graphene by introducing dopants and defects: a first – principles study［J］. Nanotechnology, 2009, 20 (18): 185504.

［12］Dai J, Yuan J, Giannozzi P. Gas adsorption on graphene doped with B, N, Al, and S: A theoretical study［J］. Applied Physics Letters, 2009, 95(23): 232105.

［13］Zhang H P, Luo X G, Lin X Y, et al. Density functional theory calculations on the adsorption of formaldehyde and other harmful gases on pure, Ti – doped, or N – doped graphene sheets［J］. Applied Surface Science, 2013, 283: 559 – 565.

［14］Borisova D, Antonov V, Proykova A. Hydrogen sulfide adsorption on a defective graphene［J］. International Journal of Quantum Chemistry, 2013, 113(6): 786 – 791.

［15］Ma C, Shao X, Cao D. Nitrogen – doped graphene as an excellent candidate for selective gas sensing[J]. Science China Chemistry, 201 , 57(6): 911 –917.

[16] Zhang Y H, Han L F, Xiao Y H, et al. U erstanding dopant and defect effect on H$_2$S sensing performances of graphene: a first – principles dy[J]. Computational Materials Science, 2013, 69: 222 –228.

[17] Liu W, Liu Y, Wang R, et al. Dft study of hydrogen adsorption on eu – decorated single – and double – sided graphene[J]. Physica Status Solidi B, 2014, 251(1): 229 –234.

[18] Wang L, Luo Q, Zhang W, et al. Transition metal atom embedded graphene for capturing CO: a first – principles study [J]. International Journal of H drogen Energy, 2014, 39 (35): 20190 –20196.

[19] Tang Y, Ma D, Chen W, et al. Improving the adsorption behavior and reaction activity of CO – anchored graphene surface toward CO and O$_2$ molecules[J]. Sensors and Actuators B: Chemical, 2015, 211: 227 –234.

[20] Seiyama T, Kato A, Fujiishi K, et al. A new detector for gaseous components using semiconductive thin films[J]. Analytical Chemistry, 1962, 34(11): 1502 –1503.

[21] Shaver P J. Activated tungsten oxide gas detectors[J]. Applied Physics Letters, 1967, 11(8): 255 –257.

[22] Fowler J D, Allen M J, Tung V C, et al. Practical chemical sensors from chemically derived graphene[J]. ACS Nano, 2009, 3(2): 301 –306.

[23] Lu G, Park S, Yu K, et al. Toward practical gas sensing with highly reduced graphene oxide: a new signal processing method to circumvent run – to – run and device – to – device variations[J]. ACS Nano, 2011, 5(2): 1154 –1164.

[24] Lu G, Yu K, Ocola L E, et al. Ultrafast room temperature NH$_3$ sensing with positively gated reduced graphene oxide field – effect transistors[J]. Chemical Communications, 2011, 47(27): 7761 –7763.

[25] Qazi M, Vogt T, Koley G. Trace gas detection using nanostructured graphite layers[J]. Applied Physics Letters, 2007, 91(23): 233101.

[26] Yavari F, Chen Z, Thomas A V, et al. High sensitivity gas detection using a macroscopic three – dimensional graphene foam network[J]. Scientific Reports, 2011, 1: 166.

[27] Schedin F, Geim A K, Morozov S V, et al. Detection of individual gas molecules adsorbed on graphene[J]. Nature Materials, 2007, 6(9): 652 –655.

[28] Hwang S, Lim J, Park H G, et al. Chemical vapor sensing properties of graphene based on geometrical evaluation[J]. Current Applied Physics, 2012, 12(4): 1017 –1022.

[29] Ko G, Kim H Y, Ahn J, et al. Graphene – based nitrogen dioxide gas sensors [J]. Current Applied Physics, 2010, 10(4): 1002 –1004.

[30] Romero H E, Joshi P, Gupta A K, et al. Adsorption of ammonia on graphene[J]. Nanotechnology,

2009, 20(24): 245501.

[31] Rumyantsev S, Liu G, Shur M S, et al. Selective gas sensing with a single pristine graphene transistor[J]. Nano Letters, 2012, 12(5): 2294 – 2298.

[32] Chen C W, Hung S C, Yang M D, et al. Oxygen sensors made by monolayer graphene under room temperature[J]. Applied Physics Letters, 2011, 99(24): 243502.

[33] Yu K, Wang P, Lu G, et al. Patterning vertically oriented graphene sheets for nanodevice applications[J]. Journal of Physical Chemistry Letters, 2011, 2(6): 537 – 542.

[34] Gautam M, Jayatissa A H. Gas sensing properties of graphene synthesized by chemical vapor deposition[J]. Materials Science & Engineering C – Materials for Biological Applications, 2011, 31(7): 1405 – 1411.

[35] Chen G, Paronyan T M, Harutyunyan A R. Sub – ppt gas detection with pristine graphene[J]. Applied Physics Letters, 2012, 101(5): 053119.

[36] Kumar S, Kaushik S, Pratap R, et al. Graphene on paper: a simple, low – cost chemical sensing platform[J]. ACS Applied Materials & Interfaces, 2015, 7(4): 2189 – 2194.

[37] Nomani M W K, Shishir R, Qazi M, et al. Highly sensitive and selective detection of NO$_2$ using epitaxial graphene on 6h – sic [J]. Sensors and Actuators B – Chemical, 2010, 150(1): 301 – 307.

[38] Pearce R, Iakimov T, Andersson M, et al. Epitaxially grown graphene based gas sensors for ultra sensitive NO$_2$ detection[J]. Sensors and Actuators B – Chemical, 2011, 155(2): 451 – 455.

[39] Chu B H, Lo C, Nicolosi J, et al. Hydrogen detection using platinum coated graphene grown on SiC[J]. Sensors and Actuators B: Chemical, 2011, 157(2): 500 – 503.

[40] Nemade K R, Waghuley S A. Chemiresistive gas sensing by few – layered graphene[J]. Journal of Electronic Materials, 2013, 42(10): 2857 – 2866.

[41] Ricciardella F, Alfano B, Loffredo F, et al. Inkjet printed graphene – based chemi – resistors for gas detection in environmental conditions[C]. 2015 XVIII AISEM Annual Conference, 2015: 1 – 4.

[42] Prezioso S, Perrozzi F, Giancaterini L, et al. Graphene oxide as a practical solution to high sensitivity gas sensing [J]. The Journal of Physical Chemistry C, 2013, 117(20): 10683 – 10690.

[43] Wang J, Singh B, Park J H, et al. Dielectrophoresis of graphene oxide nanostructures for hydrogen gas sensor at room temperature[J]. Sensors and Actuators B: Chemical, 2014, 194: 296 – 302.

[44] Bi H, Yin K, Xie X, et al. Ultrahigh humidity sensitivity of graphene oxide[J]. Scientific Reports, 2013, 3(1): 2714.

[45] Robinson J T, Perkins F K, Snow E S, et al. Reduced graphene oxide molecular sensors[J].

Nano letters, 2008, 8(10): 3137 – 3140.

[46] Lu G, Ocola L E, Chen J. Reduced graphene oxide for room – temperature gas sensors[J]. Nanotechnology, 2009, 20(44): 445502.

[47] Lipatov A, Varezhnikov A, Wilson P, et al. Highly selective gas sensor arrays based on thermally reduced graphene oxide[J]. Nanoscale, 2013, 5(12): 5426 – 5434.

[48] Hu N, Yang Z, Wang Y, et al. Ultrafast and sensitive room temperature NH_3 gas sensors based on chemically reduced graphene oxide[J]. Nanotechnology, 2013, 25(2): 025502.

[49] Wang D H, Hu Y, Zhao J J, et al. Holey reduced graphene oxide nanosheets for high performance room temperature gas sensing[J]. Journal of Materials Chemistry A, 2014, 2(41): 17415 – 17420.

[50] Wang J, Singh B, Maeng S, et al. Assembly of thermally reduced graphene oxide nanostructures by alternating current dielectrophoresis as hydrogen – gas sensors[J]. Applied Physics Letters, 2013, 103(8): 083112.

[51] Guo L, Jiang H B, Shao R Q, et al. Two – beam – laser interference mediated reduction, patterning and nanostructuring of graphene oxide for the production of a flexible humidity sensing device[J]. Carbon, 2012, 50(4): 1667 – 1673.

[52] Strong V, Dubin S, El – Kady M F, et al. Patterning and electronic tuning of laser scribed graphene for flexible all – carbon devices[J]. ACS Nano, 2012, 6(2): 1395 – 1403.

[53] Dua V, Surwade S P, Ammu S, et al. All – organic vapor sensor using inkjet – printed reduced graphene oxide[J]. Angewandte Chemie – International Edition, 2010, 49(12): 2154 – 2157.

[54] Hassinen J, Kauppila J, Leiro J, et al. Low – cost reduced graphene oxide – based conductometric nitrogen dioxide – sensitive sensor on paper[J]. Analytical and Bioanalytical Chemistry, 2013, 405(11): 3611 – 3617.

[55] Niu F, Liu J M, Tao L M, et al. Nitrogen and silica CO – doped graphene nanosheets for NO_2 gas sensing[J]. Journal of Materials Chemistry A, 2013, 1(20): 6130 – 6133.

[56] Niu F, Tao L M, Deng Y C, et al. Phosphorus doped graphene nanosheets for room temperature NH_3 sensing[J]. New Journal of Chemistry, 2014, 38(6): 2269 – 2272.

[57] Yuan W, Liu A, Huang L, et al. High – performance NO_2 sensors based on chemically modified graphene[J]. Advanced Materials, 2013, 25(5): 766 – 771.

[58] Yoo S, Li X, Wu Y, et al. Ammonia gas detection by tannic acid functionalized and reduced graphene oxide at room temperature[J]. Journal of Nanomaterials, 2014: 497384.

[59] Chen X, Yasin F M, Eggers P K, et al. Non – covalently modified graphene supported ultrafine nanoparticles of palladium for hydrogen gas sensing[J]. Rsc Advances, 2013, 3(10): 3213 – 3217.

[60] Chung M G, Kim D H, Lee H M, et al. Highly sensitive NO_2 gas sensor based on ozone treated

graphene[J]. Sensors and Actuators B：Chemical, 2012, 166 – 167：172 – 176.

[61] Kim Y, An T K, Kim J, et al. A composite of a graphene oxide derivative as a novel sensing layer in an organic field – effect transistor[J]. Journal of Materials Chemistry C, 2014, 2(23)：4539 – 4544.

[62] Hu N, Wang Y, Chai J, et al. Gas sensor based on p – phenylenediamine reduced graphene oxide [J]. Sensors and Actuators B：Chemical, 2012, 163(1)：107 – 114.

[63] Su P G, Shieh H C. Flexible NO_2 sensors fabricated by layer – by – layer covalent anchoring and in situ reduction of graphene oxide[J]. Sensors and Actuators B：Chemical, 2014, 190：865 – 872.

[64] Kaniyoor A, Imran Jafri R, Arockiadoss T, et al. Nanostructured Pt decorated graphene and multi walled carbon nanotube based room temperature hydrogen gas sensor[J]. Nanoscale, 2009, 1(3)：382 – 386.

[65] Li W, Geng X, Guo Y, et al. Reduced graphene oxide electrically contacted graphene sensor for highly sensitive nitric oxide detection[J]. ACS Nano, 2011, 5(9)：6955 – 6961.

[66] Gutés A, Hsia B, Sussman A, et al. Graphene decoration with metal nanoparticles：Towards easy integration for sensing applications[J]. Nanoscale, 2012, 4(2)：438 – 440.

[67] Chung M G, Kim D H, Seo D K, et al. Flexible hydrogen sensors using graphene with palladium nanoparticle decoration[J]. Sensors and Actuators B：Chemical, 2012, 169：387 – 392.

[68] Pak Y, Kim S M, Jeong H, et al. Palladium – decorated hydrogen – gas sensors using periodically aligned graphene nanoribbons[J]. ACS Applied Materials & Interfaces, 2014, 6(15)：13293 – 13298.

[69] Cui S, Mao S, Wen Z, et al. Controllable synthesis of silver nanoparticle – decorated reduced graphene oxide hybrids for ammonia detection[J]. Analyst, 2013, 138(10)：2877 – 2882.

[70] Huang L, Wang Z, Zhang J, et al. Fully printed, rapid – response sensors based on chemically modified graphene for detecting NO_2 at room temperature[J]. ACS Applied Materials & Interfaces, 2014, 6(10)：7426 – 7433.

[71] Mao S, Cui S, Lu G, et al. Tuning gas – sensing properties of reduced graphene oxide using tin oxide nanocrystals[J]. Journal of Materials Chemistry, 2012, 22(22)：11009 – 11013.

[72] Zhang H, Feng J, Fei T, et al. SnO_2 nanoparticles – reduced graphene oxide nanocomposites for NO_2 sensing at low operating temperature[J]. Sensors and Actuators B：Chemical, 2014, 190：472 – 478.

[73] Liu S, Yu B, Zhang H, et al. Enhancing NO_2 gas sensing performances at room temperature based on reduced graphene oxide – zno nanoparticles hybrids[J]. Sensors and Actuators B：Chemical, 2014, 202：272 – 278.

[74] Zhou L, Shen F, Tian X, et al. Stable Cu_2O nanocrystals grown on functionalized graphene sheets

and room temperature H$_2$S gas sensing with ultrahigh sensitivity[J]. Nanoscale, 2013, 5(4): 1564 – 1569.

[75] Cuong T V, Pham V H, Chung J S, et al. Solution – processed zno – chemically converted graphene gas sensor[J]. Materials Letters, 2010, 64(22): 2479 – 2482.

[76] Yi J, Lee J M, Park W I. Vertically aligned zno nanorods and graphene hybrid architectures for high – sensitive flexible gas sensors[J]. Sensors and Actuators B – Chemical, 2011, 155(1): 264 – 269.

[77] Meng H, Yang W, Ding K, et al. Cu$_2$O nanorods modified by reduced graphene oxide for NH$_3$ sensing at room temperature[J]. Journal of Materials Chemistry A, 2015, 3(3): 1174 – 1181.

[78] Deng S, Tjoa V, Fan H M, et al. Reduced graphene oxide conjugated Cu$_2$O nanowire mesocrystals for high – performance NO$_2$ gas sensor [J]. Journal of the American Chemical Society, 2012, 134(10): 4905 – 4917.

[79] Song Z, Wei Z, Wang B, et al. Sensitive room – temperature H$_2$S gas sensors employing SnO$_2$ quantum wire/reduced graphene oxide nanocomposites[J]. Chemistry of Materials, 2016, 28 (4): 1205 – 1212.

[80] Tran Q T, Huynh T M H, Tong D T, et al. Synthesis and application of graphene – silver nanowires composite for ammonia gas sensing[J]. Advances in Natural Sciences: Nanoscience and Nanotechnology, 2013, 4(4): 045012.

[81] Huang X, Hu N, Gao R, et al. Reduced graphene oxide – polyaniline hybrid: preparation, characterization and its applications for ammonia gas sensing[J]. Journal of Materials Chemistry, 2012, 22(42): 22488 – 22495.

[82] Wu Z, Chen X, Zhu S, et al. Enhanced sensitivity of ammonia sensor using graphene/polyaniline nanocomposite[J]. Sensors and Actuators B: Chemical, 2013, 178: 485 – 493.

[83] Xie T, Xie G, Zhou Y, et al. Thin film transistors gas sensors based on reduced graphene oxide poly(3 – hexylthiophene)bilayer film for nitrogen dioxide detection[J]. Chemical Physics Letters, 2014, 614: 275 – 281.

[84] Hong J, Lee S, Seo J, et al. A highly sensitive hydrogen sensor with gas selectivity using a pmma membrane – coated pd nanoparticle/single – layer graphene hybrid[J]. ACS Applied Materials & Interfaces, 2015, 7(6): 3554 – 3561.

[85] Seekaew Y, Lokavee S, Phokharatkul D, et al. Low – cost and flexible printed graphene – PEDOT:PSS gas sensor for ammonia detection[J]. Organic Electronics, 2014, 15(11): 2971 – 2981.

[86] Ye Z, Jiang Y, Tai H, et al. The investigation of reduced graphene oxide/P3HT composite films for ammonia detection[J]. Integrated Ferroelectrics, 2014, 154(1): 73 – 81.

[87] Zhou Y, Jiang Y, Xie G, et al. Gas sensors for CO$_2$ detection based on RGO – PEI films at room

temperature[J]. Chinese Science Bulletin, 2014, 59(17): 1999 – 2005.

[88] Lin W D, Chang H M, Wu R J. Applied novel sensing material graphene/polypyrrole for humidity sensor[J]. Sensors and Actuators B: Chemical, 2013, 181: 326 – 331.

[89] Alizadeh T, Soltani L H. Graphene/poly (methyl methacrylate) chemiresistor sensor for formaldehyde odor sensing[J]. Journal of Hazardous Materials, 2013, 248 – 249: 401 – 406.

[90] Parmar M, Balamurugan C, Lee D W. Pani and graphene/PANI nanocomposite films – comparative toluene gas sensing behavior[J]. Sensors, 2013, 13(12): 16611 – 16624.

[91] Al – Mashat L, Shin K, Kalantar – Zadeh K, et al. Graphene/polyaniline nanocomposite for hydrogen sensing[J]. The Journal of Physical Chemistry C, 2010, 114(39): 16168 – 16173.

[92] Yang Y, Yang X, Yang W, et al. Porous conducting polymer and reduced graphene oxide nanocomposites for room temperature gas detection [J]. Rsc Advances, 2014, 4 (80): 42546 – 42553.

[93] Jang W K, Yun J, Kim H I, et al. Improvement of ammonia sensing properties of polypyrrole by nanocomposite with graphitic materials [J]. Colloid and Polymer Science, 2013, 291 (5): 1095 – 1103.

[94] Ye Q, Wang J, Liu Z, et al. Polarization – dependent optical absorption of graphene under total internal reflection[J]. Applied Physics Letters, 2013, 102(2): 021912.

[95] Xing F, Liu Z B, Deng Z C, et al. Sensitive real – time monitoring of refractive indexes using a novel graphene – based optical sensor[J]. Scientific Reports, 2012, 2: 908.

[96] Xing F, Meng G X, Zhang Q, et al. Ultrasensitive flow sensing of a single cell using graphene-based optical sensors[J]. Nano Letters, 2014, 14(6): 3563 – 3569.

[97] Chen X D, Chen Z, Jiang W S, et al. Fast growth and broad applications of 25 – inch uniform graphene glass[J]. Advanced Materials, 2017, 29(1): 1603428.

[98] Jiang W S, Xin W, Xun S, et al. Reduced graphene oxide – based optical sensor for detecting specific protein[J]. Sensors and Actuators B – Chemical, 2017, 249: 142 – 148.

[99] Xing F, Zhang S, Yang Y, et al. Chemically modified graphene films for high – performance optical NO_2 sensors[J]. Analyst, 2016, 141(15): 4725 – 4732.

[100] Wu Y, Yao B C, Cheng Y, et al. Hybrid graphene – microfiber waveguide for chemical gas sensing[J]. IEEE Journal of selected topics in Quantum Electronics, 2013, 20(1): 49 – 54.

[101] Yao B, Wu Y, Zhang A, et al. Graphene enhanced evanescent field in microfiber multimode interferometer for highly sensitive gas sensing [J]. Optics Express, 2014, 22 (23): 28154 – 28162.

[102] Wu Y, Yao B, Zhang A, et al. Graphene – coated microfiber bragg grating for high – sensitivity gas sensing[J]. Optics Letters, 2014, 39(5): 1235 – 1237.

[103] Yao B, Wu Y, Zhang A, et al. Graphene bragg gratings on microfiber[J]. Optics Express,

2014, 22(20): 23829 – 23835.

[104] Mishra S K, Tripathi S N, Choudhary V, et al. SPR based fibre optic ammonia gas sensor utilizing nanocomposite film of PMMA/reduced graphene oxide prepared by in situ polymerization [J]. Sensors and Actuators B: Chemical, 2014, 199: 190 – 200.

[105] Some S, Xu Y, Kim Y, et al. Highly sensitive and selective gas sensor using hydrophilic and hydrophobic graphenes[J]. Scientific Reports, 2013, 3(1): 1868.

[106] Smith A D, Niklaus F, Paussa A, et al. Electromechanical piezoresistive sensing in suspended graphene membranes[J]. Nano Letters, 2013, 13(7): 3237 – 3242.

[107] Smith A D, Vaziri S, Niklaus F, et al. Pressure sensors based on suspended graphene membranes[J]. Solid – State Electronics, 2013, 88: 89 – 94.

[108] 张鹏. 基于石墨烯薄膜的光纤微压传感器研究[D]. 南京信息工程大学, 2018.

[109] Xu Y, Guo Z, Chen H, et al. In – plane and tunneling pressure sensors based on graphene/ hexagonal boron nitride heterostructures[J]. Applied Physics Letters, 2011, 99(13): 133109.

[110] Chen Y M, He S M, Huang C H, et al. Ultra – large suspended graphene as a highly elastic membrane for capacitive pressure sensors[J]. Nanoscale, 2016, 8: 3555 – 3564.

[111] Yao H B, Ge J, Wang C F, et al. A flexible and highly pressure – sensitive graphene – polyurethane sponge based on fractured microstructure design[J]. Advanced Materials, 2013, 25(46): 6692 – 6698.

[112] Qiu L, Bulut Coskun M, Tang Y, et al. Ultrafast dynamic piezoresistive response of graphene – based cellular elastomers[J]. Advanced Materials, 2016, 28(1): 194 – 200.

[113] Zhao J, He C, Yang R, et al. Ultra – sensitive strain sensors based on piezoresistive nanographene films[J]. Applied Physics Letters, 2012, 101(6): 063112.

[114] Bunch J S, Van Der Zande A M, Verbridge S S, et al. Electromechanical resonators from graphene sheets[J]. Science, 2007, 315(5811): 490 – 493.

[115] Sorkin V, Zhang Y W. Graphene – based pressure nano – sensors[J]. Journal of Molecular Modeling, 2011, 17(11): 2825 – 2830.

[116] Smith A D, Niklaus F, Paussa A, et al. Electromechanical piezoresistive sensing in suspended graphene membranes[J]. Nano Letters, 2013, 13(7): 3237 – 3242.

[117] Zhu S E, Ghatkesar M K, Zhang C, et al. Graphene based piezoresistive pressure sensor[J]. Applied Physics Letters, 2013, 102(16): 161904.

[118] Wang Q, Hong W, Dong L. Graphene "microdrums" on a freestanding perforated thin membrane for high sensitivity mems pressure sensors [J]. Nanoscale, 2016, 8(14): 7663 – 7671.

[119] Ma J, Wei J, Ho H L, et al. High – sensitivity fiber – tip pressure sensor with graphene diaphragm[J]. Optics Letters, 2012, 37(13): 2493 – 2495.

［120］Li C, Xiao J, Guo T, et al. Interference characteristics in a fabry – perot cavity with graphene membrane for optical fiber pressure sensors［J］. Microsystem Technologies – Micro – and Nanosystems – Information Storage and Processing Systems, 2015, 21(11): 2297 – 2306.

［121］Cui Q, Thakur P, Rablau C, et al. Miniature optical fiber pressure sensor with exfoliated graphene diaphragm［J］. Ieee Sensors Journal, 2019, 19(14): 5621 – 5631.

［122］Ma J, Xuan H, Ho H L, et al. Fiber – optic fabry – pérot acoustic sensor with multilayer graphene diaphragm［J］. IEEE Photonics Technology Letters, 2013, 25(10): 932 – 935.

［123］Li C, Gao X, Guo T, et al. Analyzing the applicability of miniature ultra – high sensitivity fabry – perot acoustic sensor using a nanothick graphene diaphragm［J］. Measurement Science and Technology, 2015, 26(8): 085101.

［124］Dong Q, Bae H, Zhang Z, et al. Miniature fiber optic acoustic pressure sensors with air – backed graphene diaphragms［J］. Journal of Vibration and Acoustics, 2019, 141: 041003.

［125］Lam K T, Lee C, Liang G. Bilayer graphene nanoribbon nanoelectromechanical system device: a computational study［J］. Applied Physics Letters, 2009, 95(14): 143107.

［126］Sławińska J, Zasada I, Klusek Z. Energy gap tuning in graphene on hexagonal boron nitride bilayer system［J］. Physical Review B, 2010, 81(15): 155433.

［127］Sarma S D, Hwang E. Conductivity of graphene on boron nitride substrates［J］. Physical Review B, 2011, 83(12): 121405.

［128］Gao F, Qiu Y, Wei S, et al. Graphene nanoparticle strain sensors with modulated sensitivity through tunneling types transition［J］. Nanotechnology, 2019, 30(42): 425501.

［129］Pang Y, Zhang K, Yang Z, et al. Epidermis microstructure inspired graphene pressure sensor with random distributed spinosum for high sensitivity and large linearity［J］. ACS Nano, 2018, 12(3): 2346 – 2354.

［130］Ren H, Zheng L, Wang G, et al. Transfer – medium – free nanofiber – reinforced graphene film and applications in wearable transparent pressure sensors［J］. ACS Nano, 2019, 13(5): 5541 – 5548.

［131］Liu Q, Chen J, Li Y, et al. High – performance strain sensors with fish – scale – like graphene – sensing layers for full – range detection of human motions［J］. ACS Nano, 2016, 10(8): 7901 – 7906.

［132］Chen S, Wei Y, Wei S, et al. Ultrasensitive cracking – assisted strain sensors based on silver nanowires/graphene hybrid particles［J］. ACS Applied Materials & Interfaces, 2016, 8(38): 25563 – 25570.

［133］Ren J, Wang C, Zhang X, et al. Environmentally – friendly conductive cotton fabric as flexible strain sensor based on hot press reduced graphene oxide［J］. Carbon, 2017, 111: 622 – 630.

［134］Luo S, Liu T. Graphite nanoplatelet enabled embeddable fiber sensor for in situ curing monitoring and structural health monitoring of polymeric composites[J]. ACS Applied Materials & Interfaces, 2014, 6(12): 9314 – 9320.

[135] Yin B, Wen Y, Hong T, et al. Highly stretchable, ultrasensitive, and wearable strain sensors based on facilely prepared reduced graphene oxide woven fabrics in an ethanol flame[J]. ACS Applied Materials & Interfaces, 2017, 9(37): 32054 – 32064.

[136] Zhang Y, Mendez E E, Du X. Mobility – dependent low – frequency noise in graphene field – effect transistors[J]. ACS Nano, 2011, 5(10): 8124 – 8130.

[137] Kunets V P, Black W T, Mazur Y I, et al. Highly sensitive micro – hall devices based on $Al_{0.12}In_{0.88}Sb/InSb$ heterostructures[J]. Applied Physics Letters, 2005, 98(1): 014506.

[138] Tang C C, Li M Y, Li L J, et al. Characteristics of a sensitive micro – hall probe fabricated on chemical vapor deposited graphene over the temperature range from liquid – helium to room temperature[J]. Applied Physics Letters, 2011, 99(11): 112107.

[139] Panchal V, Cedergren K, Yakimova R, et al. Small epitaxial graphene devices for magnetosensing applications[J]. Journal of Applied Physics, 2012, 111(7): 07E509.

[140] Xu H, Zhang Z, Shi R, et al. Batch – fabricated high – performance graphene hall elements [J]. Scientific Reports, 2013, 3: 1207.

[141] Chen B, Huang L, Ma X, et al. Exploration of sensitivity limit for graphene magnetic sensors [J]. carbon, 2015, 94: 585 – 589.

[142] Ciuk T, Petruk O, Kowalik A, et al. Low – noise epitaxial graphene on SiC hall effect element for commercial applications[J]. Applied Physics Letters, 2016, 108(22): 223504.

[143] Joo M K, Kim J, Park J H, et al. Large – scale graphene on hexagonal – BN hall elements: Prediction of sensor performance without magnetic field [J]. ACS Nano, 2016, 10 (9): 8803 – 8811.

[144] Wang Z, Shaygan M, Otto M, et al. Flexible hall sensors based on graphene[J]. Nanoscale, 2016, 8(14): 7683 – 7687.

[145] Huang L, Zhang Z, Chen B, et al. 2015 IEEE International Electron Devices Meeting (IEDM), 2015: 33.5.

[146] Dauber J, Sagade A A, Oellers M, et al. Ultra – sensitive hall sensors based on graphene encapsulated in hexagonal boron nitride[J]. Applied Physics Letters, 2015, 106(19): 193501.

[147] Wang Z, Banszerus L, Otto M, et al. Encapsulated graphene – based hall sensors on foil with increased Sensitivity[J]. Physica Status Solidi B – Basic Solid State Physics, 2016, 253(12): 2316 – 2320.

[148] Wang L, Meric I, Huang P Y, et al. One – dimensional electrical contact to a two – dimensional material[J]. science, 2013, 342(6158): 614 – 617.

[149] Karpiak B, Dankert A, Dash S P. Gate – tunable hall sensors on large area CVD graphene

protected by h – bn with 1D edge contacts[J]. Journal of Applied Physics, 2017, 122 (5): 054506.

[150] Ping J, Wu J, Wang Y, et al. Simultaneous determination of ascorbic acid, dopamine and uric acid using high – performance screen – printed graphene electrode[J]. Biosensors and Bioelectronics, 2012, 34(1): 70 – 76.

[151] Fan Z, Lin Q, Gong P, et al. A new enzymatic immobilization carrier based on graphene capsule for hydrogen peroxide biosensors[J]. Electrochimica Acta, 2015, 151: 186 – 194.

[152] Wang L, Ye Y, Lu X, et al. Prussian blue nanocubes on nitrobenzene – functionalized reduced graphene oxide and its application for H_2O_2 biosensing[J]. Electrochimica Acta, 2013, 114: 223 – 232.

[153] Yoon J, Lee T, Bapurao G B, et al. Electrochemical H_2O_2 biosensor composed of myoglobin on MoS_2 nanoparticle – graphene oxide hybrid structure[J]. Biosensors and Bioelectronics, 2017, 93: 14 – 20.

[154] Song H, Ni Y, Kokot S. A novel electrochemical biosensor based on the hemin – graphene nano – sheets and gold nano – particles hybrid film for the analysis of hydrogen peroxide[J]. Analytica Chimica Acta, 2013, 788: 24 – 31.

[155] Shao Y, Zhang S, Engelhard M H, et al. Nitrogen – doped graphene and its electrochemical applications[J]. Journal of Materials Chemistry, 2010, 20(35): 7491 – 7496.

[156] Ensafi A A, Alinajafi H A, Jafari – Asl M, et al. Cobalt ferrite nanoparticles decorated on exfoliated graphene oxide, application for amperometric determination of nadh and H_2O_2 [J]. Materials Science and Engineering: C, 2016, 60: 276 – 284.

[157] Aydogdu Tıg G. Highly sensitive amperometric biosensor for determination of NADH and ethanol based on Au – Ag nanoparticles/poly(l – cysteine)/reduced graphene oxide nanocomposite[J]. Talanta, 2017, 175: 382 – 389.

[158] Han S, Du T, Jiang H, et al. Synergistic effect of pyrroloquinoline quinone and graphene nano – interface for facile fabrication of sensitive NADH biosensor[J]. Biosensors and Bioelectronics, 2017, 89: 422 – 429.

[159] Balamurugan J, Thanh T D, Kim N H, et al. Facile fabrication of fen nanoparticles/nitrogen – doped graphene core – shell hybrid and its use as a platform for nadh detection in human blood serum[J]. Biosensors and Bioelectronics, 2016, 83: 68 – 76.

[160] Liu B, Ouyang X, Ding Y, et al. Electrochemical preparation of nickel and copper oxides – decorated graphene composite for simultaneous determination of dopamine, acetaminophen and tryptophan[J]. Talanta, 2016, 146: 114 – 121.

[161] Li Y, Liu J, Liu M, et al. Fabrication of ultra – sensitive and selective dopamine electrochemical sensor based on molecularly imprinted polymer modified graphene@ carbon nanotube foam[J].

Electrochemistry Communications, 2016, 64: 42 – 45.

[162] Thanh T D, Balamurugan J, Lee S H, et al. Effective seed – assisted synthesis of gold nanoparticles anchored nitrogen – doped graphene for electrochemical detection of glucose and dopamine[J]. Biosensors and Bioelectronics, 2016, 81: 259 – 267.

[163] Thanh T D, Balamurugan J, Hwang J Y, et al. In situ synthesis of graphene – encapsulated gold nanoparticle hybrid electrodes for non – enzymatic glucose sensing[J]. Carbon, 2016, 98: 90 – 98.

[164] Chaiyo S, Mehmeti E, Siangproh W, et al. Non – enzymatic electrochemical detection of glucose with a disposable paper – based sensor using a cobalt phthalocyanine – ionic liquid – graphene composite[J]. Biosensors and Bioelectronics, 2018, 102: 113 – 120.

[165] Yang T, Xu J, Lu L, et al. Copper nanoparticle/graphene oxide/single wall carbon nanotube hybrid materials as electrochemical sensing platform for nonenzymatic glucose detection[J]. Journal of Electroanalytical Chemistry, 2016, 761: 118 – 124.

[166] Hu Y, Li F, Han D, et al. Simple and label – free electrochemical assay for signal – on DNA hybridization directly at undecorated graphene oxide[J]. Analytica Chimica Acta, 2012, 753: 82 – 89.

[167] Akhavan O, Ghaderi E, Rahighi R. Toward single – DNA electrochemical biosensing by graphene nanowalls[J]. ACS Nano, 2012, 6(4): 2904 – 2916.

[168] Tiwari I, Singh M, Pandey C M, et al. Electrochemical genosensor based on graphene oxide modified iron oxide – chitosan hybrid nanocomposite for pathogen detection[J]. Sensors and Actuators B: Chemical, 2015, 206: 276 – 283.

[169] Esteban – Fernández De Ávila B, Araque E, Campuzano S, et al. Dual functional graphene derivative – based electrochemical platforms for detection of the TP53 gene with single nucleotide polymorphism selectivity in biological samples[J]. Analytical Chemistry, 2015, 87(4): 2290 – 2298.

[170] Chen M, Hou C, Huo D, et al. An electrochemical DNA biosensor based on nitrogen – doped graphene/au nanoparticles for human multidrug resistance gene detection[J]. Biosensors and Bioelectronics, 2016, 85: 684 – 691.

[171] Teymourian H, Salimi A, Khezrian S. Development of a new label – free, indicator – free strategy toward ultrasensitive electrochemical DNA biosensing based on Fe_3O_4 nanoparticles/ reduced graphene oxide composite[J]. Electroanalysis, 2017, 29(2): 409 – 414.

[172] Shahrokhian S, Salimian R. Ultrasensitive detection of cancer biomarkers using conducting polymer/electrochemically reduced graphene oxide – based biosensor: application toward brca1 sensing[J]. Sensors and Actuators B: Chemical, 2018, 266: 160 – 169.

[173] Wen W, Huang J Y, Bao T, et al. Increased electrocatalyzed performance through hairpin

oligonucleotide aptamer – functionalized gold nanorods labels and graphene – streptavidin nanomatrix: Highly selective and sensitive electrochemical biosensor of carcinoembryonic antigen [J]. Biosensors and Bioelectronics, 2016, 83: 142 – 148.

[174] Huang J Y, Zhao L, Lei W, et al. A high – sensitivity electrochemical aptasensor of carcinoembryonic antigen based on graphene quantum dots – ionic liquid – nafion nanomatrix and dnazyme – assisted signal amplification strategy[J]. Biosensors and Bioelectronics, 2018, 99: 28 – 33.

[175] Ge L, Wang W, Sun X, et al. Affinity – mediated homogeneous electrochemical aptasensor on a graphene platform for ultrasensitive biomolecule detection via exonuclease – assisted target – analog recycling amplification[J]. Analytical Chemistry, 2016, 88(4): 2212 – 2219.

[176] Natarajan A, Devi K S S, Raja S, et al. An elegant analysis of white spot syndrome virus using a graphene oxide/methylene blue based electrochemical immunosensor platform[J]. Scientific Reports, 2017, 7(1): 46169.

[177] Pandey C M, Tiwari I, Singh V N, et al. Highly sensitive electrochemical immunosensor based on graphene – wrapped copper oxide – cysteine hierarchical structure for detection of pathogenic bacteria[J]. Sensors and Actuators B: Chemical, 2017, 238: 1060 – 1069.

[178] Jijie R, Kahlouche K, Barras A, et al. Reduced graphene oxide/polyethylenimine based immunosensor for the selective and sensitive electrochemical detection of uropathogenic escherichia coli[J]. Sensors and Actuators B: Chemical, 2018, 260: 255 – 263.

[179] Lee J H, Choi H K, Yang L, et al. Nondestructive real – time monitoring of enhanced stem cell differentiation using a graphene – au hybrid nanoelectrode array[J]. Advanced Materials, 2018, 30(39): 1802762.

[180] Wu P, Qian Y, Du P, et al. Facile synthesis of nitrogen – doped graphene for measuring the releasing process of hydrogen peroxide from living cells[J]. Journal of Materials Chemistry, 2012, 22(13): 6402 – 6412.

[181] Sun Y, Luo M, Meng X, et al. Graphene/intermetallic Pt/Pb nanoplates composites for boosting electrochemical detection of H_2O_2 released from cells[J]. Analytical Chemistry, 2017, 89(6): 3761 – 3767.

[182] Zhang Y, Xiao J, Lv Q, et al. In situ electrochemical sensing and real – time monitoring live cells based on freestanding nanohybrid paper electrode assembled from 3D functionalized graphene framework[J]. ACS applied Materials & Interfaces, 2017, 9(44): 38201 – 38210.

[183] Liu Y, Liu X, Guo Z, et al. Horseradish peroxidase supported on porous graphene as a novel sensing platform for detection of hydrogen peroxide in living cells sensitively[J]. Biosensors and Bioelectronics, 2017, 87: 101 – 107.

[184] Zhang Y, Bai X, Wang X, et al. Highly sensitive graphene – pt nanocomposites amperometric

biosensor and its application in living cell H_2O_2 detection[J]. Analytical Chemistry, 2014, 86 (19): 9459 – 9465.

[185] Li J, Xie J, Gao L, et al. Au nanoparticles – 3D graphene hydrogel nanocomposite to boost synergistically in situ detection sensitivity toward cell – released nitric oxide[J]. ACS Applied Materials & Interfaces, 2015, 7(4): 2726 – 2734.

[186] Dou B, Li J, Jiang B, et al. DNA – templated in situ synthesis of highly dispersed aunps on nitrogen – doped graphene for real – time electrochemical monitoring of nitric oxide released from live cancer cells[J]. Analytical Chemistry, 2019, 91(3): 2273 – 2278.

[187] Xu H, Liao C, Liu Y, et al. Iron phthalocyanine decorated nitrogen – doped graphene biosensing platform for real – time detection of nitric oxide released from living cells [J]. Analytical Chemistry, 2018, 90(7): 4438 – 4444.

[188] Hu X B, Liu Y L, Wang W J, et al. Biomimetic graphene – based 3D scaffold for long – term cell culture and real – time electrochemical monitoring[J]. Analytical Chemistry, 2018, 90(2): 1136 – 1141.

[189] Zan X, Bai H, Wang C, et al. Graphene paper decorated with a 2D array of dendritic platinum nanoparticles for ultrasensitive electrochemical detection of dopamine secreted by live cells[J]. Chemistry, 2016, 22(15): 5204 – 5210.

[190] Asif M, Aziz A, Wang H, et al. Superlattice stacking by hybridizing layered double hydroxide nanosheets with layers of reduced graphene oxide for electrochemical simultaneous determination of dopamine, uric acid and ascorbic acid[J]. Microchimica Acta, 2019, 186(2): 61.

[191] Qi M, Zhang Y, Cao C, et al. Decoration of reduced graphene oxide nanosheets with aryldiazonium salts and gold nanoparticles toward a label – free amperometric immunosensor for detecting cytokine tumor necrosis factor – α in live cells[J]. Analytical Chemistry, 2016, 88 (19): 9614 – 9621.

[192] Cai B, Wang S, Huang L, et al. Ultrasensitive label – free detection of PNA – DNA hybridization by reduced graphene oxide field – effect transistor biosensor[J]. ACS Nano, 2014, 8(3): 2632 – 2638.

[193] Kakatkar A, Abhilash T S, De Alba R, et al. Detection of DNA and poly – l – lysine using cvd graphene – channel FET biosensors[J]. Nanotechnology, 2015, 26(12): 125502.

[194] Ohno Y, Maehashi K, Matsumoto K. Label – free biosensors based on aptamer – modified graphene field – effect transistors[J]. Journal of the American Chemical Society, 2010, 132 (51): 18012 – 18013.

[195] Ohno Y, Maehashi K, Matsumoto K. Chemical and biological sensing applications based on graphene field – effect transistors [J]. Biosensors and Bioelectronics, 2010, 26 (4): 1727 – 1730.

[196] Mao S, Lu G, Yu K, et al. Specific protein detection using thermally reduced graphene oxide sheet decorated with gold nanoparticle – antibody conjugates[J]. Advanced Materials, 2010, 22 (32): 3521 – 3526.

[197] Park S J, Kwon O S, Lee S H, et al. Ultrasensitive flexible graphene based field – effect transistor (FET) – type bioelectronic nose[J]. Nano Letters, 2012, 12(10): 5082 – 5090.

[198] Huang Y, Dong X, Shi Y, et al. Nanoelectronic biosensors based on CVD grown graphene[J]. Nanoscale, 2010, 2(8): 1485 – 1488.

[199] Zhang M, Liao C, Mak C H, et al. Highly sensitive glucose sensors based on enzyme – modified whole – graphene solution – gated transistors[J]. Scientific Reports, 2015, 5: 8311.

[200] Shushama K N, Rana M M, Inum R, et al. Graphene coated fiber optic surface plasmon resonance biosensor for the DNA hybridization detection: Simulation analysis [J]. Optics Communications, 2017, 383: 186 – 190.

[201] Hu W, Huang Y, Chen C, et al. Highly sensitive detection of dopamine using a graphene functionalized plasmonic fiber – optic sensor with aptamer conformational amplification [J]. Sensors and Actuators B: Chemical, 2018, 264: 440 – 447.

[202] Lu C H, Yang H H, Zhu C L, et al. A graphene platform for sensing biomolecules[J]. Angewandte Chemie – International Edition, 2009, 48(26): 4785 – 4787.

[203] He S, Song B, Li D, et al. A graphene nanoprobe for rapid, sensitive, and multicolor fluorescent DNA analysis[J]. Advanced Functional Materials, 2010, 20(3): 453 – 459.

[204] Zhang M, Yin B C, Tan W, et al. A versatile graphene – based fluorescence "on/off" switch for multiplex detection of various targets [J]. Biosensors & Bioelectronics, 2011, 26 (7): 3260 – 3265.

第5章 石墨烯光子学和光电子学器件

高效、高速和高集成是未来光子学器件的发展趋势。为实现这些目标,人们做了大量的研究,由此衍生了许多新兴学科,例如硅基光子学和表面等离子激元学。然而,硅材料和金属材料自身固有的缺陷限制了光子学器件某些性能的提升,例如集成光源和集成光波长转换器的实现仍需进一步的研究。新型光电材料的出现强烈冲击着现有的光子学器件的研究,其中包括稀土离子、量子点、石墨烯和超材料等等。它们具有低损耗、易于集成和人为可调控等优点,非常适用于光子学器件的设计,所以近年来逐渐成为国际上该领域的研究热点。特别是石墨烯材料特殊的光与物质相互作用为基于新型光电材料的光源辐射调控提供了崭新且富有潜力的实验平台。

5.1 石墨烯光电子学

5.1.1 线性光吸收特性

石墨烯作为一种半金属材料,导带和价带相交于狄拉克点,布里渊区 K 点处能量与动量具有线性的色散关系,载流子有效质量为 0,费米速度(~ 10^6 m·s^{-1})约为光速的 1/300[1]。这些特点使得石墨烯在低能量、宽谱带范围内,对于不同频率的入射光激发带间跃迁的概率相同,进而在可见光至中红外范围内的吸光率保持不变,呈现出层数依赖关系。单层石墨烯具有恒定的吸光率 $\pi\sigma \approx 2.3\%$ [图 5 - 1(a)、(b)][2],即单层石墨烯在宽谱带呈现高透明度(光透过率 97.7%)[3]。对于多层石墨烯而言,其透光率会随着层数的增加而线性减少,且透过率减少量为定值,一般常用石墨烯的光学衬度来标定石墨烯层数,即在硅片表面氧化层厚度一定时,硅片表面不同层数的石墨烯将呈现出不同的衬度和对比度[图 5 - 1(c)][4]。

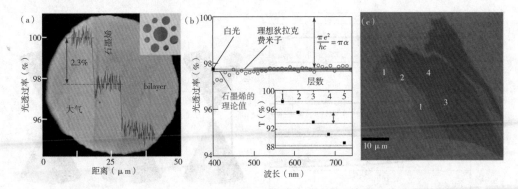

图 5 - 1　石墨烯的层数与吸光度的关系[2,4]

(a) 悬空单层和双层石墨烯的光学图像,图中曲线是不同层数石墨烯的 AFM 高度图,横坐标对应是距离,纵坐标表示对应高度石墨烯的光学透过率,插图为石墨烯薄膜置于不同孔径的金属支撑结构上的光学显微图像; (b) 可见光区域石墨烯透光率与波长的关系; (c) 硅片表面不同层数石墨烯的光学显微镜照片,数字代表石墨烯层数

5.1.2　非线性光学效应

　　二维石墨烯材料还具有独特的可饱和吸收效应(一种非线性光学效应)。在线性光学范围内,单层石墨烯的光吸收率为恒定值 2.3%。然而,当入射光强超过一定阈值时,石墨烯的光吸收率表现出非线性的特点,即随着入射光强的增加,透过率先增加,直至趋于饱和[5]。如图 5 - 2 所示,初始时段当光功率较弱时,石墨烯在光子的照射下,价带上的电子吸收光子能量跃迁至导带。随后热载流子能量降低到平衡态。由于电子是费米子,遵循泡利不相容原理,所以电子将按照费米 - 狄拉克分布从低能量的状态开始逐步占据相应轨道。价带上的电子也将重新分布到低能量状态,能量高的状态被空穴占据。这个过程同时伴有电子 - 空穴复合与声子散射。随着入射光强度的不断增加,电子被源源不断激励到导带,最终价带和导带光子能量的子带完全被电子和空穴占据,带间跃迁被阻断,此时石墨烯吸光率趋于饱和。由于石墨烯的饱和吸收特性,可覆盖至可见光、红外光、微波到太赫兹波段范围,加之石墨烯零带隙的特点,使得石墨烯很容易就可以达到饱和[6]。基于此可饱和吸收特性,用石墨烯制备的可饱和吸收器能够达成全频带锁模,这在超快光子学领域具有巨大的应用价值。

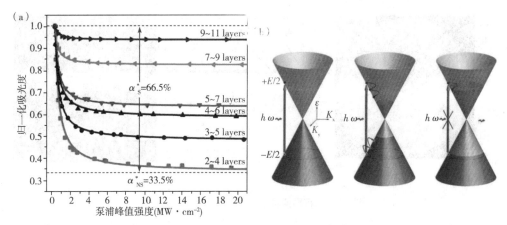

图 5 - 2　石墨烯的饱和吸收特性[5,6]

（a）不同层数石墨烯的吸收率随入射光功率的变化；（b）石墨烯可饱和吸收效应的电子跃迁示意图

5.1.3　光学响应的可调性

石墨烯的光学特性还可以通过调节其化学式 μ（费米能级，E_F）而改变。通常采用化学掺杂和外加电压的方式，改变石墨烯面内载流子浓度（电子或空穴），使得费米能级上下移动（~100 meV），最终实现石墨烯光吸收过程的调节。以施加栅压的方法为例，在正栅压下石墨烯的电子浓度增加，费米能级向导带移动。当费米能级高于狄拉克点以上 $h\nu/2$ 位置的能级被电子占据时，由于费米子的泡利不相容原理，价带上的电子无法吸收光子（$h\nu$）能量激发到导带，此时石墨烯对该波长的光子是透明的；在负栅压下石墨烯的空穴浓度增加，费米能级向价带移动。当石墨烯费米能级低于狄拉克点以下 $h\nu/2$ 位置时，价带中没有电子可以吸收光子（$h\nu$）而发生跃迁，此时石墨烯对该波长的光子也是透明的。也就是说当入射光子能量小于费米能级改变量的一半时（$|2E_F| > h\nu$），价带上不存在可以被激发的电子，入射光可以完全透过石墨烯，反之当 $|2E_F| < h\nu$ 时，入射光则可以被石墨烯吸收[7]。因此，带内和带间跃迁的相对贡献可通过调节费米能级进行控制，从而实现可调的光学响应。同时，石墨烯具有超高的三阶非线性系数，表 5 - 1 给出了几种常见材料的非线性折射率[8-10]。其中，石墨烯的三阶非线性系数约为 $2.095 \times 10^{-15} \ \mathrm{m^2 \cdot V^{-2}}$，比硅高了 6 个数量级，比二氧化硅高了 8 个数量级，比有机聚合物高了 2 个数量级。这些独特的电光调制特性使得石墨烯可有效应用于触摸屏、可调的红外探测器、调制器和发射器等设备，在光电子学领域具有重要的应用价值。

表 5 - 1　常见材料的非线性折射率

材料	硅	二氧化硅	典型有机聚合物	硫化玻璃	砷化镓	碳纳米管	石墨烯
非线性折射率 （$m^2 \cdot W^{-1}$）	4×10^{-18}	3×10^{-20}	2×10^{-15}	2×10^{-18}	2×10^{-15}	2×10^{-12}	3×10^{-12}

5.2　石墨烯在激光器中的应用

激光(Light amplification by stimulated emission of radiation，Laser)，即"通过受激辐射放大的光"，是指通过泵浦增益介质使其电子跃迁并以光子形式辐射出的能量。相较普通光源而言，激光光束具有发散度小、准直性(方向性)好、亮度高等特点，是现代科技研究光与物质相互作用的非常重要的工具。尽管激光的原理早在 1916 年就已经被美国物理学家爱因斯坦发现，但直到 1960 年美国科学家梅曼才发明了世界上第一台激光器。在激光器发现以来的半个多世纪里，激光晶体技术、锁模技术等激光技术的不断革新推动了激光技术从连续光激光器到超快脉冲激光器的不断突破与发展：1966 年，Demaria A J 等[11]通过被动锁模技术在 Nd:glass 激光器中获得了皮秒(10^{-12} s)脉冲激光。1976 年，Ruddock 等[12]利用腔外光栅对压缩技术在染料激光器中实现了飞秒(1 fs = 10^{-15} s)脉冲激光；2004 年，Yamane 等[13]利用腔外压缩技术使飞秒激光穿过充满氩气的中空光纤，从而获得了 2.8 fs 脉宽的超快脉冲激光。2008 年，利用啁啾脉冲放大技术，美国的德克萨斯大学成功获得了 1.1 PW(1015 W)峰值功率的飞秒脉冲激光[14]。

相较于传统的连续光激光器，以飞秒脉冲激光为代表的超快激光器可以将连续输出的激光能量压缩成极窄的短脉冲光输出，具有峰值功率高、重复频率高等特点，在物理学、化学、光电子学、材料科学和生物医学等各个领域中发挥了不可取代的作用，衍生出飞秒化学、高速光电子学、量子控制化学等全新学科。同时，近些年来，超短超强激光技术使光与物质相互作用的研究进入一个全新领域，已逐渐成为揭示原子、分子内部超快运动规律，探索极端强场条件下原子物理新现象的一种重要手段[15,16]。

5.2.1　基于石墨烯饱和吸收锁模的光纤激光器

区别于传统的半导体固体激光器，光纤激光器凭借其结构简单、轻质、成本低、抗干扰性强等优势在近些年来受到了研究者们越来越多的关注。在光纤激光器领域，研究者们主要通过调 Q 和锁模两种技术产生高功率超快激光脉冲。相较于调 Q 产生的激光脉冲,锁模技术可以产生脉冲高且更短的皮秒或飞秒量级脉冲激光。根据其锁模方式的不同,可具体分为主动锁模和被动锁模两种形式,典型的锁模激光器示意图见图 5 – 3。主动锁模通过在腔内引入电光或声光调制器等元件,以周期性调制腔内光场的相位或振幅,当所有模式达到同步时,即形成脉冲锁模序列。该方式输出的脉冲重复频率高,但由于需要在腔内插入元件使得激光腔内损耗大、器件制作复杂、成本高,故获得的脉冲宽度较宽(~ ps)。而正是因为主动锁模的这些局限性,目前获得高性能超短脉冲主要依赖被动锁模技术。被动锁模即在腔内加入可饱和吸收体(SA)实现锁模脉冲激光输出。当光脉冲经过 SA 时,光强较弱的脉冲边缘部分被吸收,而中心部分几乎不被吸收,当脉冲光反复与 SA 发生相互作用时,即可获得脉冲更窄的激光。被动锁模光纤器件结构简单、精密,成本低廉,可以自启动,避免了外界环境的干扰,可实现 ~ fs级别全光纤结构的脉冲锁模输出,并且脉冲重复频率可达 $1 \sim 1 \times 10^{3}$ MHz[18]。

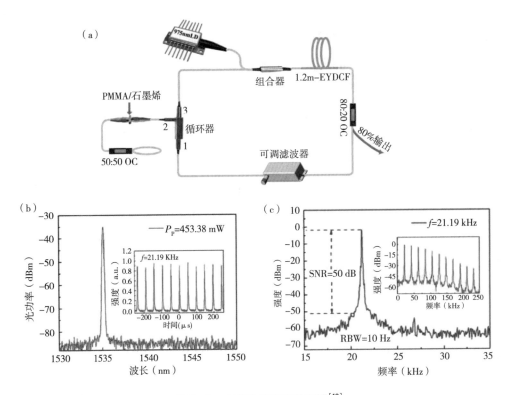

图 5 – 3　典型光纤锁模激光器[19]

(a)光纤锁模激光器实验装置示意图;(b,c)EOM 开、关状态下对应的(b)光谱与对应的(c)脉冲宽度

正如前文所述,超快锁模激光器在基础科研、通信、精密加工制造、医药卫生和国家安全等诸多领域有着广泛的应用。其中,基于可饱和吸收体的被动锁模光纤激光器具有轻便稳定、易维护、光束质量小、能耗小、散热少等优点,被认为是取代传统固体超快激光器种子源的重要技术之一,日益成为激光技术领域研究热点。传统上实现饱和吸收锁模的器件主要是基于半导体的饱和吸收体,但其制备过程烦琐、造价高昂、波长调节范围窄、损伤阈值低,难以实现全光纤器件的耦合,大大限制了其实际应用。而自石墨烯发现以来,以石墨烯为代表的二维材料作为饱和吸收体的新型锁模器件逐渐引发激光技术领域新的研究热潮。

作为一种优良的饱和吸收体,石墨烯具有超宽谱带吸收、超快恢复时间、高损伤阈值、低可饱和吸收强度等特性,可用于制作锁模激光器。同时,石墨烯这些独特的性质也为发展新型非线性光学复合材料和光电功能器件开辟了空间。因此,开发兼具石墨烯与光纤优势的石墨烯光纤饱和吸收器件对发展新型超快光纤锁模激光器具有重要的科学意义和商业推广价值。

2009 年,新加坡 Qiaoliang Bao 团队[5]最早利用石墨烯实现了锁模激光器的制备:他们将化学气相沉积方法制备的少层石墨烯薄膜转移到两个光纤套头之间,并将其集成到环形掺铒光纤激光器中,实现了脉宽为 756 fs 的脉冲输出[图 5 - 4(a)]。2010 年,剑桥大学 Sun Z. P. 团队[6]利用液相剥离法将制备的石墨烯片层分散在水溶液中,与聚醋酸乙烯酯(PVA)混合后真空烘干应用于激光器锁模研究[图 5 - 4(b)]。基于此,后续研究者们也开始尝试将石墨烯与脱氧胆酸钠(SDC)或十二烷基苯磺酸钠(SDBS)等有机物混合,结合石墨烯的饱和吸收特性和有机物力学性能制备高调制深度、力学性能稳定的可饱和吸收体。同年,韩国科学技术研究所的 Song Y. W. 团队[20]将氧化石墨烯还原后超声剥离到石墨烯悬浮液,进而将其转移至侧抛光纤的侧抛面,得到了高能量的皮秒脉冲[图 5 - 4(c)]。

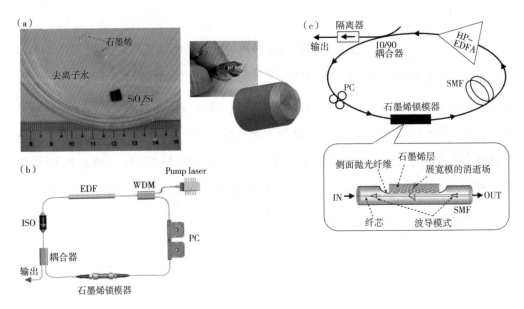

图 5 - 4 石墨烯可饱和吸收器件的构建

（a）转移至光纤接头间的石墨烯实物图以及光学照片；（b）石墨烯/PVA 薄膜复合于激光环形腔内；

（c）液相剥离的石墨烯粉体转移至侧抛光纤的侧抛面构筑锁模激光器

总体而言,已报道的制备石墨烯光纤可饱和吸收体的方法可简单归纳为以下三种:
(1)将制备的石墨烯粉体分散液[20]、或石墨烯 – 聚合物粉末（或由石墨烯 – 聚合物复合得到的薄膜）[6]直接涂抹或光驱动沉积[21,22]在光纤端面、D 型光纤侧抛表面、拉锥光纤表面,利用光纤中泄露的光（或倏逝波）与石墨烯耦合,进而实现饱和吸收的功能。该方法步骤相对简单,但制备的石墨烯涂覆不均匀,且石墨烯表面缺陷和化学残留较多,导致光纤的线性吸收和散射损耗较高。（2）将制备的石墨烯分散液灌入具有孔洞微结构的光纤中（包括光子晶体光纤和打孔的单模光纤）,去除溶剂后,石墨烯部分附着于光纤孔洞内壁,实现后续与光的耦合。这种方法通过孔洞结构的设计显著增加光和石墨烯的相互作用,但其制备过程复杂、重复性较差,溶剂残留严重,制备的石墨烯与光纤内壁难以完全贴合[23,24]。（3）将在铜、镍等具有催化活性的金属基底表面化学气相沉积生长的石墨烯薄膜转移至光纤端面、D 型光纤侧抛表面或拉锥光纤表面[5,25]。该工艺制备的石墨烯质量高,但石墨烯转移的过程烦琐,难以实现石墨烯对光纤的完全包覆和石墨烯饱和吸收体的批量化制备。因而如何在保证石墨烯本征性能的同时,改进和优化石墨烯与光纤的复合方式以提升后续激光器性能,成为当下超快激光研究的一个重要研究方向。

在改进石墨烯与光纤复合方式的同时,研究者们也开始通过光纤结构设计增加光和石墨烯的相互作用,进而不断提升石墨烯光纤锁模激光器的性能指标——更短的脉冲宽度、更宽的谱带、可调谐的工作波长、更高的输出功率、更高的重复频率等。其中,超短脉冲宽度是近些年来研究者制备石墨烯光纤锁模激光器追求的最重要的指标之一。2011 年,香港理工大学 He X. Y. 团队[23]将石墨烯粉体与多孔光子晶体光纤结合用于激光环形腔,实现了 4.85 ns 脉冲输出。2014 年,上海交通大学 Yi L. L. 团队[25]将单层石墨烯转移到特殊抛磨过的光纤表面,获得 303 fs 脉冲输出,峰值功率 40 kW 的超短孤子脉冲。2015 年,英国剑桥石墨烯中心的 Purdie D. G. 团队[26]利用石墨烯光纤锁模激光器外接脉冲压缩装置的方法,获得了 29 fs 的超短脉冲激光。此外,为增加脉冲激光的输出功率,Choi S. Y. 等[24]使用了光转换效率更高的稀土掺杂光纤,并使用了正色散腔,在该腔体中更高的脉冲啁啾将器件锁模输出功率提升至 10.2 nJ。同时,Sobon G. 等[27]通过外设回路对脉冲输出的激光进行啁啾放大,在不影响其他输出光束特性的情况下,将平均输出功率提升至 1 W,单脉冲能量提升至 20 nJ。为了缩短锁模脉冲的脉宽,Cunning B. V. 等[28]将石墨烯粉体沉积在表面镀有 250 nm 金反射层的反射镜上,制作了相应的可饱和吸收镜;结合线性光纤腔的设计,将锁模脉冲缩短至 200 fs。除此之外,近些年来为增强脉冲重复频率,研究者们又开发了缩短腔长、谐波锁模等方案,将重频提升至 2.22 GHz。整体而言,通过石墨烯与光纤复合、后续光纤器件制备等一系列工艺的优化,目前基于石墨烯锁模激光器的性能已经达到一个较为成熟的阶段。

5.2.2　基于石墨烯的调 Q 光纤激光器

除去利用锁模技术产生超快脉冲激光外,调 Q 技术也常常被应用于光纤激光器领域。调 Q 技术,又称 Q 开关技术,是通过某种方式使谐振腔内的损耗因子 δ(或品质因素 Q,$Q = 2\pi v_0 \dfrac{腔内储存的能量}{每秒损耗的能量}$)按照设定的规则发生变化。在初期,激光腔内的损耗很大,Q 值很低,腔内阈值很高,难以发生振荡,反转粒子不断累积。当反转粒子累积到一定值后,在极短的时间内,损耗减小,谐振腔起振,输出高强度的巨脉冲。与锁模技术类似,调 Q 技术也包括主动调 Q 和被动调 Q 两种方式。主动调 Q 需要在激光腔室内插入一个能周期性调节腔内损耗的器件,包括声光器件或电光器件等。主动调 Q 器件开关时间非常短(~ ns),调 Q 时间可控,效率高,且输出脉冲的功率高($> 10^6$ W)、脉宽窄(~ ns),但其结构复杂,成本昂贵。而不需要使用 Q 开关的被动调 Q 光纤激光器,其结构则更为简单,也是目前更为常用的调 Q 激光器。要实现被动调 Q 功能,对材料的可饱和吸收性能也有着很高的要求——当入射光强远远大于 SA 的饱和光强的时候,SA 对光基本无吸收。将 SA 放入腔内,开始时腔内自发荧光弱,透过率很低,腔内 Q 值低,难以发生振荡;随着泵浦的不断作用,反转粒子不断累积,腔内荧光逐渐增强至与饱和光强相当,SA 达到饱和,腔内损耗迅速减小,激光器开始发生振荡,进而输出激光脉冲[29]。

正如前文所述,作为一种性能优异的可饱和吸收体,石墨烯具有广谱的调制深度和宽谱段工作特性。与石墨烯锁模光纤激光器的制备方式类似,在调 Q 光纤激光器的制作过程中,石墨烯也常常以转移、剥离、涂抹、光诱导等方式复合于两个光纤接头之间或 D 型光纤、拉锥光纤的表面,以获得大功率脉冲。

2010 年,Luo Z. Q. 等[21]首次将石墨烯粉体以光沉积的方式吸附在光纤端面并接入激光腔室,获得了稳定的 1566.17 nm 和 1566.35 nm 双波长调 Q 脉冲,脉宽为 3.7 μs,最大脉冲能量为 16.7 nJ。为了减小石墨烯在可见和近红外区域的本征线性吸收,后续研究者们开始研究石墨烯调 Q 光纤激光器在 2 μm 以上中红外至远红外波段的性能。Tang Y. L. 等[31]利用 CVD 制备的单层石墨烯为可饱和吸收体搭建了 2 μm 波段的掺 Tm 光纤激光器,获得了 13 μJ 单脉冲能量[31];运用类似的方法,Zhu G. M. 等后续搭建了 3 μm 波段掺 Ho:ZBLAN 的光纤激光器,获得了脉宽为 1.2 μs、重复频率为 100 kHz、脉冲能量为 1 μJ 的石墨烯调 Q 脉冲输出。此外,近些年来多波长脉冲同时输出和波长可调谐的调 Q 激光器也成功被研制。

此外,为了获得更大脉冲能量和脉冲功率,Liu C. 等[32]采用了双包层掺 Tm 光纤与氧化石墨烯复合的方式,在 2 μm 波段获得了重复频率为 45 kHz、脉冲宽度为 3.8 μs、单脉冲能量输出为 6.71 μJ、功率高达 302 mW 的石墨烯调 Q 光纤激光器,这是目前输出功率最高、单脉冲能量最大的石墨烯调 Q 光纤激光器。Wei L. 等[33]后续将石墨烯复合线性腔结构用于调 Q 激光器的研制,获得了重复频率为 236.3 kHz、脉宽 206 ns 的窄脉宽调 Q 脉冲。总体而言,石墨烯光纤调 Q 激光器在产生窄脉冲激光领域表现出了优异的性能,下一步在其如何获得更大脉冲能量和更长工作波长的脉冲等方面仍有着较大的发展空间。

5.2.3 基于石墨烯的固体激光器

在传统的固体激光器中,一般使用荧光效率高的掺杂稀土离子或其他激活物质的透明晶体作为增益介质,以利于产生大功率、高质量的激光输出。相较于更加轻便的光纤激光器,固体激光器体积较大,器件结构较为复杂,易受到外界环境的干扰,一般适用于环境稳定且对光束质量要求较高的军工或精密加工等场合。

与光纤激光器研究类似,研究者们不断尝试将石墨烯与 Ti:蓝宝石[34]、Nd:

$KLaYO_4$[35]、镁橄榄石[36]等多种固体激光器复合,通过锁模或调 Q 的方式获得瓦级高功率、~100 fs 级脉宽以及多波长的脉冲激光。2010 年,Tan W. D. 等[37]首先开始石墨烯固体激光器的研究,获得了 4 ps 的锁模脉冲;为了减小石墨烯线性光吸收带来的损耗,提高脉冲输出功率,Cho W. B. 等[38]将单层石墨烯应用于固体激光器上,在 1.25 μm 波段获得了脉冲宽度为 100 fs、平均输出功率为 230 mW 的锁模脉冲输出。由于石墨烯在长波段的饱和吸收阈值要低于可见或近红外光区的饱和阈值,研究者们开始尝试石墨烯在长波段(>1.5 μm)固体激光器中的应用,Cafiso S. D. D. D. 等[39]用单层石墨烯对1.5 μm工作波段的 Cr:YAG 激光器锁模,获得了脉宽为 91 fs、平均输出功率超过100 mW的输出脉冲;类似地,Tolstik N. 等[40]利用石墨烯对 2.4 μm 工作波段的 Cr:ZnS 激光器锁模,获得了 41 fs 超短脉冲宽度的激光。

此外,石墨烯调 Q 固体激光器的研究过程也在不断发展。Yu H. 等[41]用碳化硅外延的石墨烯对 Nd:YAG 激光器进行调 Q,获得了单脉冲能量为 159.2 nJ、脉宽为 161 ns 的脉冲输出;Li X. L. 等[42]利用旋涂在玻璃表面的石墨烯制备了相应的饱和吸收镜,获得了单脉冲能量为 3.2 μJ 的脉冲输出;Xu S. C. 等[43]利用 CVD 制备的石墨烯调 Q 获得了调制深度接近 100%、平均输出功率为 1.6 W 的脉冲激光输出。这印证了石墨烯在固体激光器领域潜在的应用前景。

整体而言,从光纤激光器到固体激光器,从锁模技术到调 Q 技术,无论是石墨烯与激光器复合方式的改进,还是激光腔室设计的提升,近 10 年里石墨烯作为一种优异的可饱和吸收体,在超快激光领域的研究取了长足的进展。但是,不可忽视的是,目前石墨烯超快激光领域仍存在诸多亟待改进之处。

第一;石墨烯在高功率激光下的损伤阈值较低。在较大功率激光的辐照下,尤其是为了提升调制深度而增加光和石墨烯的相互作用,石墨烯易产生热损伤而发生氧化,导致可饱和吸收性能下降。为解决这一问题,可通过光纤设计使信号光更多地以倏逝波形式与石墨烯耦合,同时可将石墨烯与其他透明、耐辐照性能强的材料复合以提升激光器损伤阈值。

第二,光和石墨烯的相互作用有限,导致石墨烯调制深度有限。由于石墨烯在可见光至红外区域具有连续的线性吸收特性,研究者往往采用增加石墨烯层数、增加信号光和石墨烯作用次数等方式增加光和石墨烯的相互作用,但这些方式均会引起石墨烯对输出脉冲的吸收同步增加,造成更大的光损耗。有研究者将石墨烯与金属或半导体复合,构建可饱和吸收镜,并施加栅压,主动调节调制深度,以进一步提升石墨烯可饱和吸收性能。但该方案构筑的器件结构复杂,且难以找到一种便捷调控栅压的方式,限制了其实际应用。伴随石墨烯而被发现的其他半导体型二维材料,如 TMDC、Ⅲ～Ⅴ族半导体也都具有与石墨烯类似的可饱和吸收特性,当入射的信号光波段远离其本征荧光吸收波段时,即可获得高功率、短脉冲的激光输出。未来将石墨烯与该类二维材料结合,通过构筑异质结的方式或许可以得到优异性能的激光脉冲输出。

5.3 石墨烯在电光调制器中的应用

光学调制的过程主要是通过外界输入的各种形式能量的改变编码光信号,进而实现光波的某些特征参数如振幅、频率、相位、偏振状态和持续时间等按一定的规律发生变化。光学调制器按其调制参数(功能)差异可分为幅值(强度)、频率、相位、偏振调制器,其中幅值调制器通过与特殊的光学器件耦合也可以实现多功能调制。一般而言,光学调制实现的方式有很多,如电光、热光、声光、光光调制等。在诸多调制方式中,电光调制以其调制速度快、调制带宽广等优势成了当下研究的热点。电光调制的本质过程是通过外加电场引起材料折射率实部(Δn,电致折射)与虚部($\Delta \alpha$,电致吸收)的变化。目前较成熟的电光调制器原材料包括硅基材料、Ⅲ～Ⅴ族半导体以及 $LiNbO_3$ 等。

其中,以被动器件、调制器、探测器、光放大器和光源等为代表的硅基光学器件在尺寸小型化和光电子硬件集成化方向得到不断的发展。但是本征硅的间接带隙限制了其在宽谱范围数据转换类光学器件中的应用。此外,硅材料存在电光系数(electro – optic coefficient)低、光发射效率(light emission efficiency)低、由于波导边界散射作用导致的传输损耗(propagation losses)高等缺点,这限制了硅基光学材料的进一步发展。因而,近些年来研究者们不断将硅与其他功能性材料复合,将硅材料与其他材料的功能互补,以进一步提升硅基光学器件的性能。

正如前文所述,石墨烯作为一种带隙可调、高载流子浓度的二维光电材料,可以实现信号发射、传输、调制和探测的集成化。相较于传统的硅基材料,石墨烯的热导率比硅高 36 倍,比砷化镓高 100 倍;同时,石墨烯有更高的光损伤阈值,比硅和砷化镓高几个数量级。此外,石墨烯还有非常高的光学三阶非线性效应(三阶非线性系数约 10^{-7} esu)和非线性克尔系数(10^{-11} $m^2 \cdot W^{-1}$ @ 1550 nm)。因此,将石墨烯与硅或其他传统光学材料复合制备新型光学器件和光电子器件具有巨大的前景。

5.3.1 基于直波导结构的石墨烯电光调制器

基于石墨烯费米能级可调的特性,2011 年,Liu M. 等人将石墨烯与硅波导复合,制

备了世界上首款基于石墨烯的电光调制器件(图 5 – 5)。具体步骤为:首先,在二氧化硅表面镀上 50 nm 的硅层(掺杂 B 元素);之后,在其上制作 250 nm 的硅波导,镀上 7 nm 氧化铝绝缘栅介质层;接着,将 CVD 制备的单层石墨烯薄膜转移至其表面,在石墨烯一侧和远离硅波导一侧的硅表面分别镀上铂、金等贵金属,制备源电极和与硅电学导通的底栅。在该器件中,石墨烯硅波导仅允许一个传播模式通过。在该模式中,光电场垂直石墨烯时,吸收效率最高。通过对顶层石墨烯源电极和底层硅底栅施加电压调节石墨烯费米能级,改变石墨烯对光的吸光率,实现光强开关的电光调制。当入射光波长(λ)为 1.53 μm 时,$-1\ \mathrm{V} < V_\mathrm{D} < 3.8\ \mathrm{V}$ 时($|2E_\mathrm{F}| < h\nu$),石墨烯费米能级附近的电子可以被入射光激发实现带间跃迁,石墨烯可以实现光的吸收,器件处于"关"态;当 $V_\mathrm{D} > 3.8\ \mathrm{V}$ 或 $V_\mathrm{D} < -1\ \mathrm{V}$ 时,费米能级占据导带或价带中对应能量电子,无法实现电子跃迁,此时石墨烯不吸收传输的光,器件处于"开"态。简而言之,该器件在极小(25 $\mu\mathrm{m}^2$)的受光面积下表现出高工作频率(> 1 GHz)、较深的调制深度(0.1dB · $\mu\mathrm{m}^{-1}$),宽谱调制范围(1.35 ~ 1.6 μm)等优异性能,可与目前成熟的互补金属氧化物半导体工艺(CMOS)结合,为后续光电和光通信器件的集成和小微型化提供了一个可能的方案[7]。

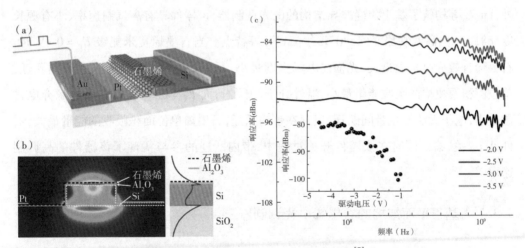

图 5 – 5　石墨烯 – 硅波导电光调制器[7]

(a)电光调制器三维结构示意图;(b)光波导中电场分布模拟示意图;

(c)动态电光响应图谱

在前期单层石墨烯薄膜、绝缘层、硅波导"三明治"结构光电调制器的基础上，Liu M. 又构筑了由上、下两层石墨烯和中间氧化铝绝缘层组成的调制器，通过对两侧的石墨烯施加电场，即可实现光电调制。与单层石墨烯制备的光电调制器原理类似，对两侧石墨烯施加电场，一侧石墨烯空穴掺杂，另一侧石墨烯具有相同浓度的电子掺杂。当石墨烯费米能级在 $\pm h\nu/2$ 之间时，上、下两层的石墨烯可吸收光子，调制器处于"关"态；当对两侧石墨烯施加的电压在 $\pm h\nu/2$ 之外时，上、下两层的石墨烯均不吸收光子，调制器处于"开"态。该结构避免了硅材料使用中载流子迁移率低、插入损耗高等问题，提升了光与石墨烯的相互作用，器件的调制带宽（1 GHz）和调制深度（0.16 dB · μm^{-1}）均有明显的提升[44]。

为了进一步提升入射光与石墨烯的相互作用，研究者们开始尝试在原有的石墨烯基电光调制器的基础上进行改进。Kim K. 等在调制器顶层镀了一层多晶硅，将光的模场限制在石墨烯层附近，增加了光和石墨烯的相互作用；使得波导两层更加平整，减少了石墨烯的破损与载流子的损耗；并且将之前结构中的氧化铝绝缘层替换成与石墨烯晶格匹配、表面无悬挂键、低介电常数的六方氮化硼（hBN），减少了石墨烯与介电层间的声子散射，增加了石墨烯载流子迁移率，同时也降低了器件的电容电阻时间[42]。此外，Lu Z. 等构筑了基于狭缝波导结构的电光调制器，该器件具有高调制速率、小有源长度（681 nm）、高调制深度（4.40 dB · μm^{-1}）等特点。当石墨烯费米能级 $E_F = 0$ eV 时，石墨烯有效介电常数最大，光横向电场强度最小，石墨烯价带上的电子发生带间跃迁，单位面积石墨烯的吸收能量最小，器件处于"开"态；而 $E_F = 0.52$ eV 时，石墨烯介电常数最小，电子无法发生带间跃迁，只存在带内跃迁，石墨烯单位面积吸收的能量最大，器件处于"关"态。同时在该器件开关过程中，带内跃迁的参与实现了该器件的高调制速率[46]。

5.3.2　基于平面结构的石墨烯电光调制器

前文所述的直波导结构石墨烯电光调制器，光和石墨烯在同一个平面内相互作用，该类器件凭借小微尺寸、高响应速率常被应用于一些特殊的高速响应场景。但在实际应用场景中，器件常常需要与空间光相互耦合，因而信号光与石墨烯垂直作用的平面结构电光调制器广泛受到研究者的研制。Lee C. C. 等制作了由顶层石墨烯、中间绝缘层、底层反射银镜构成的反射式平面电光调制器（图 5 – 6）。当信号光垂直与石墨烯层入射时,由底层银镜反射的光与直接入射的光分别与石墨烯相互作用,可在一定程度上克服平面结构电光调制器光和石墨烯相互作用小、调制深度不足的问题。通过对顶层石墨烯施加栅压(与前文所述的电光调制器原理相似),可以调节石墨烯费米能级,进而调节光吸收,最终实现电光调制。基于该结构的电光调制器调制深度可达 5%,调制带宽为 154 MHz (@3 dB)[47]。在此基础上,Polat E. O. 等[48]将单层石墨烯分别转移到上、下两层石英基底表面,在石墨烯之间填充固体电解质,之后通过施加电压的方式实现光学信号的调制。该器件进一步增强了光和石墨烯的相互作用,实现了广谱带(0.45~2 μm)和高深度(35%)的调制。

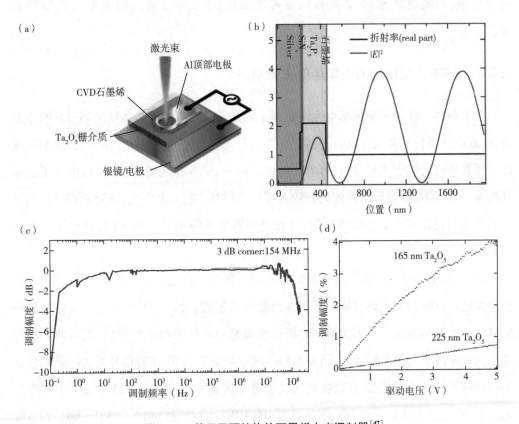

图 5-6 基于平面结构的石墨烯电光调制器[47]

(a) 电光调制器结构示意图;(b) 入射波长为 1.55 μm 的条件下,电场在不同位置的分布;(c) 电光器件动态响应曲线(Ta$_2$O$_5$ 介电层厚度 225 nm);(d) 不同介电层厚度的电光调制器件调制深度随驱动电压的变化

此外,Gan X.等将 CVD 制备的单层石墨烯转移到平面光子晶体谐振腔表面,悬空构筑石墨烯场效应晶体管,进一步以固态电解质作为栅极,HfO$_2$ 作为绝缘层构筑了电光调制器。通过施加栅压调节石墨烯的费米能级,进而影响谐振腔的 Q 值,实现对光信号的调制。利用光子晶体谐振腔的优势将光信号束缚在顶层石墨烯附近,可显著增加光与石墨烯的相互作用。在 1.5 V 低驱动电压条件下,该器件消光比可达 10 dB[49]。与前文所述直波导结构电光调制器研究历程类似,研究者们后续用双层石墨烯取代了单层石墨烯复合固态电解质,用化学惰性、与石墨烯晶格匹配、表面平整、无悬挂键的 hBN 作为绝缘层,减少了界面声子散射,提高了石墨烯载流子迁移率,提升了器件响应速率,可实现高速(1.2 GHz)、高调制深度(3.2 dB)的高性能电光调制器的开发[50]。

5.3.3　基于其他结构的石墨烯电光调制器

前文所述的几种石墨烯基电光调制器主要是通过对石墨烯施加栅压调节其吸收系数,实现电光器件的开关。其主要问题在于信号光与石墨烯的相互作用较弱,调制深度低。尽管研究者们引入双层石墨烯、狭缝波导结构、hBN 作为绝缘层等,但由于工艺条件限制,器件稳定性和调制性能仍有较大程度的提升空间。基于此,研究者们开始尝试将石墨烯与设计的光学结构相复合,增加光与石墨烯的相互作用,以提升电光器件的性能。

2011 年,Bao Q. L. 等[51]首先提出将单层石墨烯与由直波导与微环谐振腔复合的微谐振腔结合制备电光调制器。该器件由微环谐振腔表面上、下两端的石墨烯和其间的氧化铝绝缘层组成。利用微谐振腔折射率敏感和波长啁啾小等特性,当对两侧石墨烯施加电压改变其吸光特性时,谐振腔的传输系数发生改变,使得信号光从临界耦合状态切换到非临界耦合状态,在谐振腔内发生谐振进而完全损耗。该结构在 1.2 V 驱动电压下,理论消光比高达 44 dB,调制带宽 100 GHz,比特能耗为 10 ~ 30 fJ·bit^{-1}。后续 Qiu C. 等[52]在实验室制备了该结构的电光调制器,其动态响应可达 80 GHz,调制深度可达 40%。Ding Y. 等[53]后续将微环半径扩大至数十微米,提升了器件的消光比和 Q 值。通过调节电极安装位置,提升了器件调制效率[图 5 - 7(a)、(b)]。为了减小硅迁移率低对器件动态响应速率的影响,Phare C. T. 等[54]将硅波导替换成了折射率更小的 Si$_3$N$_4$ 波导,以减小器件插入的光损耗和材料可能因破损造成的石墨烯迁移率的损耗;同时增强了光与石墨烯的相互作用,使得器件的调制深度可达 15 dB,调制带宽可达30 GHz(@ 3 dB)[图 5 -7(c)、(d)]。

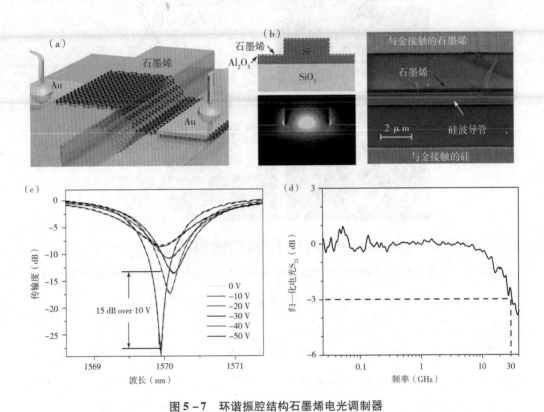

图 5 -7　环谐振腔结构石墨烯电光调制器

(a,b)器件结构示意图与赝色 SEM 图像;(c,d)电光器件的(c)静态和(d)动态响应图谱

　　与此同时,Grigorenko A. N 等[55]首次提出将具有特殊干涉性的马赫 - 曾德尔(MZI)结构与石墨烯结合,实现宽谱带、高工艺容差、高热稳定性等电光调制。信号光从 MZI 一侧进入时,分散的两束光经过两平行波导传播与汇聚后发生干涉。通过调节两臂电压,改变光的相位,即可调节干涉后的信号,进而实现电光调制功能(图 5 -8)[56]。但该结构制备工艺复杂,实验室中实现的难度较高,离真正应用还有较长距离。

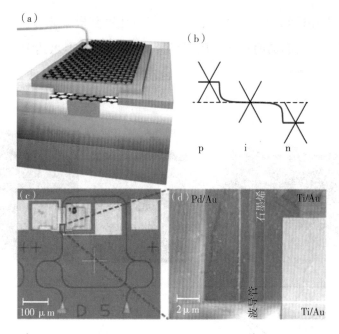

图5-8　基于 MZI 结构的电光调制器[56]

(a)MZI 结构石墨烯电光调制器结构示意图;(b)器件石墨烯沟道中的 p - i - n 结以及内建电场;

(c,d)石墨烯电光调制器及对应器件有源区的扫描电镜图片

除上述结构外,光纤具有传输容量大、重量轻、宽谱带、低损耗、电磁屏蔽干扰、保密性好、易于长距离传输等特性,是一种优异的光波导材料。由于信号光在光纤内部传输的过程中,光在纤芯与包层的界面处多次折射,因而将石墨烯与光纤结合可显著增加信号光和石墨烯的相互作用,进而制备出性能优异的石墨烯光纤电光调制器。Chen K. 等在 CVD 体系中,通过体系压力控制在截面具有周期性孔洞的光子晶体光纤的孔洞内壁完整、均匀地贴附了 0.5 m 长石墨烯。生长的石墨烯光纤相对于裸纤而言,光和石墨烯的相互作用增强,导致信号光衰减增强($8 \ dB \cdot cm^{-1}$)。同时,实验中研究者用易于形成双电层结构的高电容($20 \ \mu F \cdot cm^{-2}$)离子液体代替了传统氧化物介电层($300 \ nm$ 氧化硅介电层电容:$0.01 \ \mu F \cdot cm^{-2}$)用于调控电压,灌注离子液体可调控低维材料载流子迁移率,使其最高可达 $10^{15} cm^{-2}$(比 $300 \ nm$ 氧化硅介电层调控载流子浓度高两个数量级)。在石墨烯光子晶体光纤孔洞内壁灌注离子液体后,将相应的电极连接在光纤上制备相应的电光调制器件,可实现在 $1.5 \ V$ 低驱动电压下,宽谱通信波段(1150 ~

1600 nm)调制,调制深度可达 20 dB·cm^{-1}(@1550 nm)(图 5-9)[57]。但由于施加栅压后,离子液体有一段响应时间,这导致该调制器动态响应速率较慢(16 Hz),器件性能还有待进一步优化。后续通过结构设计在多孔光纤孔洞内壁构筑石墨烯-hBN-石墨烯的异质结将可避免离子液体的使用,同时进一步增加石墨烯表面的载流子迁移率,提升器件响应速率、调制深度等性能,以满足实际应用的调制器要求[54]。

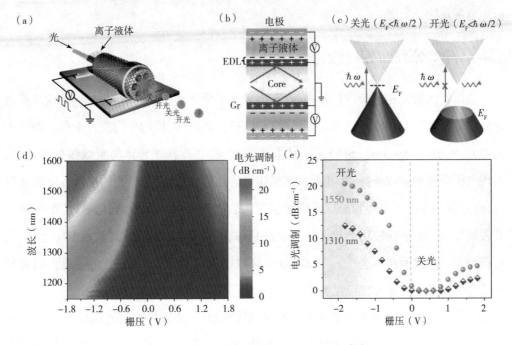

图 5-9　基于石墨烯光纤的电光调制器[57]

(a)石墨烯光纤电光调制器原理示意图,通过施加在离子液体和石墨烯之间的栅压调控石墨烯光纤对光的吸收;(b,c)石墨烯光纤电光调制器工作原理;(d)随驱动电压和信号光波长变化二维透光率面扫描图谱;(e)1310 nm 和 1550 nm 波长条件下该器件的电光调制曲线

　　整体而言,在近 10 年来石墨烯基电光调制器的发展历程中,器件性能得到了长足的提升,但在如何兼容电光调制器件的功耗、调制速率、调制深度等性能方面仍存在诸多问题。一方面,器件所使用的石墨烯相较于本征石墨烯导电性、载流子迁移率仍存在较大的差距,并且石墨烯与电极接触电阻较大,这会增加调制电压和相应的损耗。用离子液体取代氧化物绝缘层在一定程度上能缓解该问题,但其响应时间较慢,后续在设计

的光学结构上原位制备高品质石墨烯将会是一个可能的解决方案。另一方面,信号光大多以倏逝波的形式在局域面积与石墨烯耦合作用,将光场束缚在石墨烯附近可增加光和石墨烯的作用强度,但由此所带来的损耗一般也会增加。因此,类似于石墨烯光纤电光调制器的方案,进一步增加石墨烯与光作用路程(次数)可能是后续电光调制器调制深度进一步提升的一个重要方案。此外,如何进一步优化石墨烯基电光调制器的制备工艺,使其更加便捷、稳定可控、批量地制备也是下一步石墨烯电光调制器真正走向应用亟须解决的问题。

5.4 石墨烯表面等离激元

表面等离激元光子学(Plasmonics)在纳米光子学领域扮演着重要的角色,它是探索如何将电磁场限制在波长或亚波长尺度内并进行传输和调控的一门新兴学科。表面等离激元(Surface plasmons, SPs)是一种电磁表面波,它存在于导体与绝缘体分界面处,表现出了明显的亚波长特性,具有一系列新奇的光学性质,例如对光的选择性吸收和散射、电磁波的亚波长束缚和局域光场增强等。表面等离激元在生物、化学、能源和信息等领域显示出重要的应用前景,如局域表面等离激元共振传感器、高效太阳能电池、超材料和光子集成回路等[58-60]。此前,这个领域的研究对象主要是金、银等贵金属材料体系中的表面等离激元在可见光到近红外波段范围的光学性质。

近年来随着石墨烯光电子学的发展,石墨烯作为一种新兴的表面等离激元材料,表现出了传统贵金属材料无法比拟的迷人特性,为表面等离激元光子学的发展带来了无限可能。由于石墨烯独特的能带结构和极高的载流子迁移率,石墨烯等离激元与金属/介质分界面的表面等离激元相比,具有以下特点和优势:(1)作为一种二维系统,石墨烯支持的表面等离激元模式将穿透石墨烯,同时存在于石墨烯上下的介质中,其色散关系与有厚度的三维金属情况不同。(2)具有很强的光场束缚性,有效折射率很高,因而具有极小的模式体积和极强的场增强特性。(3)载流子浓度可通过外加电磁场调节,可实现石墨烯等离激元特性的动态调控。(4)在中红外波段具有相对较小的损耗,意味着石墨烯作为表面等离激元波导时具有较长的传输距离[61-63]。这些性质使得石墨烯等离激元在生物/化学传感器、有源器件、光谱学以及红外/太赫兹探测等领域具有重要的应用前景。

5.4.1　石墨烯表面等离激元的激发机制

基于石墨烯二维结构的特殊性,通过激发石墨烯表面等离激元可实现物质与光的相互作用。石墨烯表面等离激元的激发面临的主要挑战是波矢匹配问题:光在真空中的波矢比石墨烯表面等离激元的波矢小一个数量级,这一差距使得入射光不能直接耦合到石墨烯中形成表面等离激元共振。要激发表面等离激元,需要一个额外波矢补偿入射光波矢,实现波矢匹配。典型的激发方式包括以下几种:

(1)光栅耦合。通过石墨烯周围介质衬底形成光栅,以实现石墨烯表面等离激元的激发是一种常见的激发方式。这种方法的基本思想是利用光学一般原理,即当一束光照射到光栅上时,能够在光栅表面产生不同阶数的散射光,这些散射光具有一些额外波矢量,如图 5-10(a)所示。这一额外产生的波矢量由光栅周期决定,为 $G = 2\pi / \Lambda$ 的整数倍。一旦分布于光栅表面的散射光波矢与表面等离激元波的波矢相吻合,相位匹配条件就能够被满足[64-67]:

$$\beta_{sp} = k\sin\theta \pm nG \tag{5-1}$$

表面等离激元进而即可被激发。这一条件具有对等性,即当波导型的表面等离激元传播到光栅性质的区域时,其波矢能够和光栅发生耦合,往外辐射能量[64]。

(2)棱镜耦合。另一种实现入射光波矢补偿的方式是棱镜耦合。当将 P 型极化光入射到一个高折射率的棱镜介质表面时,被全反射的光将产生倏逝波,这些倏逝波可能会使波矢匹配条件得以满足,从而激发表面等离激元,如图 5-10(b)所示。常见的棱镜耦合结构有 Kretschmann 和 Otto 两种类型[64]。棱镜耦合结构实现波矢匹配的条件主要有以下两点:一是棱镜的有效介电常数 ε_{prism} 需要大于包裹石墨烯阶层介质的介电常数 ε_{die};二是光源入射角必须要大于发生全反射的临界角,即 $\theta > \theta_C = \arcsin(\varepsilon_{die} / \varepsilon_{prism})$,使得倏逝波能够产生。这样一来,在棱镜介质中的光波矢得以补偿,从而满足波矢匹配条件,激发表面等离激元。这一补偿波矢可表示为[64]

$$q = \sqrt{\varepsilon_{prism}}\,\omega/c \tag{5-2}$$

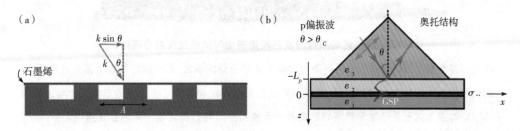

图 5-10　石墨烯表面等离激元

(a)石墨烯表面等离激元光栅激发示意图;(b)棱镜耦合激发石墨烯表面等离激元结构示意图

（3）近场耦合。近场光学技术的发展,使得直接对石墨烯表面等离激元在纳米尺度下进行研究成为可能。而近场耦合方式激发石墨烯表面等离激元的方法得益于微纳尺度光聚焦技术的发展。在这样的技术背景下,激发石墨烯表面等离激元所需要的补偿波矢量便由扫描近场光学显微镜(Scanning Near-field Optical Microscope, SNOW)所具有的半径尺寸 r 远小于入射光波长的金属劈尖所产生的倏逝场所提供。如图 5-11所示,将石墨烯置于 SNOM 金属劈尖的有效范围之内(通常几个到几十个纳米),入射到金属劈尖上的光波将被劈尖散射,散射波中有一部分满足波矢匹配条件的光场将耦合到石墨烯中,进一步激发波矢可达到 $q \sim r^{-1}$ 量级的表面等离激元。这些被激发的表面等离激元波将以金属劈尖为中心往周围传播。

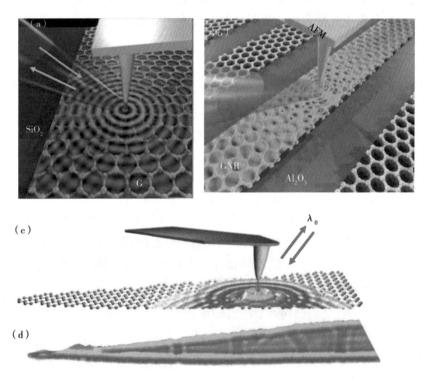

图 5-11　近场耦合激发石墨烯表面等离激元实验原理图

(a)将石墨烯置于 SiO_2 衬底上,再利用金属劈尖接近石墨烯表面,其中绿色和蓝色箭头分别表示入射光和散射光传播方向,红色同心圆表示劈尖激发的表面等离激元波;(b)通过劈尖近场激发位于 Al_2O_3 基底上的石墨烯纳米带表面等离激元示意图;(c)将石墨烯置于黄色金属劈尖之下,照射的红色箭头为入射光,将在石墨烯表面激发水波形状所表示的表面等离激元波;(d)通过(c)图中的金属劈尖扫描得到的局域表面等离激元共振场强伪彩色图

2012 年,Chen J. 两 Fei Z. 个独立的研究团队[67,68]分别在实验中突破了近场激发石墨烯表面等离激元的关键技术。在他们开创性的实验中,不仅通过金属劈尖激发了表面等离激元,还通过金属劈尖实现了对表面等离激元共振的近场成像,如图5–11(d)所示。

(4)偶极子激发。此外,与金属劈尖近场激发类似的方法还有偶极子激发法。当一个被激发的分子或者金属等量子点处于石墨烯表面几十个纳米范围内时(即在偶极子辐射波长范围内),偶极子衰减辐射能量的概率会增减 1～5 个数量级[69],衰减过程中会释放出一定范围的倏逝波。尽管这些倏逝波传播的距离一般不远,但当他们满足波矢匹配条件时,便可以激发石墨烯表面等离激元,如图 5–12 所示。现在利用偶极子激发石墨烯表面等离激元的方法[69-72]已经被实验所证实[73]。

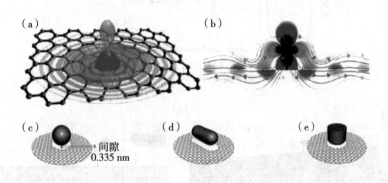

图 5–12　偶极子激发石墨烯表面等离激元示意图

(a)电场分量垂直于石墨烯表面且距离石墨烯 10 nm 远的偶极子激发石墨烯表面等离激元示意图,其中红色和蓝色同心圆环表示激发的表面等离激元波;(b)为(a)图的侧视图,其中红色和蓝色表示表面等离激元共振电荷极性,实线箭头表示表面等离激元场能量传播方向。金属球(c)、金属棒(d)和金属圆柱(e)置于与金属颗粒同样尺寸孔的石墨烯上面

(5)电子束激发。前文所述的几种方法主要是借助光学手段来激发表面等离激元。除了通过入射光直接或者间接激发外,还可以用一定能量的入射电子束激发表面等离激元。利用电子束激发表面等离激元的方法早期常被用于激发金属表面等离激元[64],同样的方法也可用于激发石墨烯表面等离激元。当一列电子束以一定的速率平行或者以一定夹角经过石墨烯表面时,能够有效激发石墨烯表面等离激元。这是由于电子束经过石墨烯时会产生衰减,衰减的能量以倏逝波的形式辐射出去。当倏逝波的波矢满足波矢匹配条件时,表面等离激元便可以被激发,如图 5–13 所示。当激发的表

面等离激元波和入射电子束往同一方向传播时,它们将具有相同的相速度[74]。并且在传播过程中,石墨烯表面等离激元波可从电子束中持续地得到能量补偿,用来克服传播过程中产生的损耗。电子束激发的表面等离激元波可以测量透射或者散射电子的能量,能谱中能量损耗最大的频率就是激发石墨烯表面等离激元的频率,如图 5 - 13(a) 所示。此外,如果能实现电子束的斜入射,并且测量电子束的散射角等信息,还可确定对应的色散关系。

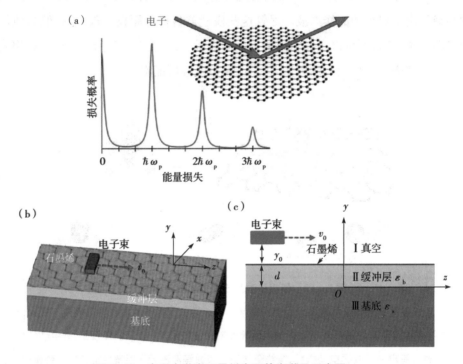

图 5 - 13   电子束激发石墨烯表面等离激元示意图

(a) 电子以一定角度掠射过石墨烯表面时能量损耗概率示意图,插图为示意图,箭头表示电子束入射和能量损耗后的反射方向;(b,c) 电子束掠射过置于基底上的石墨烯表面,损耗的部分能量用来激发石墨烯表面等离激元,红色箭头表示电子束,(c) 图为(b) 图的侧视图

除去前文介绍的五种常见的通过光或者电子的方式激发表面等离激元的方法外,激发石墨烯表面等离激元的方法还包括:把入射光打到特定几何形状的石墨烯表面[72],或者将一特定形状的金属置于石墨烯之上,满足一定条件的入射光也能激发石墨烯表面等离激元,如图 5 - 14 所示。

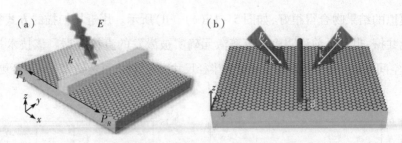

图 5 - 14　其他激发石墨烯表面等离激元结构示意图

将金属条带(a)或者金属线(b)置于石墨烯表面,满足一定条件的入射光可激发石墨烯表面等离激元

5.4.2　石墨烯表面等离激元的观测方法

从实验的角度看,目前测量的结果直接或者间接证明表面等离激元激发以及共振的技术大致可分为两类:一类是远场测量,另一类是近场测量。

(1)远场测量。由于石墨烯的激发是发生在与入射光发生耦合时,因而必然会在共振波的位置吸收掉一部分或者全部的入射光能量。通过测量与石墨烯发生作用以后被散射、反射、透射或消去光的比值,即可确定表面等离激元共振是否发生,以及发生在什么位置,如图 5 - 15(a)所示。但远场测量也有一些缺点,比如仅能测量在哪一位置发生了入射光的吸收,无法直接确定入射光被吸收的真正原因,如光子与声子作用、衬底吸收、微纳结构本身引起的散射等[61,78],还需要结合具体的材料特性,借助一定的理论分析来确定。常见的远场测量方法有横向剪切干涉法(Quadriwave Lateral Shearing Interferometry),这一方法可以测量透射能量幅值和相位信息[79],可用傅立叶变换红外光谱仪(Fourier Transform Infrared Spectrometer, FTIR)[61]等。

(2)近场测量。前面讨论了近场方式激发石墨烯表面等离激元,这种技术的特征是不仅能激发石墨烯表面等离激元,并且还允许我们在实空间对表面等离激元进行测量或者成像。常见的技术工具是散射型扫描近场光学显微镜(Scattering-type Scanning Near-field Optical Microscopy, S-SNOW)[61],这种纳米成像技术的工作原理是通过金属劈尖收集近场散射的能量,如图 5 - 15(b)所示。由于被测的背景散射场严重依赖于样品质量、劈尖与样品的距离,所以可以通过在垂直于样品表面的方向以一定频率上下移动劈尖,再解调探测到的信号得到所激发的表面等离激元近场强度。由于这种方法是目前唯一能用于在实空间对局域型和波导型表面等离激元进行测量的方法,所以被广泛地用于测量各种石墨烯波导和微纳结构所支持的表面等离激元共振模式,并且能够和理论模拟的结果吻合得很好,如图 5 − 15(c)、(d)所示。用近场扫描的方式探测表面等离激元共振,也是目前证明表面等离激元确实被激发的直接证据。该技术扫描得到的二维场空间分布图像分辨率由金属劈尖半径尺寸决定,目前可达到 25 nm 甚至更低[80]。

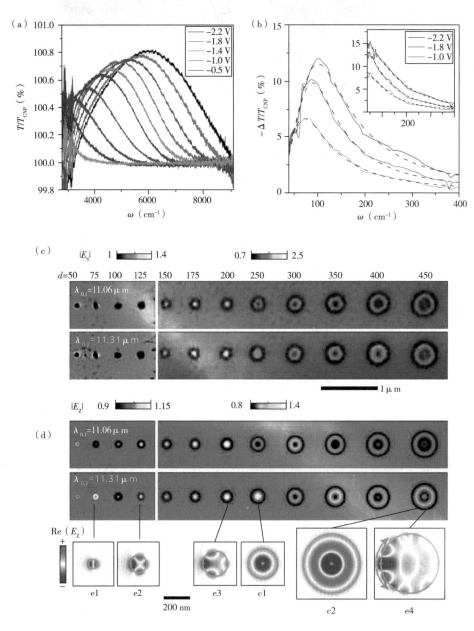

图 5 − 15 石墨烯表面等离激元探测方法

(a)石墨烯表面等离激元激发透射光谱测量图;(b,c)石墨烯上表面等离激元激发近场扫描线

性场分布(b)和二维场分布(c),其中图(b)插图表示近场扫描原理示意图;(d)近场扫描二维场
分布图像(上栏)和模拟结果(下栏)对比

5.4.3　石墨烯表面等离激元的应用

石墨烯等离激元的共振频率在中红外到太赫兹($10 \sim 4000$ cm^{-1})连续可调,对工业
控制、生物和化学传感、信息和通信、国土安全、军事和光谱研究等领域具有重要的作
用。目前,石墨烯等离激元在电光调制、光学传感、量子等离激元、光收集和光谱探测等
领域都展示出了应用前景。除此之外,理论研究还预言了石墨烯等离基元的一些潜在
应用,如全光吸收[81]、石墨烯隐身衣[82]、变换光学、石墨烯等离激元彩虹陷光[83]、光学
天线[84]、光波导[85]和光逻辑器件[86]等。

（1）有源光调制器

由于石墨烯等离激元特殊的电学可调性,能够对其进行动态调节。通过石墨烯等
离激元器件的设计和栅极电压的调控可实现对光的折射率、吸收率、振幅以及相位等性
质的动态调节[87]。

目前,研究者广泛将石墨烯加工成不同结构的超材料,在栅极电压的调控下实现了
石墨烯等离激元对入射光选择性吸收的动态可调。如图 5 - 16(a)、(b)所示,Fang Z.
等将石墨烯加工成纳米圆盘阵列,通过改变圆盘尺寸和栅极电压,利用其等离激元性质
实现了对中红外光的可调吸收。

通过增加石墨烯的层数,可以进一步提高石墨烯等离激元超材料对光的吸收效率。
Yan H. 等[89]将石墨烯和透明有机薄膜交替堆叠,发现其对光的吸收率随着堆叠层数线
性增加,如图 5 - 16(c)所示。这是因为石墨烯等离激元的 Drude weight 随着层数线性
增加。它们在这种多层石墨烯等离激元结构中实现了远红外限波滤波器的功能,其
8.2 dB 的反射率能够屏蔽掉 97.5% 的共振激发光,并在其他波段保持高透明度。当把
这种多层石墨烯堆叠结构加工成微米或纳米条带时,则能够实现从太赫兹到中红外的
线偏振光,其激发效率接近 90%。这种起偏器对偏振方向沿着纳米条带的入射光的吸
收率远低于偏振方向垂直于纳米条带的入射光的吸收率,如图 5 - 16(f)所示。

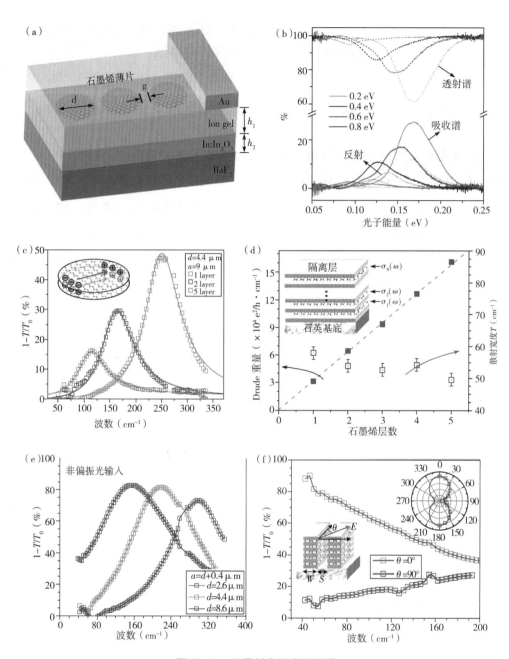

图 5 - 16 石墨烯有源光调制器

（a）石墨烯纳米圆盘阵列示意图；（b）通过栅压调节石墨烯纳米圆盘阵列,实现对光吸收率的动态
可调；（c）增加石墨烯层数能够有效地提高石墨烯等离激元吸收强度；（d）石墨烯等离激元的
Drude weight 随石墨烯层数线性增加；（e）由 5 层石墨烯堆叠形成的微米圆盘阵列的消光谱,
通过改变圆盘直径可以调节消光峰的位置；（f）由 5 层石墨烯组成的微米条带阵列的消光谱,
灰色为入射光偏振沿着条带方向,红色为入射光偏振垂直条带方向

（2）石墨烯等离激元增强红外光谱

由于利用红外光谱能够得出分子的精细结构，因此红外光谱在对物质的分析和鉴定中具有广泛的用途。随着研究的深入，人们需要对微量物质甚至是单分子进行探测，因而希望红外光谱具有越来越高的探测精度。通过等离激元增强提高光谱测量精度具有广泛的应用，比如表面增强拉曼和针尖增强拉曼。等离激元增强也能提高红外探测的精度，例如利用金纳米杆阵列产生的中红外波段等离激元共振实现了对 2 nm 厚蛋白质的检测[90]。但是金属等离激元共振频率主要在可见、近红外波段，在中红外波段光场增强有限。

石墨烯等离激元的工作频段覆盖近红外到中远红外波段，并且电学动态可调，因此可用来增强红外光谱并实现动态探测。如图 5 – 17（a）所示，双层石墨烯等离激元中等离激元与自身面内光学声子发生耦合，双层石墨烯的红外信号实现了 5 倍以上的增强[91]。图 5 – 17（b）中则是利用石墨烯等离激元增强了 8 nm 厚聚甲基丙烯酸甲酯薄膜（PMMA）的红外吸收[92]。此外，石墨烯等离激元微结构上的单层六方氮化硼能够与石墨烯等离激元耦合，在红外吸收峰处产生一个完全分立的峰[93]。与金属等离激元不同，石墨烯等离激元能够与在它附近很宽范围内的声子发生耦合，并结合石墨烯等离激元的电学可调性，在同一石墨烯等离激元器件上对宽频范围内的声子进行探测。

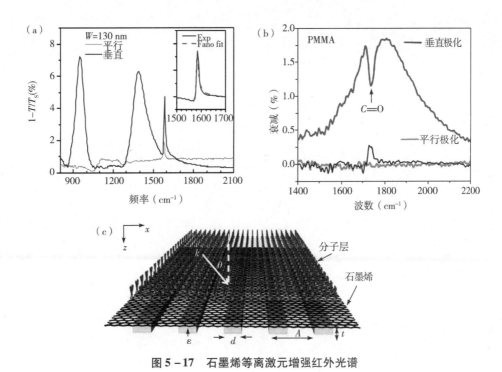

图 5 – 17　石墨烯等离激元增强红外光谱

（a）双层石墨烯的等离激元与光学声子耦合使声子信号至少增强 5 倍,灰色曲线为等离激元未

增强时的红外光谱；(b)石墨烯等离激元增强了 8 nm 厚 PMMA 薄膜的红外吸收峰，激发光偏振

方向垂直等离激元条带(红色)，平行条带(绿色)，没有石墨烯(蓝色)；(c)一种

石墨烯传感器结构示意图

　　石墨烯优异的光学性能，尤其是其从紫外到太赫兹波段超宽的光谱响应范围以及可调的动态光电导率，使得石墨烯在新兴的光子学器件中展现出非常有竞争力的应用前景。石墨烯能够与现有的硅基光子学器件很好地集成，这种混合的光子学器件或集成系统具有巨大的实际应用价值。但是，在石墨烯光子学器件真正实现商用之前尚有很多基础性的科学问题需要解决，例如石墨烯较低的光吸收率(单层 2.3%)导致光与物质的相互作用较弱。伴随着其他二维材料的发展，尤其是二维半导体材料，通过与石墨烯构筑二维范德瓦尔斯异质结，可以实现优势的互补，从而得到满足不同应用需求的光子学器件。

参考文献

［1］Novoselov K S, Geim A K, Morozov S V, et al. Two – dimensional gas of massless dirac fermions in graphene［J］. Nature, 2005, 438(7065): 197 – 200.

［2］Nair R R, Blake P, Grigorenko A N, et al. Fine structure constant defines visual transparency of graphene［J］. Science, 2008, 320(5881): 1308 – 1308.

［3］Falkovsky L A. Universal infrared conductivity of graphite［J］. Physical Review B, 2010, 82(7): 073103.

［4］Ni Z H, Wang H M, Kasim J, et al. Graphene thickness determination using reflection and contrast spectroscopy［J］. Nano Letters, 2007, 7(9): 2758 – 2763.

［5］Bao Q L, Zhang H, Wang Y, et al. Atomic – layer graphene as a saturable absorber for ultrafast pulsed lasers［J］. Advanced Functional Materials, 2009, 19(19): 3077 – 3083.

［6］Sun Z P, Hasan T, Torrisi F, et al. Graphene mode – locked ultrafast laser［J］. ACS Nano, 2010, 4(2): 803 – 810.

［7］Liu M, Yin X, Ulin – Avila E, et al. A graphene – based broadband optical modulator［J］. Nature, 2011, 474(7349): 64 – 67.

［8］Bao Q L, Loh K P. Graphene Photonics, Plasmonics, and Broadband Optoelectronic Devices. ACS Nano, 2012 6(5), 3677 – 3694. doi:10.1021/nn300989g.

［9］Hendry E, Hale P, Moger J, et al. Coherent Nonlinear Optical Response of Graphene［J］. Physical Review Letters, 2010, 105(9), 97401.

［10］Zhang H, Virally S, Bao Q L, et al. Z – scan measurement of the nonlinear refractive index of graphene［J］. Optics Letters, 2012, 37(11), 1856 – 1858.

［11］Demaria A J, Stetser D A, Heynau H. Self mode – locking of lasers with saturable absorbers［J］. Applied Physics Letters, 1966, 8(7): 174.

［12］Ruddock I S, Bradley D J. Bandwidth – limited subpicosecond pulse generation in modelocked cw dye – lasers［J］. Applied Physics Letters, 1976, 29(5): 296 – 297.

［13］Yamane K, Kito T, Morita R, et al. 2.8 – fs clean single transform – limited optical – pulse generation and characterization［M］. Ultrafast Phenomena Xiv, 2005: 13 – 15.

[14] Reagan B A, Berrill M, Wernsing K A, et al. High – average – power, 100 – hz – repetition – rate, tabletop soft – x – ray lasers at sub – 15 – nm wavelengths[J]. Physical Review A, 2014, 89(5): 053820.

[15] Keller U. Recent developments in compact ultrafast lasers[J]. Nature, 2003, 424(6950): 831 – 838.

[16] Gower M C. Industrial applications of laser micromachining[J]. Optics Express, 2000, 7(2): 56 – 67.

[17] Nelson L E, Jones D J, Tamura K, et al. Ultrashort – pulse fiber ring lasers[J]. Applied Physics B – Lasers and Optics, 1997, 65(2): 277 – 294.

[18] Tang D Y, Zhao L M, Zhao B, et al. Mechanism of multisoliton formation and soliton energy quantization in passively mode – locked fiber lasers[J]. Physical Review A, 2005, 72(4).

[19] Wu D, Xiong F, Zhang C, et al. Large – energy, wavelength – tunable, all – fiber passively q – switched er:Yb – codoped double – clad fiber laser with mono – layer chemical vapor deposition graphene[J]. Applied Optics, 2014, 53(20): 4089 – 4093.

[20] Song Y W, Jang S Y, Han W S, et al. Graphene mode – lockers for fiber lasers functioned with evanescent field interaction[J]. Applied Physics Letters, 2010, 96(5): 051122.

[21] Luo Z Q, Zhou M, Weng J, et al. Graphene – based passively q – switched dual – wavelength erbium – doped fiber laser[J]. Optics Letters, 2010, 35(21): 3709 – 3711.

[22] Martinez A, Fuse K, Xu B, et al. Optical deposition of graphene and carbon nanotubes in a fiber ferrule for passive modelocked lasing[J]. Optics Express, 2010, 18(22): 23054 – 23061.

[23] Liu Z B, He X Y, Wang D N. Passively mode – locked fiber laser based on a hollow – core photonic crystal fiber filled with few – layered graphene oxide solution[J]. Optics Letters, 2011, 36(16): 3024 – 3026.

[24] Choi S Y, Jeong H, Hong B H, et al. All – fiber dissipative soliton laser with 10.2 nj pulse energy using an evanescent field interaction with graphene saturable absorber[J]. Laser Physics Letters, 2014, 11(1): 015101.

[25] Li W, Yi L L, Zheng R, et al. Fabrication and application of a graphene polarizer with strong saturable absorption[J]. Photonics Research, 2016, 4(2): 41 – 44.

[26] Purdie D G, Popa D, Wittwer V J, et al. Few – cycle pulses from a graphene mode – locked all – fiber laser[J]. Applied Physics Letters, 2015, 106(25): 253101.

[27] Sobon G, Sotor J, Pasternak I, et al. Chirped pulse amplification of a femtosecond er – doped fiber laser mode – locked by a graphene saturable absorber[J]. Laser Physics Letters, 2013, 10(3): 035104.

[28] Cunning B V, Brown C L, Kielpinski D. Low – loss flake – graphene saturable absorber mirror for laser mode – locking at sub – 200 – fs pulse duration[J]. Applied Physics Letters, 2011, 99(26): 261109.

[29] Schmidt O, Rothhardt J, Roeser F, et al. Millijoule pulse energy q – switched short – length fiber laser[J]. Optics Letters, 2007, 32(11): 1551 – 1553.

[30] Zhu G, Zhu X, Balakrishnan K, et al. Fe^{2+} :Znse and graphene q – switched singly Ho^{3+} – doped zblan fiber lasers at 3 μm[J]. Optical Materials Express, 2013, 3(9): 1365 – 1377.

[31] Tang Y L, Yu X, Li X, et al. High – power thulium fiber laser q switched with single – layer graphene[J]. Optics Letters, 2014, 39(3): 614 – 617.

[32] Liu C, Ye C, Luo Z, et al. High – energy passively q – switched 2 μm Tm^{3+} – doped double – clad fiber laser using graphene – oxide – deposited fiber taper[J]. Optics Express, 2013, 21(1): 204 – 209.

[33] Wei L, Zhou D P, Fan H Y, et al. Graphene – based q – switched erbium – doped fiber laser with wide pulse – repetition – rate range[J]. Ieee Photonics Technology Letters, 2012, 24(4): 309 – 311.

[34] Baylam I, Ozharar S, Kakenov N, et al. Femtosecond pulse generation from a Ti^{3+} : sapphire laser near 800 nm with voltage reconfigurable graphene saturable absorbers[J]. Optics Letters, 2017, 42(7): 1404 – 1407.

[35] Han S, Li X, Xu H, et al. Graphene q – switched 0.9 μm nd:La 0.11 y 0.89 yo 4 laser[J]. Chinese Optics Letters, 2014, 12(1): 011401.

[36] Ozharar S, Baylam I, Cizmeciyan M N, et al. Graphene mode – locked multipass – cavity femtosecond Cr^{4+} : Forsterite laser[J]. Journal of the Optical Society of America B – Optical Physics, 2013, 30(5): 1270 – 1275.

［37］ Tan W D, Su C Y, Knize R J, et al. Mode locking of ceramic nd:Yttrium aluminum garnet with graphene as a saturable absorber［J］. Applic Physics Letters, 2010, 96(3): 031106.

［38］ Cho W B, Kim J W, Lee H W, et al. High – quality, large – area monolayer graphene for efficient bulk laser mode – locking near 1. 25 μm［J］. Optics Letters, 2011, 36 (20): 4089 – 4091.

［39］ Cafiso S D D D, Ugolotti E, Schmidt A, et al. Sub – 100 – fs cr:Yag laser mode – locked by monolayer graphene saturable absorber［J］. Optics Letters, 2013, 38(10): 1745 – 1747.

［40］ Tolstik N, Sorokin E, Sorokina I T. Graphene mode – locked cr:Zns laser with 41 fs pulse duration［J］. Optics Express, 2014, 22(5): 5564 – 5571.

［41］ Yu H, Chen X, Zhang H, et al. Large energy pulse generation modulated by graphene epitaxially grown on silicon carbide［J］. ACS Nano, 2010, 4(12): 7582 – 7586.

［42］ Li X L, Xu J L, Wu Y Z, et al. Large energy laser pulses with high repetition rate by graphene q – switched solid – state laser［J］. Optics Express, 2011, 19(10): 9950 – 9955.

［43］ Xu S C, Man B Y, Jiang S Z, et al. Watt – level passively q – switched mode – locked yvo4/nd: Yvo4 laser operating at 1. 06 μm using graphene as a saturable absorber［J］. Optics and Laser Technology, 2014, 56: 393 – 397.

［44］ Liu M, Yin X, Zhang X. Double – layer graphene optical modulator［J］. Nano Letters, 2012, 12(3): 1482 – 1485.

［45］ Kim K, Choi J Y, Kim T, et al. A role for graphene in silicon – based semiconductor devices［J］. Nature, 2011, 479(7373): 338 – 344.

［46］ Lu Z, Zhao W. Nanoscale electro – optic modulators based on graphene – slot waveguides［J］. Journal of the Optical Society of America B – Optical Physics, 2012, 29(6): 1490 – 1496.

［47］ Lee C C, Suzuki S, Xie W, et al. Broadband graphene electro – optic modulators with sub – wavelength thickness［J］. Optics Express, 2012, 20(5): 5264 – 5269.

［48］ Polat E O, Kocabas C. Broadband optical modulators based on graphene supercapacitors［J］. Nano Letters, 2013, 13(12): 5851 – 5857.

［49］ Gan X, Shiue R J, Gao Y, et al. High – contrast electrooptic modulation of a photonic crystal nanocavity by electrical gating of graphene［J］. Nano Letters, 2013, 13(2): 691 – 696.

[50] Gao Y, Shiue R J, Gan X, et al. High – speed electro – optic modulator integrated with graphene – boron nitride heterostructure and photonic crystal nanocavity[J]. Nano Letters, 2015, 15(3): 2001 – 2005.

[51] Bao Q L, Loh K P. Graphene photonics, plasmonics, and broadband optoelectronic devices[J]. ACS Nano, 2012, 6(5): 3677 – 3694.

[52] Qiu C, Gao W, Vajtai R, et al. Efficient modulation of 1.55 μm radiation with gated graphene on a silicon microring resonator[J]. Nano Letters, 2014, 14(12): 6811 – 6815.

[53] Ding Y, Zhu X, Xiao S, et al. Effective electro – optical modulation with high extinction ratio by a graphene – silicon microring resonator[J]. Nano Letters, 2015, 15(7): 4393 – 4400.

[54] Phare C T, Daniel Lee Y – H, Cardenas J, et al. Graphene electro – optic modulator with 30 ghz bandwidth[J]. Nature Photonics, 2015, 9(8): 511 – 514.

[55] Grigorenko A N, Polini M, Novoselov K S. Graphene plasmonics[J]. Nature Photonics, 2012, 6(11): 749 – 758.

[56] Youngblood N, Anugrah Y, Ma R, et al. Multifunctional graphene optical modulator and photodetector integrated on silicon waveguides[J]. Nano Letters, 2014, 14(5): 2741 – 2746.

[57] Chen K, Zhou X, Cheng X, et al. Graphene photonic crystal fibre with strong and tunable light – matter interaction[J]. Nature Photonics, 2019, 13(11): 754 – 759.

[58] Ozbay E. Plasmonics: Merging photonics and electronics at nanoscale dimensions[J]. Science, 2006, 311(5758): 189 – 193.

[59] Barnes W L, Dereux A, Ebbesen T W. Surface plasmon subwavelength optics[J]. Nature, 2003, 424(6950): 824 – 830.

[60] Homola J, Yee S S, Gauglitz G. Surface plasmon resonance sensors: Review[J]. Sensors and Actuators B: Chemical, 1999, 54(1): 3 – 15.

[61] Ju L, Geng B, Horng J, et al. Graphene plasmonics for tunable terahertz metamaterials[J]. Nature Nanotechnology, 2011, 6(10): 630 – 634.

[62] Woessner A, Lundeberg M B, Gao Y, et al. Highly confined low – loss plasmons in graphene – boron nitride heterostructures[J]. Nature Materials, 2015, 14(4): 421 – 425.

[63] Chen J, Badioli M, Alonso – Gonzalez P, et al. Optical nano – imaging of gate – tunable graphene

plasmons[J]. Nature, 2012, 487(7405): 77 – 81.

[64] Gonçalves P A D, Peres N M. An introduction to graphene plasmonics [M]. World Scientific, 2016.

[65] Szunerits S, Boukherroub R. Introduction to plasmonics: advances and applications[M]. Jenny Stanford Publishing, 2015.

[66] Gao W, Shu J, Qiu C, et al. Excitation of plasmonic waves in graphene by guided – mode resonances[J]. ACS Nano, 2012, 6(9): 7806 – 7813.

[67] Chen J, Badioli M, Alonso – Gonzalez P, et al. Optical nano – imaging of gate – tunable graphene plasmons[J]. Nature, 2012, 487(7405): 77 – 81.

[68] Fei Z, Rodin A S, Andreev G O, et al. Gate – tuning of graphene plasmons revealed by infrared nano – imaging[J]. Nature, 2012, 487(7405): 82 – 85.

[69] Koppens F H L, Chang D E, Javier Garcia De Abajo F. Graphene plasmonics: a platform for strong light – matter interactions[J]. Nano Letters, 2011, 11(8): 3370 – 3377.

[70] Yu Nikitin A, Garcia – Vidal F J, Martin – Moreno L. Analytical expressions for the electromagnetic dyadic green's function in graphene and thin layers[J]. Ieee Journal of Selected Topics in Quantum Electronics, 2013, 19(3): 4600611.

[71] Nikitin A Y, Guinea F, Garcia – Vidal F J, et al. Fields radiated by a nanoemitter in a graphene sheet[J]. Physical Review B, 2011, 84(19): 195446.

[72] Amendola V. Surface plasmon resonance of silver and gold nanoparticles in the proximity of graphene studied using the discrete dipole approximation method [J]. Physical Chemistry Chemical Physics, 2016, 18(3): 2230 – 2241.

[73] Gaudreau L, Tielrooij K J, Prawiroatmodjo G E D K, et al. Universal distance – scaling of nonradiative energy transfer to graphene[J]. Nano Letters, 2013, 13(5): 2030 – 2035.

[74] Zhan T, Han D, Hu X, et al. Tunable terahertz radiation from graphene induced by moving electrons[J]. Physical Review B, 2014, 89(24): 245434.

[75] Huang H, Ke S, Wang B, et al. Numerical study on plasmonic absorption enhancement by a rippled graphene sheet[J]. Journal of Lightwave Technology, 2017, 35(2): 320 – 324.

[76] Ma Z, Cai W, Wang L, et al. Unidirectional excitation of graphene plasmons in au – graphene

composite structures by a linearly polarized light beam[J]. Optics Express, 2017, 25(5):
4680 - 4687.

[77] Wang L, Cai W, Zhang X, et al. Directional generation of graphene plasmons by near field interference[J]. Optics Express, 2016, 24(17): 19776 - 19787.

[78] Prodan E, Radloff C, Halas N J, et al. A hybridization model for the plasmon response of complex nanostructures[J]. Science, 2003, 302(5644): 419 - 422.

[79] Deng B, Guo Q, Li C, et al. Coupling - enhanced broadband mid - infrared light absorption in graphene plasmonic nanostructures[J]. ACS Nano, 2016, 10(12): 11172 - 11178.

[80] Fei Z, Ni G X, Jiang B Y, et al. Nanoplasmonic phenomena at electronic boundaries in graphene [J]. Acs Photonics, 2017, 4(12): 2971 - 2977.

[81] Thongrattanasiri S, Koppens F H, Garcia De Abajo F J. Complete optical absorption in periodically patterned graphene[J]. Physical Review Letters, 2012, 108(4): 047401.

[82] Chen P Y, Alu A. Atomically thin surface cloak using graphene monolayers[J]. ACS Nano, 2011, 5(7): 5855 - 5863.

[83] Chen L, Zhang T, Li X, et al. Plasmonic rainbow trapping by a graphene monolayer on a dielectric layer with a silicon grating substrate [J]. Optics Express, 2013, 21 (23): 28628 - 28637.

[84] Liu P H, Cai W, Wang L, et al. Tunable terahertz optical antennas based on graphene ring structures[J]. Applied Physics Letters, 2012, 100(15): 153111.

[85] Christensen J, Manjavacas A, Thongrattanasiri S, et al. Graphene plasmon waveguiding and hybridization in individual and paired nanoribbons[J]. ACS Nano, 2012, 6(1): 431 - 440.

[86] Ooi K J, Chu H S, Bai P, et al. Electro - optical graphene plasmonic logic gates[J]. Optics Letters, 2014, 39(6): 1629 - 1632.

[87] Nikitin A Y, Guinea F, Garcia - Vidal F J, et al. Edge and waveguide terahertz surface plasmon modes in graphene microribbons[J]. Physical Review B, 2011, 84(16): 161407.

[88] Fang Z, Wang Y, Schlather A E, et al. Active tunable absorption enhancement with graphene nanodisk arrays[J]. Nano Letters, 2014, 14(1): 299 - 304.

[89] Yan H, Li X, Chandra B, et al. Tunable infrared plasmonic devices using graphene/insulator

stacks[J]. Nature Nanotechnology, 2012, 7(5): 330 – 334.

[90] Adato R, Yanik A A, Amsden J J, et al. Ultra – sensitive vibrational spectroscopy of protein monolayers with plasmonic nanoantenna arrays [J]. Proceedings of the National Academy of Sciences of the United States of America, 2009, 106(46): 19227 – 19232.

[91] Yan H, Low T, Guinea F, et al. Tunable phonon – induced transparency in bilayer graphene nanoribbons[J]. Nano Letters, 2014, 14(8): 4581 – 4586.

[92] Li Y, Yan H, Farmer D B, et al. Graphene plasmon enhanced vibrational sensing of surface – adsorbed layers[J]. Nano Letters, 2014, 14(3): 1573 – 1577.

[93] Brar V W, Jang M S, Sherrott M, et al. Hybrid surface – phonon – plasmon polariton modes in graphene/monolayer h – bn heterostructures[J]. Nano Letters, 2014, 14(7): 3876 – 3880.

第6章　石墨烯能源器件

能源是能够提供能量的资源,能源的存在形式多种多样,包括电能、光能、热能、机械能和化学能等,通过一定的方式也可以相互进行转换,是国民经济的重要物质基础。随着经济的迅猛发展,日益增长的能量消耗使得能源短缺的问题格外突出,因此寻求新的替代能源和可再生能源具有十分重要的意义。当前,可再生能源存在能量密度低、分散性大、不稳定和不连续等特点,寻求新的材料和新的技术实现能量的有效存储和转换,提高能源的能量密度对能量的有效利用率,有助于解决当前存在的问题,改善目前能源短缺的现状。

碳材料由于其优异的导电性被作为电极材料广泛应用在储能领域,包括蓄电池、超级电容器和太阳能电池等。石墨烯是由碳原子 sp^2 杂化组成的二维蜂窝状原子晶体,具有优异的导电和导热性、大的比表面积和良好的化学稳定性,这些优异的性能使得石墨烯在能源领域展现出广泛的应用前景。通过对石墨烯基电极材料微观结构和宏观结构的有效调控,实现高体积容量性能储能器件的可控构建。从材料设计的角度推动高体积能量密度储能系统的发展,为新型电化学储能器件的设计与构建带来了新的机遇与挑战。在本章中,我们主要从二次电池、超级电容器和太阳能电池三大能源器件展开,对其基本工作原理及石墨烯在各类能源器件中的应用进行详细介绍。

6.1　石墨烯在二次电池中的应用

电池是将储存在内部的化学能直接转换成电能的装置,通常分为一次电池和二次电池。一次电池是普通的干电池,只能使用一次;二次电池又称为可充电电池或蓄电池,可多次循环使用,在放电过程中,电池中的化学能转换成电能供外部用电设备使用,而在充电过程中,电池又将电能转换成化学能进行储存。对蓄电池而言,其能量密度和循环使用寿命是表征电池性能的重要指标,目前人们广泛接触的蓄电池以锂离子电池为主,然而由于锂资源的分布不均衡以及供需之间的矛盾,寻求低成本、高储能的新型蓄电池成为目前科学界和工业界的研究热点。石墨烯材料由于其独特的物理和化学性能,越来越多地应用于电极材料和导电基底。本节从锂离子电池和锂硫电池出发,介绍石墨烯在二次电池领域的应用。

6.1.1　石墨烯在锂离子电池中的应用

锂离子电池的正极材料是锂的过渡金属氧化物,负极采用碳基材料或者非碳基的过渡金属氧化物,电解液为溶解有锂盐的有机化合物。锂离子电池的工作示意图如图6－1所示[1],在工作过程中,锂离子以电解液为介质在正负极之间运动,实现电池的充放电。充电时,锂离子从正极材料中脱嵌,经过电解液嵌入负极,负极处于富锂状态;放电时正好相反,锂离子从负极经过电解液嵌入正极。在充放电过程中,锂离子在正极和负极之间的往返嵌入脱出过程,被形象地称为“摇椅电池”。锂离子电池作为一种良好的二次电池,电压平台高,单体电池的平均电压为3.7 V或3.2 V,约等于3只镍镉电池或镍氢电池的串联电压,便于组成电池电源组。锂电池的能量密度高,具有高储存能量密度,目前已达到460~600 Wh·kg^{-1},是铅酸电池的6~7倍。锂电池重量轻,相同体积下,重量约为铅酸电池的1/5~1/6。锂离子电池由于具有能量密度高、输出功率大、平均输出电压高、工作温度范围宽等优点,可以为手机、笔记本电脑和电动汽车等电子器件提供能量。

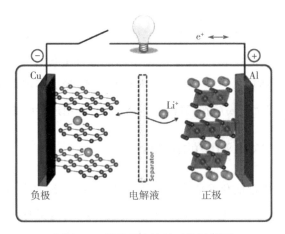

图6－1　锂离子电池的工作示意图

石墨烯作为负极材料、混合负极材料组分、活性物质载体、电极添加剂和集流体修饰层,对提升锂离子电池的综合性能具有很大的优势。目前传统的锂离子电池采用石墨作为电池负极,但由于石墨负极的理论容量较低,已经无法满足迅猛发展的电子产品

对高容量的需求,因而急需寻求更高容量的电池材料[2-5]。采用元素掺杂和涂层等技
术,可对许多常用的电极材料进行改性,这些材料既可用作阳极材料,也可用作阴极材
料,这大大提高了锂离子的扩散率、离子迁移率和电导率。与石墨负极相比,另一类非
碳基的负极材料,理论比容量相对于石墨负极有明显提高,但成本相对增加,在电池的
充放电过程中会发生严重的体积膨胀,导致活性材料结构破坏,容量迅速衰减,严重影
响电池的使用寿命和循环稳定性,从而限制了此类负极材料在商业化中的应用。基于
此,许多研究者将石墨烯覆盖到非碳基负极材料(例如金属氧化物、硅、锗、铜等)上,有
效提高了材料的导电性和抗粉化的特性,从而进一步实现对锂离子电池的倍率性能、容
量以及长循环性能的优化[6-9]。例如 Son 等人采用二氧化碳辅助的化学气相沉积技
术,实现了在硅基负极材料的硅颗粒表面石墨烯材料的直接可控生长,从而获得了石墨
烯包覆的硅颗粒小球。石墨烯的存在能够有效抑制在锂离子电池充放电反应过程中产
生的体积膨胀,从而提高电极材料的化学稳定性和循环使用寿命,如图 6 - 2 所示[10]。

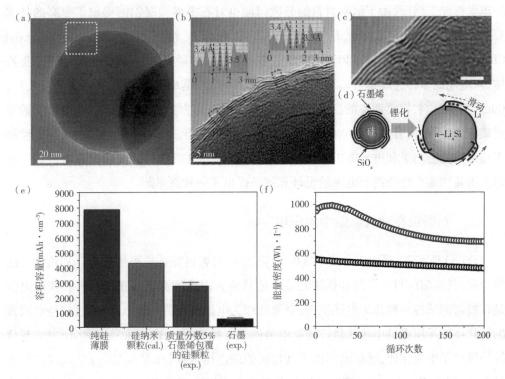

图 6 - 2　石墨烯包覆硅颗粒表面用于高性能锂离子电池

(a,b,c)石墨烯包覆的硅颗粒材料的透射电子显微镜图像;(d)石墨烯有效抑制材料体积膨胀示
意图;(e)锂离子电池体积容量对比;(f)石墨烯包覆的硅基负极材料在锂离子电池中的循环性能

与二维石墨烯薄膜相比,通过改变石墨烯形貌来引入缺陷态,同样可以有效进行锂离子的传输和电解液的渗透。基于此,Shi L. 等人[11]利用化学气相沉积方法直接在氧化亚硅(SiO)颗粒上生长三维形貌的垂直石墨烯纳米片,一方面垂直石墨烯纳米片的直立结构和大的比表面积能够保证与周围材料形成良好的电接触,提高材料的导电性和电极的倍率性能;另一方面垂直石墨烯边缘缺陷的存在可以促进锂离子顺利到达活性物质。同时,石墨烯包覆能够有效抑制氧化亚硅颗粒在充放电过程中发生的体积膨胀,从而提高锂离子电池的循环稳定性。此外,也可以通过掺杂(氮掺杂、硼掺杂等)改变石墨烯材料的能带结构,调控其电学性质和催化活性,从而有效提高石墨烯的储锂性能。

石墨烯具有大比表面积、高导电性和轻质量,是一种理想的涂碳层材料,可以将碳层厚度减小为 0.2 ~ 2 μm。与传统的炭黑或石墨涂层相比,石墨烯的导电性更高,而且石墨烯独特的二维片状结构使其涂层具有更强的黏附性能,有利于进一步提高电池的电学性能。然而,由于纳米材料的分散问题也对石墨烯涂层铝箔提出了更高的技术要求。最近,Wang 等人[12]用等离子体增强化学气相沉积法(Plasma Enhanced Chemical Vapor Deposition, PECVD)在铝箔上生长石墨稀,用作锂离子电池的正极集流体,对电池的多种性能都能有增强作用,包括循环寿命、倍率性能和自放电现象。此外,Cheng 等人[13]将设计制备的三维连通的石墨烯网络作为集流体,取代电池中常用的金属集流体,不仅可有效降低电极中非活性物质的比例,且三维石墨烯网络的高导电性和多孔结构为锂离子和电子提供了快速扩散通道,实现电极材料的快速充放电性能。该研究为高性能柔性锂离子电池的设计和制备提出了一种新思路。

6.1.2 石墨烯在锂硫电池中的应用

硫(S)是宇宙中第 10 个最丰富的元素,是化石燃料提炼成可用能源(如汽油)的副产品,其丰富的自然资源和低廉的成本使其成为先进的锂电池正极材料。锂硫电池是以覆硫的活性材料作为电池正极,金属锂作为电池负极的一种电池,通过硫与金属锂的氧化还原反应提供电池能量。锂硫电池的工作原理示意图如图 6 – 3 所示[14]。与传统的锂离子电池相比,锂硫电池由于其较高的理论比容量(1672 mAh · g^{-1})、较高的能量密度(2600 Wh · kg^{-1})、环境友好以及低成本等特性而受到广泛关注,其较高的理论能量密度也可以解决目前电动汽车等设备对电池能量的需求[15,16],因此被认为是最有希望成为下一代高性能锂电池的候选者之一。尽管锂硫电化学体系有众多优势,其商业化应用仍然受到关键因素的制约:(1)硫的排放产物硫化锂的电导率和离子导电性较差,这使得活性材料的利用率低,电池倍率性能差,难以达到理论容量;(2)由于锂阳极表面的不稳定性,金属锂容易与可溶性锂多硫化物(Li_2S_x,$4 \leq x \leq 8$)发生自放电,自放电的产物可以回到阴极并引起再氧化反应,这个循环过程称为"穿梭效应",会引发电池严重的自放电、循环稳定性差;(3)硫和硫化锂的密度分别是 2.03 $g \cdot cm^{-3}$、1.66 $g \cdot cm^{-3}$,充放电过程中,体积膨胀/收缩高达 80%,导致活性物质易与导电基体分离,容量衰减,甚至短路而引发安全问题;(4)Li – S 电池中通常采用金属锂作为负极,在循环过程中,金属锂容易产生锂枝晶、死锂等问题,造成电池循环寿命短,严重的会造成电池内部短路、电池热失控甚至爆炸[17 - 19]。为了克服上述问题,需要不断探索,提出各种方法。

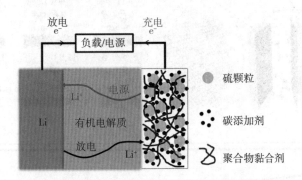

图 6 – 3　锂硫电池的工作原理示意图

　　从锂硫电池结构入手,为了提高锂硫电池的性能,将可溶性的多硫化物有效限制在正极附近是解决问题的关键[20 - 22]。目前,诸多研究者针对此问题提出了不同的解决方案:(1)隔膜修饰,通过对中间隔膜材料的有效设计实现对 Li_2S_x 自由迁移运动的结构性阻隔;(2)正极结构设计与优化,通过对硫宿主材料的有效改进实现对 Li_2S_x 中间产物的物理/化学捕获,抑制其穿梭效应;(3)金属锂负极材料保护,通过人造界面膜(SEI 膜)或纳米工程界面等技术对负极材料进行结构设计[23]。

　　石墨烯为开发高性能锂电池提供了一个很好的机会[24],其主要特点为:(1)石墨烯材料可以构建一个孔隙体积大的三维框架来加载绝缘硫,且对重复充放电循环中硫阴极的体积变化具有很强的耐受性;(2)石墨烯优越的导电性,可以在阴极内提供良好的导电网络,以帮助所有硫纳米粒子进行氧化还原反应,实现硫黄的高利用率;(3)石墨烯材料三维互联的层次化大孔网状结构可以容纳硫的种类,抑制多硫化物向电解液扩散,便于电解液的进入。

对石墨烯进行掺杂也可以提高石墨烯材料对多硫化物的吸附效果,Li Q. 等人发展了一种氮掺分级结构石墨烯,用作锂硫电池隔膜修饰的新材料[25]。如图 6 - 4 所示,利用获得的石墨烯材料多样的内部孔道结构以及丰富的氮掺杂,使得这种隔膜材料对多硫化物既能实现物理限域,又能进行有效的化学锚定。同时,理论计算结果表明,与本征石墨烯相比,氮掺石墨烯与多硫化物 Li_2S_4 具有更强的结合能,对多硫化物能够起到很好的化学固定作用。以氮掺分级结构石墨烯材料为隔膜中间层制备的锂硫电池,在 2C 倍率下循环 800 次,平均每次的容量衰减仅为 0.067%,具备很好的循环稳定性;同时,在高负载硫的情况下($7.2\ mg \cdot cm^{-2}$),容量仍可达到 805 $mAh \cdot g^{-1}$。

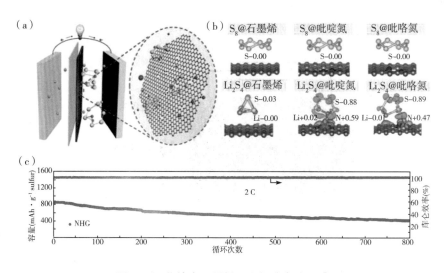

图 6 - 4 氮掺杂石墨烯用于锂硫电池隔膜

(a)氮掺杂石墨烯用于锂硫电池隔膜示意图;(b)S_8 和 Li_2S_4 在本征石墨烯、吡啶氮掺石墨烯和吡咯氮掺石墨烯上的电荷转移;(c)在 2C 下循环 800 次的循环特性曲线

此外,通过对硫宿主材料的有效改进实现多硫化锂的高效捕获和转化,也是抑制穿梭效应的有效途径。Song Y. 等人[26]用甲烷作为碳源,采用等离子体增强化学气相沉积技术在三氧化二钒(V_2O_3)表面原位生长具有缺陷结构的石墨烯,合成的石墨烯基复合材料作为硫宿主添加剂。研究结果表明,在石墨烯 - V_2O_3 构成的异质结的结构中,V_2O_3 可以实现对多硫化锂较强的化学吸附作用,石墨烯良好的电学性能可以提高锂硫电池正极材料的导电性。生长获得的异质结材料具有高效的多硫化锂管理界面,能够促进多硫化锂的"吸附—扩散—转化"过程,从而有效提高锂硫电池的电化学性能。

负极保护技术方面,发现在石墨烯表面容易沉积一层金属锂;且对后续沉积反应具有电子扰动作用,使得锂金属沉积极化显著增高,迫使锂离子通过缺陷沉积于石墨烯底层,原位形成人工 SEI 膜。基于此理论开发的少层石墨烯 – 三维储锂结构,不仅能够显著提高液态电解质下锂金属的循环稳定性,还能够改善硫化物固态电解质与锂金属的界面稳定性[27]。

由于石墨烯具有较好的可赋形性,其实现形式也具有多样化,可直接制成薄膜电极,也可附着在传统电极表面作为电极功能辅材或替代集流体,还可制备成便于纺织的纤维状储能器件[28,29]。采用湿法纺丝法制备还原氧化石墨烯/碳纳米管/硫复合纤维,还可制成直径约 3 mm 的纤维状柔性锂硫电池,单个纤维电池能够持续 4 h 点亮红色 LED 灯;还原氧化石墨烯/二氧化钛复合纤维可制备出短径长纤维状柔性锂离子电池($\varphi 1.5$ mm $\times 300$ mm),容量达 150 mAh · g^{-1} 以上,可稳定循环超 100 次;利用 RGO 和 Ni 涂覆的聚酯纤维束组成的对称一维柔性纤维电容器,单根纤维电容器可以提供约 0.8 V 的充放电电压,通过编织工艺串并联可以达到 4 V 的整体输出电压,充放电 10 000 个循环之后仍然保持 96% 的容量。石墨烯基柔性纤维储能器件比容量高,经拉伸、弯曲、扭转、打结后其 CV、GCD 曲线变化不大。由于具有较小的直径,便于直接藏匿;可编织成纺织品,或与普通毛线混编成不同图案的织物。

作为碳质纳米材料的基本结构单元,石墨烯由于其优异的物理化学性质在储能器件领域扮演着不可或缺的角色。通过毛细蒸发技术、机械压实、孔隙结构调控以及杂原子掺杂等方法能够提高石墨烯基碳材料的体积容量性能,并为储能系统电极材料设计以及器件构建提供广阔的研究思路。探究石墨烯基高体积容量性能电极材料制备和器件组装工艺,制备无导电剂和黏结剂一体化电极,推动高性能、便携式、轻量化柔性储能器件以及全固态储能器件的发展是未来二次电池发展的重要方向。

6.2 石墨烯在超级电容器中的应用

6.2.1 超级电容器

智能、可穿戴电子学体系的出现促进了新一代柔性能源存储器件的发展,在这其中,超级电容器因其电容量大、充放电寿命长、放电电流大、充电时间短、工作温度范围宽和环保、低成本等优异特性,展现出广阔的应用前景。超级电容器又称为电化学电容器,是介于传统电容器和充电电池之间的一种新型储能装置,既具有电容器快速充放电的特性,又具有电池的储能特性。目前,超级电容器在电力学中的应用受到广泛关注,国内外也有许多相关的应用和研究[30-32]。

根据不同的储能机理,可将超级电容器分为基于静电作用储能原理的双电层电容器和基于电化学作用(法拉第反应)储能原理的法拉第赝电容器。同时,也可以利用静电和电化学作用的结合获得混合型超级电容器。混合型超级电容器一极通过双电层来存储能量,一极采用传统的电池电极并通过电化学反应来存储和转化能量,可分为三类:对称电极型(复合电极材料)、非对称电极型(赝电容+双电层电极)和可充电电池型[33]。

双电层电容器是通过电极与电解质之间形成的界面双层来存储能量的新型元器件。当电极与电解液接触时,由于库仑力、分子间力及原子间力的作用,使固体电极和电解液之间的界面出现稳定和符号相反的双层电荷,称其为界面双层,造成两固体电极之间的电势差,从而实现能量的存储。工作原理示意图如图6-5(a)所示,把双电层超级电容看成是悬在电解质中的两个非活性多孔板,在充电时,电压加载到两个板上,加在正极板上的电势吸引电解质中的阴离子,负极板上的电势吸引电解质中的阳离子,从而在两固体电极的表面形成了一个双电层。放电时,阴、阳离子离开固体电极的表面,返回电解液内部。双电层电容器具有寿命长、成本低、可逆性好、充放电率高、输出功率高和安全等优点。同时,双电层电容器也存在一些不足:(1)单位重量储存的能量较低;(2)远高于电化学电池的自放电率;(3)低的内部电阻允许快速放电时,会导致隔膜破裂,从而容易发生短路。

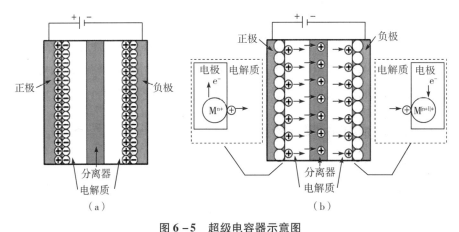

图6-5 超级电容器示意图

(a)双电层电容器;(b)赝电容电容器

法拉第赝电容器也叫法拉第准电容,是在电极表面活体相中的二维或三维空间上,电极活性物质进行电位沉积,发生高度可逆的化学吸附或氧化还原反应,产生于电极充电电位相关的电容。这种电极系统的电压随电荷转移量呈线性变化,表现出电容特征,故称为"准电容",是作为双电层型电容器的一种补充形式。法拉第赝电容器工作原理示意图如图 6-5(b)所示,充电时,电解液中的离子在外加电场的作用下从溶液中扩散到固体电极与电解液界面,而后通过界面的电化学反应进入电极表面活性氧化物的体相中;若电极材料是具有较大比表面积的氧化物,就会有相当多的电化学反应发生,使得大量的电荷会被存储在电极中。放电时,这些进入氧化物中的离子又会重新回到电解液中,同时所存储的电荷通过外电路释放出来。与双电层电容器相比,在电极面积相同的情况下,法拉第赝电容器的比电容要高 10~100 倍,同时具有较大的比容量和能量密度。然而,由于法拉第赝电容器的电极反应牵涉到化学反应过程,往往会有不可逆的成分存在,所以可逆性和循环性能相对较差。

混合型超级电容器是电容器的研究热点,在超级电容器的充放电过程中,正负极的储能机理不同,因此其具有双电层电容器和电池的双重特征。混合型超级电容器的充放电速度、功率密度、内阻、循环寿命等性能主要由电池电极决定,同时充放电过程中其电解液的体积和电解质的浓度会发生改变。混合型超级电容器具有工作温度范围宽、能量密度高、安全性高和寿命长等优点,但其温度变化大、功率密度高、成本较高,目前正在产业化推进中。

超级电容器主要由电极、电解液和隔膜组成,具有高电导率、良好的机械强度的电极材料是超级电容器重要的核心部件。对于双电层电容器,主要的电极材料为炭材料,例如活性炭、碳纳米管、碳气凝胶和石墨烯等;对于法拉第赝电容器,电极材料主要包括导电聚合物(聚苯胺、聚吡咯和聚乙炔等)和金属氧化物(二氧化钌、五氧化二钒、二氧化锰等)。

6.2.2 石墨烯基超级电容器

石墨烯基超级电容器是基于石墨烯材料的超级电容器的统称。石墨烯由于具有超高的电导率、大的比表面积、超强的断裂强度、大的杨氏模量以及优异的循环稳定性,在超级电容器的应用中具有极大的潜力。其较高的比表面积和电导率可以作为活性物质在双电层电容中得到广泛应用;同时,其优异的机械强度可以在赝电容器中的复合电极材料中获得应用。此外,与锂离子电池类似,石墨烯作为电极导电添加剂、集流体修饰层,还能够减小电容器的 ESR,提高电容性能。

Stoller M. 等人[34]较早地将氧化还原石墨烯用于双电层电容,这种石墨烯尽管在还原过程中产生了一定的团聚,但比表面积仍然高达 705 $m^2 \cdot g^{-1}$,在水系和有机锡电解液中比容量分别可达 135 $F \cdot g^{-1}$ 和 99 $F \cdot g^{-1}$,其电导率高达 200 $S \cdot m^{-1}$,使得在扫速增大时容量的变化较小。随后，不同的还原法制备结构各异的氧化还原石墨烯，被广泛用于超级电容器的研究。Ruoff 小组[35]用操作简单、成本低、可规模化使用的微波法制备褶皱石墨稀，其比表面积可达 463 $m^2 \cdot g^{-1}$，在 KOH 溶液中比电容可达 191 $F \cdot g^{-1}$。官能团修饰的石墨烯可以进一步提升石墨烯的比容量。Chen Y. 等人[36]用弱还原剂氢溴酸还原石墨烯，制备带有氧化官能团的石墨烯，由于官能团的存在一方面提高了石墨烯在电解液中的浸润，另一方面作为容纳电解液离子的位点，使电容器的比容量提升至 348 $F \cdot g^{-1}$。

与传统的电极材料相比，石墨烯基电极材料在能量存储和释放的过程中，显示了一些新颖的特征和机制。许多研究表明，纯石墨烯电极制备的超级电容器比电容大致在 $100 \sim 200$ $F \cdot g^{-1}$，性能还有待提升。因此，很多人尝试改变石墨烯的微观结构或与其他电极材料复合，以有效提高电极材料的比电容。三维粉体石墨烯材料与传统的二维石墨烯薄膜相比，因具有较大的比表面积，使得其在电荷转移、物质吸附等方面显示出突出的优势，因而在电化学储能器件，尤其是超级电容器领域显示出很大的应用前景[37]。三维粉体石墨烯材料的制备方法主要包括两种：一种是还原氧化石墨烯法[38,39]，另一种是化学气相沉积法[40-42]。利用模板法，通过化学气相沉积技术直接在模板上生长石墨烯，一方面，生长获得的石墨烯可以获得模板的三维形貌结构，有效抑制石墨烯的团聚，并对石墨烯材料的孔结构进行调控；另一方面，利用化学气相沉积技术（CVD）合成粉体石墨烯材料[39]，可以有效提高石墨烯的结晶质量及导电性能，也可以通过选择合适的碳源，实现对粉体石墨烯材料的有效杂原子掺杂。

通过对石墨烯材料进行异原子掺杂能有效提高石墨烯基超级电容器的容量[43,44]。例如，以介孔硅基材料为模板，合成的氮掺杂三维多孔石墨烯展现出高的电导率和大的比表面积，其中氮原子能促进氧化还原反应的发生，能够有效提高电容量促进动力学反应的发生。基于此制备的三维氮掺石墨烯基超级电容器，显示出超高的比电容量（在 1 $A \cdot g^{-1}$，H_2SO_4 为电解液时电容量可达 810 $F \cdot g^{-1}$），如图 6-6 所示[43]。Xu 等[45]制备了氮、硫共掺杂活化的石墨烯，其比电容高达 438 $F \cdot g^{-1}$，接近石墨烯的理论比电容，在电流密度为 1 $A \cdot g^{-1}$ 的 10 000 次充电/放电循环后，其电容保持率为 93.4%，显示出比石墨烯更强的电化学稳定性。由此可见，通过掺杂工艺将杂原子（氮、硼等）引入石墨烯碳骨架中进行适当的官能团修饰，可增加石墨烯表面吸附的活性位点，改善层间间距，使这类石墨烯电极材料的导电性和稳定性更高。

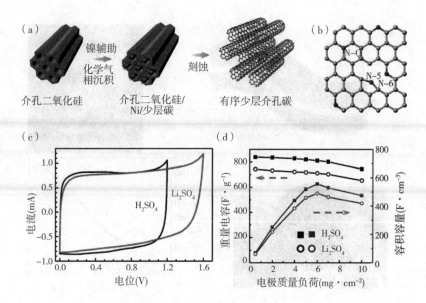

图 6 - 6　模板法构筑氮掺杂三维多孔石墨烯用于高性能超级电容器

(a)模板法构筑氮掺杂三维多孔石墨烯的过程示意图;(b)氮掺杂石墨烯的结构示意图;(c)2 mV·s^{-1}
扫速下的首圈循环伏安测试曲线;(d)对称电化学电池器件在 1 A·g^{-1}电流密度下的质量比
容量和体积比容量随活性材料负载量的变化曲线

　　聚合物电极高导电、高活性的优点毋庸置疑,但其稳定性差,这一点困扰着科研工作
者。石墨烯在与导电性良好的导电聚合物复合之后,不仅利用了聚合物内阻小、比电容大
的优势,而且与之产生的协同效应增大了复合材料的电化学性能。Kim J. W. 等[46]使用
物理旋涂的方法将与导电聚合物复合,制备出全固态柔性对称超级电容器,如图 6 - 7
所示。在 0.5 A·g^{-1}的电流密度下具备 90.6 F·g^{-1}的比电容,超过 5000 次循环以后,
依旧拥有 90% 的初始比电容,这使得石墨烯材料有望应用于可穿戴式便携储能器件。
Yu 等[47]以具有多孔网络结构的不锈钢织物为柔性基体,在其上先通过电化学还原氧
化石墨烯制备了石墨烯/SSFS,再采用电化学聚合将苯胺聚合在石墨烯/SSFS上,得到
电导率高、机械强度高及柔韧性好的石墨烯/聚苯胺复合电极材料。该复合电极与
H$_2$SO$_4$/PVA 凝胶电解质组成的全固态柔性超级电容器的最大比容量为1506.6 mF·cm^{-2},
经 5000 次充放电循环后,电容保持率可达 92%。弯曲试验表明,经过 1000 次弯曲后,
柔性超级电容器保持了原来电容的 95.8%。该超级电容器具有高比电容、优异的循环
稳定性以及良好的弯曲性能。这项工作将促进柔性和可穿戴电子产品、集成织物电源
设备的发展。

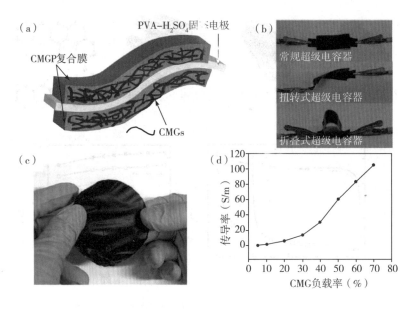

图 6-7　石墨烯复合膜电极的全柔性超级电容器

(a)器件结构示意图;(b)器件在正常、扭曲和折叠状态下的实物图;(c)石墨烯复合薄膜电极
可拉伸的实物图;(d)石墨烯复合电极薄膜的电导率

　　人们在设计和优化石墨烯电极材料方面做了大量的工作,石墨烯作为电极的超级
电容,由于其快速的充放电速率、优越的功率性能和长周期的稳定性,在小型化、集成化
电源方面有着巨大的应用前景。但对于石墨烯电极中电容提高的机理尚未完全了解。
另外需要低成本、易操作、可调控的石墨烯电极材料制备方法,这些都给广大科学家带
来了一定的挑战和机遇。

6.3　石墨烯在太阳能电池中的应用

6.3.1　太阳能电池

　　太阳能电池是通过光电效应或者光化学效应直接把光能转化成电能的装置。相比
于传统能源和其他可再生资源,太阳能具有地域限制少、清洁无污染、使用便利和安全
等特点。根据太阳能电池所采用的材料和发展历程,太阳能电池主要分为三类:第一类
太阳能电池为晶体硅太阳能电池,这类电池包括了单晶硅和多晶硅太阳能电池。单晶

硅电池以高纯的单晶硅作为原料制作电池,目前此类电池的光电转化效率在 25.0% 以上。但单晶硅的制备工艺烦琐,对原材料的纯度和制作工艺要求极高,使得单晶硅太阳能电池的生产成本较高,限制了此类太阳能电池的大规模应用。相比之下,多晶硅太阳能电池对原材料的纯度和电池制备工艺的要求没有单晶硅太阳能电池高,电池成本相对较低,近年来得到了大力发展。目前单晶硅和多晶硅电池的装机容量一直占据市场领导地位,但仍受限于原材料的纯度和生产工艺的烦琐,晶体硅太阳能电池的生产成本降低的空间有限。第二类太阳能电池又被称为薄膜太阳能电池,这类电池主要包括非晶硅、铜铟镓硒和碲化镉太阳能电池[47-52]。薄膜太阳能电池另外一个显著的特点是可以制备成可弯曲和便于携带的柔性器件,目前市场上已出现了柔性太阳能电池的产品,如可充电的背包和移动充电器等,大大拓宽了薄膜太阳能电池的应用范围。第三代太阳能电池中,一些新概念的太阳能电池最近 20 年来得到了快速发展,如染料敏化太阳能电池(DSCs)[53]、量子点敏化太阳能电池(QDSCs)[54]、有机太阳能电池(OPVs)和钙钛矿太阳能电池(PSCs)等[55,56]。这类太阳能电池具有理论转化效率高、制备工艺简单、材料来源广泛、可制备成柔性器件和成本低等优点,在全世界范围内掀起了研究热潮。

　　转换效率是衡量太阳能电池性能最重要的指标,限制太阳能电池转换效率提升的瓶颈在于入射光的大部分能量被反射或者透射损耗掉,而只有与吸光层材料能隙相近的光才能被吸收转化为电能。美国可再生能源国家实验室(National Renewable Energy Lab,NREL)根据最新的研究成果[57]整理给出了各类型太阳能电池的实验室能量转换效率发展图(图 6 - 8)。随着新材料的不断开发和相关技术的发展,以其他材料为基础的太阳能电池也愈来愈显示出诱人的前景,因此人们致力于提高太阳能电池的转化效率。不论以何种材料来制作电池,对太阳能电池材料的一般要求都包括:(1)半导体材料的禁带不能太宽;(2)要有较高的光电转换效率;(3)材料本身对环境不会造成污染;(4)材料便于工业化生产,且材料性能保持稳定。

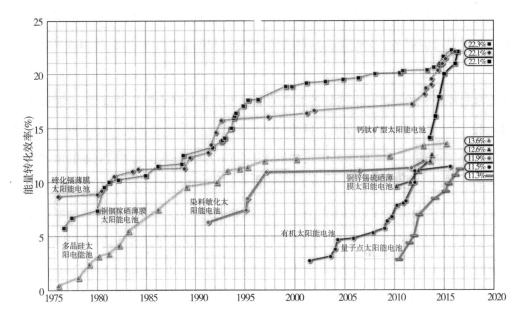

图 6-8 各类型太阳能电池能量转换效率发展图

6.3.2 石墨烯在染料敏化太阳能电池中的应用

染料敏化太阳能电池(DSSCs)最早于 1991 年被提出[58]，并很快成为硅基太阳能电池的替代品。由于其制造工艺简单、能量转换效率高和材料成本低而得到广泛的研究,被认为是第三代光伏技术中最具发展前景的太阳能电池之一。DSSCs 主要由五部分构成:(1)涂有导电氧化物薄膜的底部支撑;(2)半导体纳米结构薄膜(通常为 TiO_2);(3)染料敏化剂(通常是钌的络合物),吸附在(2)表面;(4)电解质和氧化还原介体(I/I_3);(5)对电极(铂)半导体光阳极、氧化-还原电解质溶液和对电极。石墨烯是一种由碳原子以 sp^2 杂化轨道组成的六角型呈蜂巢晶格的二维碳纳米材料。其良好的柔性、高透光性、高导电性、良好的疏水性有望使石墨烯能够应用到太阳能电池中,成为一种新的电极/传输层/封装等材料,如图 6-9 所示[59]。

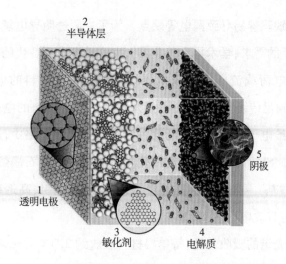

图 6 – 9　石墨烯在 DSSC 器件中应用的结构示意图

　　石墨烯的高导电性和催化性能可以促进电解液的氧化还原反应,在 DSSCs 的对电极中得到了广泛的应用。为了使该系统有效地工作,必须具备以下条件:(1)氧化还原物种必须能够在阳极和阴极之间易扩散;(2)还原物种的染料再生速度必须快于半导体支架;(3)氧化还原物种的还原速度必须在阳极处慢,于阴极处快。纯的石墨烯由于缺乏电催化反应的活性中心,并不是石墨烯基对电极的理想候选材料[60-62]。因此,多采用氧化石墨烯(GO)、还原性氧化石墨烯(RGO)和 3D 石墨烯支架形状的石墨烯材料[60],其中含氧官能团在催化反应中提供活性中心。研究表明,DSSCs 的功率转换效率随 GO 还原程度的增加而增加,这是由于 DSSCs 具有更好的导电性和电荷转移特性[63]。基于热还原的 GO 的最高功率转换效率为 6.81%。较高的电导率和较低的分析电阻增加了 GO/碘化物界面电解质的还原,抑制了电荷复合,从而导致开路电压和功率转换效率的增加[64]。3D 生长的石墨烯也被用作对电极[65],由于高的表面积,电导率和孔隙率改善了电极与电解质的相互作用,因此与铂(8.48%)相比,其功率转换效率也具有一个合理的值,为 7.63%[66-69]。

　　石墨烯具有较高的电子迁移率和透明性,已成为替代导电氧化物的理想候选材料。众所周知,DSSCs 的光阳极主要是由透明导电膜(TCF)、半导体和染料敏化剂组成。DSSCs 中的 TCF 最常见的为氧化铟锡(ITO)和氧化锡(FTO)。对于光电器件来说,这些氧化物电极面存在资源有限、酸碱稳定性较差、离子容易扩散、在近红外区域透光度较差以及由于结构缺陷容易导致漏电等缺点。为了克服透明导电氧化物的成本和性能限制,满足柔性电子的需求,学术界和工业界大力推动开发可替代的 TCF。相关研究发现,纯的石墨烯的电荷载流子密度较低,导致其与 RGO 材料的电荷载流子密度相似[70]。因此,为了满足传统 TCF 的性能,必须提高石墨烯材料的电荷载流子密度。电子掺杂可以通过将给电子或接受电子的物种结合到石墨烯晶格中,进一步提高迁移率或电荷载流子浓度。Shin S. H. 等[71]利用化学气相沉积制得石墨烯,并通过金纳米颗粒和双(三氟甲磺酰基) – 酰胺掺杂剂共掺杂,获得了低电阻、高透射率和强稳定性的优点,对器件优化后其效率可达 17.15%。

石墨烯具有全光谱的吸收特性,每单层材料吸收约 2.3% 的光,被人们视为一种可能的敏化材料。DSSCs 的敏化剂必须能够吸收太阳光谱的很大一部分,并且能够将激发的电子注入半导体支架中,且其速度要快于敏化剂分子从激发态回到基态的速度。相关研究证明,电荷可以从石墨烯 TiO_2 进行有效注入。石墨烯可以充当光敏剂,但其在这一角色中的表现不佳。

6.3.3　石墨烯在量子点太阳能电池中的应用

近年来,量子点太阳能电池已成为国际上的研究热点。此类电池的主要特点是以无机半导体纳米晶(量子点)作为吸光材料。量子点(Quantum Dots, QDs)是准零(quasi-zero-dimensional)纳米材料。粗略地说,量子点 3 个维度的尺寸均小于块体材料激子的德布罗意波长。从外观上看,量子点恰似一极小的点状物,其内部电子在各方向上的运动都受到局限,即量子局限效应(quantum confinement effect)特别显著。量子点有很多的优点 :(1)吸光范围可以通过调节颗粒的组分和尺寸来获得,并且可以从可见光到红外光 ;(2)化学稳定性好 ;(3)合成过程简单,是低成本的吸光材料;(4)具有高消光系数和本征偶极矩,电池的吸光层可以制备得极薄,因此可进一步降低电池成本;(5)相对于体相半导体材料,采用量子点可以更容易实现电子给体和受体材料的能级匹配,这对于获得高效太阳能电池十分关键。更重要的是,量子点可以吸收高能光子,并且一个光子可以产生多个电子 – 空穴对(多激子效应),理论上预测的量子点电池效率可以达到 44%。因此,量子点太阳能电池常常被称作第 3 代太阳能电池,具有巨大的发展前景。

由不同纳米结构的半导体薄膜组成的光阳极对量子点太阳能电池的功率转换效率（PCE）有很大的影响。光阳极在量子点间充放电中的作用可主要概括为两个方面：（1）提供平滑的电子通道，以促进光激发电子从光阳极转移到导电基底，最后转移到外部电路；（2）提供足够的表面积来装载足够的量子点以吸收光线。因此，优选的光电阳极应具有快速的电子传输速率以保证高的电子收集效率和大的表面积以确保高的量子点负载能力。据报道，导电纳米结构（如碳纳米管和石墨烯）的结合是促进 TiO_2 光节点中电子传输的有效途径[72-74]。在这些纳米结构中，石墨烯是一种由 sp^2 杂化碳原子组成的二维单层结构，具有优异的光学、电学、力学特性。在制备的 TiO_2/石墨烯复合材料中，石墨烯可以促进 TiO_2 薄膜中的电子输运，从而降低载流子的复合概率，最终提高光电转换效率。Deng 等人[75]将石墨烯引入量子点敏化太阳能电池的氧化锌纳米棒光阳极中，与不含石墨烯层的量子点敏化 ZnO 纳米线相比，具有石墨烯层的量子点敏化纳米棒的性能提高了 54.7%，填充系数也高达 62% 左右。经证明，石墨烯 - 氧化锌复合结构有助于增强量子点半导体中的电子转移，量子点敏化太阳能电池中串联电阻的降低有助于促进电子转移和抑制界面载流子复合，从而改善填充因子。这些结果有利于对石墨烯与无机纳米结构结合的光物理效应做进一步的研究。

探索理想的对电极已成为量子点太阳能电池发展的一项长期而艰巨的任务。对电极（由负载在导电基板上的催化剂组成）用于从外部电路收集电子，并通过催化还原电解液中的氧化物种转移到电解液中。传统的铂或金对电极在硫化物/多硫化物（S^{2-}/Sn^{2-}）电解质中活性不佳，主要是因为硫物种（S^{2-} 或硫醇）在其表面上被强烈吸收，导致 Sn^{2-} 离子的催化还原过电位很高，从而导致高串联电阻和太阳能电池的低光伏转换效率[76]。石墨烯和其他碳衍生物的碳纳米结构在聚硫电解质中表现出良好的电催化活性和化学稳定性，采用石墨烯作为负载活性纳米材料的理想载体，提高了电极材料的催化性能[77]。Lin C. 等[78]采用一步溶剂热法制备了还原氧化石墨烯（RGO）纳米片包裹的 Cu_2S 层状微球，合成过程中氧化石墨烯的用量对 Cu_2S 微球的性能有显著影响。与 Pt 和 Cu_2S 电极相比，RGO - Cu_2S 电极具有更好的电催化活性、更高的稳定性、更低的电荷转移电阻和更高的交换电流密度。RGO - Cu_2S 复合 CEs 的优化效率高达 3.85%，与传统 Pt（2.14%）和 Cu_2S（3.39%）微球 CEs 相比，PCEs 分别提高了 80% 和 14%。

量子点敏化太阳能电池中的液态电解质存在泄露的问题，为了解决这个问题，研究人员尝试采用一种准固态凝胶电解质来代替液态电解质。但是，准固态凝胶电解质带来了电荷转移率降低、在对电极/凝胶电解质界面的电催化行为迟缓等一系列问题。将石墨烯掺入固态电解质中,是加速量子点太阳能电池氧化还原反应的有效策略。例如,Liangmin Yu 等[79]将合成的石墨烯注入聚丙烯酰胺(PAAm – G)导电凝胶电解质中作为 QDSSCs 的准固态电解质。研究发现,该方法能够扩大 $Sn^{2-} \rightarrow S^{2-}$ 反应的催化面积,缩短电荷迁移路径长度,加速电荷转移动力学。通过 PAAm – G 上的渗透压和三维微孔内的毛细力,可以进一步提高液体电解质的物理化学行为。通过优化石墨烯在导电凝胶电解质中的用量,获得了 2.34% 的功率转换效率,而微孔 PAAm 基电池仅为 1.64%。

6.3.4 石墨烯在钙钛矿太阳能电池中的应用

钙钛矿型太阳能电池(perovskite solar cells,PSCs),是利用钙钛矿型的有机金属卤化物半导体作为吸光材料的太阳能电池,即是将染料敏化太阳能电池中的染料做了相应的替换。在这种钙钛矿结构(图 6 – 10)中,A 一般为甲胺基,B 多为金属 Pb 原子,金属 Sn 也有少量报道;X 为 Cl、Br、I 等卤素单原子或混合原子。目前在高效钙钛矿型太阳能电池中,最常见的钙钛矿材料是碘化铅甲胺,它的带隙约为 1.5 eV。如图 6 – 11 示,钙钛矿太阳能电池由上到下分别为玻璃、FTO、电子传输层(ETM)、钙钛矿光敏层、空穴传输层(HTM)和金属电极。半导体材料(如钙钛矿)作为吸光层,当一个具有足够能量的光子($E_{hv} > E_g$)照射在太阳能电池上,光子会激发在半导体价带中的电子(e^-)进入导带, 在原来价带的位置上留下一个空穴(h^+),而这一对原来在一起的电子和空穴分别各自通过电子传输层和空穴传输层,当它们在外电路相遇的时候,就产生了电流——这就是太阳能电池光变电的基本原理[80-82]。

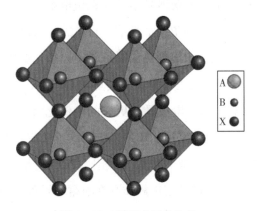

图 6 – 10 钙钛矿晶格结构

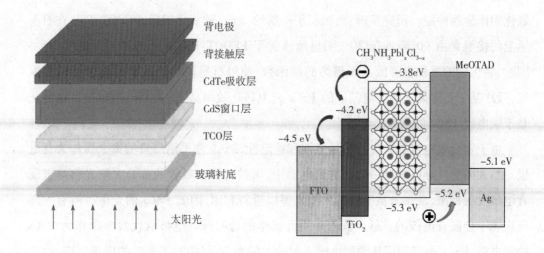

图6-11 钙钛矿太阳能电池的基本结构及原理

　　钙钛矿太阳能电池具有电子迁移率高、光吸收强和制作成本较低等特点,成为光伏研究领域的热点之一。目前经过研究人员的不懈努力,钙钛矿太阳能电池的光电转化效率已经突破22.3%,为商业化的应用奠定了重要的基础。但钙钛矿太阳能电池的不稳定性也是影响钙钛矿太阳能电池应用的重要因素之一。合理选择空穴和电子传输层材料是保持钙钛矿太阳能电池稳定的重要因素。石墨烯及其衍生物被广泛地应用到钙钛矿太阳能电池中,不仅能改善载流子的性质,而且还能抑制空穴和电子的复合,对提高钙钛矿太阳能电池的光电转化效率具有重要的作用。同时,石墨烯及其衍生物的柔性半透明等特点对制作柔性和层叠状钙钛矿太阳能电池起到关键性作用。因此,随着研究的不断深入,石墨烯及其衍生物必将在钙钛矿太阳能电池获得广泛的应用。

　　金属氧化物基电极(ITOs)已被用作传统的透明导电电极,但由于其不具备柔性而容易断裂,因此不适合应用于可穿戴设备。特别是在钙钛矿太阳能电池中使用金属基透明导电电极(TCE),主要障碍就是金属和卤素离子在金属电极和钙钛矿层之间相互扩散诱发的衰减。因此,需要开发新型透明导电膜,且导电膜材料需要具有以下特征:低成本、机械坚固、透明、高导电性、功函数合适。Sung H. 研究组[83]将 CVD 制备的石墨稀薄膜作为导电电极应用到反式结构的 PSCs 中以取代 ITO 基底。由于石墨烯薄膜表面的亲水性较差,水溶性的 PEDOT:PSS 空穴传输材料较难均匀地铺展在石墨烯表面。为了解决这个问题,在石墨烯导电基底和 PEDOT:PSS 空穴传输层之间沉积了一层氧化钼作为缓冲层。研究发现,当沉积了一层约 2 nm 的氧化钼后,PEDOT:PSS 在石墨烯上的接触角由 90°降低至 30°,明显地改善了 PEDOT:PSS 在石墨烯表面的浸润性。同时,氧化钼的沉积也降低了石墨烯的功函数,使得石墨烯与钙钛矿的能带结构更匹配,最终基于石墨烯透明导电基底的 PSCs 光电转化效率高达 17.1%,这也是目前为止基于碳电极 PSCs 的最高转化效率。

由于贵金属电极具有良好的导电性和稳定性,PSCs 常采用昂贵的贵金属作为背电极。当太阳光从导电玻璃一边照射到电池中,未被钙钛矿吸收的部分太阳光将被金属背电极反射回来,使得未被吸收的太阳光得以重新利用,因此 PSCs 的光生电流有一部分来源于金属背电极的贡献。倘若采用低成本的透明导电电极取代贵金属作为 PSCs 的背电极,PSCs 则能利用从两侧电极入射的太阳光,不仅拓宽了电池的应用范围,也为构建叠层电池提供了新的选择。You P. 等[84]采用 CVD 法可控地制备了不同层数的石墨烯透明导电薄膜并将其应用于 PSCs 的背电极,且对比了基于不同层数的石墨烯背电极 PSCs 的光电性能,电池结构如图 6-12 所示。研究发现,基于两层石墨烯电极的 PSCs 获得了最高的转化效率。在石墨烯表面旋涂一层表面活性剂 Zonyl FS-300 和山梨醇修饰过的 PEDOT:PSS 空穴传输层,不仅改进了石墨烯的导电性,也促进了石墨烯背电极与空穴传输材料 spiro-OMeTAD 的接触。由于石墨烯具有较高的透光性,所制备的电池能从电极两侧吸收太阳光,显示了良好的应用前景。

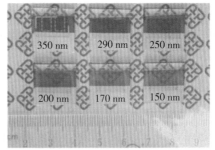

6-12 基于 spiro-OMeTAD 空穴传输材料和透明石墨烯背电极的 PSCs 结构示意图和光学图像

Hyesung Park 教授以及韩国蔚山国立科技大学能源与化工学院的研究团队[85]通过在金属电极/钙钛矿层的界面上插入石墨烯薄片作为保护层。石墨烯具有很高的导电性,这使得电子很容易通过它。此外,石墨烯优异的抗渗性甚至可以阻止最小分子的渗透。使用这种透明柔性的混合电极制备了基于柔性金属透明导电电极的钙钛矿太阳能电池,获得了良好的化学和机械稳定性。该器件达到了较高的能量转换效率(16.4%),可与基于 ITO 的刚性对应物(17.5%)相媲美,证实了石墨烯层能够通过防止金属和卤素离子的相互扩散,来保证太阳能电池的化学稳定性。此外,GCEP 电极通过阻挡紫外线(UV)以及近紫外线,提高钙钛矿太阳能电池的光稳定性。即使在1000小时后,它还能保持 97.5% 以上的初始效率。此外,经过 5000 次弯曲试验之后,它还具有良好的机械耐用性,例如保持 94% 的初始效率,因此适用于新一代穿戴设备。

石墨烯具有较高的电子迁移率和一定的吸光能力,是良好的电子传输材料。在最近的研究中,Zhu Z. 等人[86]将几纳米的石墨烯量子点插入 TiO_2 介孔层与钙钛矿吸光层之间作为电子受体,瞬态吸收谱测试结果表明基于石墨烯量子点的钙钛矿薄膜电荷抽提时间为 90 ~ 160 ps,仅为未使用石墨烯量子点钙钛矿薄膜的 1/3,表明石墨烯量子点的使用促进了钙钛矿中的电子更快地注入 TiO_2 电子传输层中。由于 PSCs 中的 TiO_2 电子传输层需要经过高温烧结以改善其结晶性和电子传输性能,限制了 PSCs 导电基底的选择。Snaith 研究组[87]将石墨烯与 TiO_2 的复合材料直接旋涂到 FTO 基底上作为电池的光阳极,PSCs 的结构如图 6 - 13 所示。基于石墨烯/TiO_2 复合材料光阳极的 PSCs 转化效率达到了 15.6%。由于电池的整个制备过程是在低于 150℃ 的条件下进行,这为低温下制备高效率的 PSCs 提供了新的思路,同时也拓宽了 PSCs 对基底的选择。值得强调的是,当以单独的石墨烯作为光阳极时,电池的转化效率也达到了 5.9%,表明石墨烯能单独作为 PSCs 的电子传输材料。

6 - 13　基于石墨烯光阳极 PSCs 的能带结构示意图

石墨烯不仅能作为电子导体,也能作为空穴传输材料。但用石墨烯作为 PSCs 的空穴传输材料时,电池的光电性能较差,这主要是因为钙钛矿中的光生电子和空穴都能够注入石墨烯中,导致电池内部的电荷复合比较严重。化学法制备的石墨烯氧化物因具有合适的功函数(~ -4.9 eV),在有机太阳能电池中得以成功应用[88, 89]。最近,GO 作为空穴传输材料应用于 PSCs 也逐渐受到关注。Sun 研究组将 Hummer 法制备的 GO 应用到反转结构 PSCs 中作为空穴传输层,基于 GO 空穴传输材料的电池获得了 12% 的光电转换效率,比相同条件下基于传统空穴传输材料 PEDOT:PSS 电池的转化效率要高。

随着制备技术的不断进步和更新,研究者们对石墨烯及其衍生物在太阳能电池中的应用进行了大量的研究。在过去的 20 年里,石墨烯与光伏材料的概念融合在一起,在新一代太阳能电池如有机(或聚合物)太阳能电池、钙钛矿太阳能电池以及新型量子点太阳能电池器件中同样扮演着透明电极、空穴/电子传输材料和界面缓冲层的重要角色。尽管基于石墨烯的光伏器件取得了显著进步,但未来依然面临许多挑战,不仅需要开发大规模生产大尺寸连续石墨烯薄膜的经济高效的技术,而且还要考虑其石墨烯层数、掺杂、功能化对器件整体性能的影响。总之,石墨烯在太阳能电池方面的应用前景广阔,但仍需要更多的基础研究和开发来支持太阳能光伏产业的规模化和商业化。

|参考文献|

［1］ Scrosati B, Garche J. Lithium batteries: Status, prospects and future［J］. Journal of Power Sources, 2010, 195 (9): 2419 – 2430.

［2］ Kim H, Son Y, Park C, et al. Catalyst – free direct growth of a single to a few layers of graphene on a germanium nanowire for the anode material of a lithium battery［J］. Angew Chem Int Ed Engl, 2013, 52 (23): 5997 – 6001.

［3］ Hu J, Jiang Y, Cui S, et al. 3d – printed cathodes of limn1 – xFexPO4 nanocrystals achieve both ultrahigh rate and high capacity for advanced［J］. Advanced Energy Materials, 2016, 6 (18).

［4］ Fu K, Wang Y, Yan C, et al. Graphene oxide – based electrode inks for 3d – printed lithium – ion batteries［J］. Adv. Mater, 2016, 28 (13): 2587 – 2594.

［5］ Wei T S, Ahn B Y, Grotto J, et al. 3d – printing of customized li – ion batteries with thick electrodes［J］. Adv. Mater, 2018, 30 (16): e1703027.

［6］ Wang M, Tang M, Chen S, et al. Graphene – armored aluminum foil with enhanced anticorrosion performance as current collectors for lithium – ion battery［J］. Adv. Mater, 2017, 29 (47): 1703882.

［7］ Chen K, Zhang F, Sun J, et al. Growth of defect – engineered graphene on manganese oxides for li – ion storage［J］. Energy Storage Materials, 2018, 12: 110 – 118.

［8］ Jiang J, Nie P, Ding B, et al. Effect of graphene modified cu current collector on the performance of Li4Ti5O12 anode for lithium – ion batteries［J］. ACS Appl Mater Interfaces, 2016, 8 (45): 30926 – 30932.

［9］ Son I H, Park J H, Park S, et al. Graphene balls for lithium rechargeable batteries with fast charging and high volumetric energy densities［J］. Nature Communications, 2017, 8 (1): 1561.

［10］ Son I H, Hwan Park J, Kwon S, et al. Silicon carbide – free graphene growth on silicon for lithium – ion battery with high volumetric energy density［J］. Nat Commun, 2015, 67393.

［11］ Shi L, Pang C, Chen S, et al. Vertical graphene growth on sio microparticles for stable lithium ion battery anodes［J］. Nano Lett, 2017, 17 (6):3681 – 3687.

［12］ Wang M Z, Tang M, Chen S L, et al. Graphene – armored aluminum foil with enhanced anticorrosion performance as current collectors for lithium – ion battery［J］. Adv. Mater, 2017, 1703882(1 – 7).

［13］ Michael A H, Monica A, Takayuki O, et al. ESCRT – Ⅲ binding protein MITD1 is involved in cytokinesis and has an unanticipated PLD fold that binds membranes［J］. PNAS, 2012, 109 (43): 17424 – 17429.

［14］ Shao Q, Wu Z S, Chen J. Two – dimensional materials for advanced li – s batteries［J］. Energy Storage Materials , 2019.

［15］ Yin Y X, Xin S, Guo Y G, et al. Lithium – sulfur batteries: Electrochemistry, materials, and prospects［J］. Angewandte Chemie International Edition, 2013, 52 (50): 13186 – 13200.

［16］ Manthiram A, Fu Y, Chung S H, et al. Rechargeable lithium – sulfur batteries［J］. Chemical Reviews , 2014, 114 (23): 11751 – 11787.

［17］ Song Y, Cai W, Kong L, et al. Rationalizing electrocatalysis of Li – S chemistry by mediator design: Progress and prospects［J］. Advanced Energy Materials, 2019, 1901075.

［18］ Zhang S S. Liquid electrolyte lithium/sulfur battery: Fundamental chemistry, problems, and solutions［J］. Journal of Power Sources, 2013, 231: 153 – 162.

［19］ Cheng X B, Huang J Q, Zhang Q. Review—Li metal anode in working lithium – sulfur batteries ［J］. Journal of The Electrochemical Society, 2017, 165(1): A6058 – A6072.

［20］ Chen H, Wang C, Dong W, et al. Monodispersed sulfur nanoparticles for lithium – sulfur batteries with theoretical performance［J］. Nano Lett, 2015, 15(1): 798 – 802.

［21］ Yuan Z, Peng H J, Hou T Z, et al. Powering lithium – sulfur battery performance by propelling polysulfide redox at sulfiphilic hosts［J］. Nano Letters, 2016, 16 (1): 519 – 527.

［22］ Liu X, Huang J Q, Zhang Q, et al. Nanostructured metal oxides and sulfides for lithium – sulfur batteries［J］. Advanced Materials, 2017, 29 (20): 1601759.

［23］ Tang C, Li B Q, Zhang Q, et al. Cao – templated growth of hierarchical porous graphene for high – power lithium – sulfur battery applications［J］. Advanced Functional Materials, 2016, 26 (4): 577 – 585.

［24］ Zhou L, Danilov, Dmitri L, et al. Host Materials Anchoring Polysulfides in Li – S Batteries Reviewed［J］. Advanced Energy Materials, 2020, doi: 10. 1002/aenm. 202001304.

［25］ Li Q, Song Y, Xu R, et al. Biotemplating growth of nepenthes – like n – doped graphene as a bifunctional polysulfide scavenger for li – s batteries［J］. ACS Nano, 2018, 12 (10): 10240 – 10250.

［26］ Song Y, Zhao W, Wei N, et al. In – situ pecvd – enabled graphene – V2O3 hybrid host for lithium – sulfur batteries［J］. Nano Energy, 2018, 53: 432 – 439.

［27］ Niu S Z, Zhang S W, Shi R, et al. Freestanding agaric – like molybdenum carbide/graphene/ N – doped carbon foam as effective polysulfide anchor and catalyst for high performance lithium sulfur batteries［J］. Energy Storage Materials, 2020, doi:10. 1016/j. ensm. 2020. 05. 033.

［28］ Chong W G, Huang J Q, Xu Z L, et al. Lithium – sulfur battery cable made from ultralight, flexible graphene/carbon nanotube/sulfur composite fibers [J]. Adv. Funct. Mater, 2017, 27: 1604815.

[29] Pu X, Li L, Liu M, et al. Wearable self – charging power textile based on flexible yarn supercapacitors and fabric nanogenerators[J]. Adv. Mater, 2016, 28:98 – 105.

[30] Zheng S, Shi X, Das P, et al. The road towards planar microbatteries and micro – supercapacitors: From 2d to 3d device geometries[J]. Adv Mater, 2019: e1900583.

[31] Li H, Liang J. Recent development of printed micro – supercapacitors: Printable materials, printing technologies, and perspectives[J]. Advanced Materials, 2019.

[32] Xie Y, Chen Y, Liu L, et al. Ultra – high pyridinic n – doped porous carbon monolith enabling high – capacity k – ion battery anodes for both half – cell and full – cell applications[J]. Advanced Materials, 2017, 29 (35):1702268.

[33] Zheng S, Lei W, Qin J, et al. All – solid – state high – energy planar asymmetric supercapacitors based on all – in – one monolithic film using boron nitride nanosheets as separator[J]. Energy Storage Materials, 2018, 10: 24 – 31.

[34] Stoller M D, Park S, Zhu Y, et al. Graphene – based ultracapacitors[J]. Nano Letters, 2008, 8 (10): 3498 – 3502.

[35] Zhu Y W, Murali S, Stoller M D, et al. Microwave assisted exfoliation and reduction of graphite oxide for ultracapacitors[J]. Carbon, 2010, 48(7): 2118 – 22.

[36] Chen Y, Zhang X O, Zhang D C, et al. High performance super capacitors based on reduced graphene oxide in aqueous and ionic liquid electrolytes[J]. Carbon, 2011, 49(2): 573 – 80.

[37] Kate Ranjit S, Khalate Suraj A, Deokate Ramesh J. Overview of nanostructured metal oxides and pure nickel oxide (NiO) electrodes for supercapacitors: A review[J]. Journal of Alloys and Compounds, 2018, 734: 89 – 111.

[38] Chen K, Shi L, Zhang Y, et al. Scalable chemical – vapour – deposition growth of three – dimensional graphene materials towards energy – related applications [J]. Chemical Society Reviews, 2018, 47 (9): 3018 – 3036.

[39] Paton K R, Varrla E, Backes C, et al. Scalable production of large quantities of defect – free few – layer graphene by shear exfoliation in liquids[J]. Nature Materials, 2014, 13 (6): 624 – 630.

[40] Li X, Zhang G, Bai X, et al. Highly conducting graphene sheets and langmuir – blodgett films [J]. Nature Nanotechnology, 2008, 3 (9): 538 – 542.

[41] Chen Y, Sun J, Gao J, et al. Growing uniform graphene disks and films on molten glass for

heating devices and cell culture[J]. Advanced Materials, 2015, 27 (47): 7839 – 7846.

[42] Qi Y, Deng B, Guo X, et al. Switching vertical to horizontal graphene growth using faraday cage – assisted pecvd approach for high – performance transparent heating device [J]. Adv. Mater, 2018, 30 (8).

[43] Wei N, Yu L, Sun Z, et al. Scalable salt – templated synthesis of nitrogen – doped graphene nanosheets toward printable energy storage[J]. ACS Nano, 2019, 13 (7): 7517 – 7526.

[44] Lin T, Chen I W, Liu F, et al. Nitrogen – doped mesoporous carbon of extraordinary capacitance for electrochemical energy storage[J]. Science, 2015, 350 (6267): 1508 – 1513.

[45] Yu X, Kang Y, Park H S. Sulfur and phosphorus co – doping of hierarchically porous graphene aerogels for enhancing supercapacitor performance[J]. Carbon, 2016, 101: 49 – 56.

[46] Kim J W, Choi B G. All – solid state flexible supercapacitors based on graphene/polymer composites[J]. Materials Chemistry and Physics, 2015, 159: 114 – 118.

[47] Shah A, Torres P, Tscharner R, et al. Photovoltaic technology: the case for thin – film solar cells [J]. Science, 1999, 285(5428): 692 – 698.

[48] Chirila A, Buecheler S, Pianezzi F, et al. Highly efficient Cu(In, Ga)Se2 solar cells grown on flexible polymer films[J]. Nature Materials, 2011, 10(11): 857 – 861.

[49] Repins I, Contreras M A, Egaas B, et al. 19.9% – efficient ZnO/CdS/CuInGaSe2 solar cell with 81.2% fill factor[J]. Progress in Photovoltaics: Research and Applications, 2008, 16(3): 235 – 239.

[50] Kranz L, Gretener C., Perrenoud J, et al. Doping of polycrystalline CdTe for high – efficiency solar cells on flexible metal foil[J]. Nature Communications, 2013, 4: 2306.

[51] Peng J, Lu L, Yang H. Review on life cycle assessment of energy payback and greenhouse gas emission of solar photovoltaic systems[J]. Renewable and Sustainable Energy Reviews, 2013, 19: 255 – 274.

[52] Wild – Scholten M J. Energy payback time and carbon footprint of commercial photovoltaic systems [J]. Solar Energy Materials and Solar Cells, 2013, 119: 296 – 305.

[53] Gratzel M. Photoelectrochemical cells[J]. Nature, 2001, 414(6861): 338 – 344.

[54] Wang X, Koleilat G I, Tang J, et al. Tandem colloidal quantum dot solar cells employing a graded recombination layer[J]. Nature Photonics, 2011, 5(8): 480 – 484.

[55] You J, Dou L, Yoshimura K, et al. A polymer tandem solar cell with 10.6% power conversion efficiency[J]. Nature Communications, 2013, 4: 1446.

[56] Collavini S, Volker S F, Delgado J L. Understanding the outstanding power conversion efficiency

of perovskite – based solar cells[J]. Angewandte Chemie International Edition, 2015, 54(34):
9757 – 9759.

[57] Martin A. Green Anita Ho – Baillie Perovskite Solar Cells: The Birth of a New Era in
Photovoltaics[J]. ACS Energy Lett, 2017, 2(4): 822 – 830.

[58] Oregan B, Gratzel M. A Low – cost, high – efficiency solar – cell based on dye – sensitized
colloidal TiO2 films[J]. Nature, 1991, 353: 737 – 740.

[59] Joseph D, Roy – Mayhew, Ilhan A Aksay. Graphene materials and their use in dye – sensitized
solar cells[J]. Chem. Rev. , 2014, 114: 6323 – 6348.

[60] Jang S Y, Kim Y G, Kim D Y, et al. Electrodynamically sprayed thin films of aqueous dispersible
graphene nanosheets: highly efficient cathodes for dye – sensitized solar cells[J]. ACS Applied
Materials & Interfaces, 2012, 4 (7): 3500 – 3507.

[61] Seo H K, Song M, Ameen S, et al. New counter electrode of hot filament chemical vapor
deposited graphene thin film for dye sensitized solar cell[J]. Chemical Engineering Journal,
2013, 222: 464 – 471.

[62] Trancik J E, Barton S C, Hone J. Transparent and catalytic carbon nanotube films[J]. Nano
Letters, 2008, 8 (4): 982 – 987.

[63] Chen C C, Chang W H, Yoshimura K, et al. An efficient triple – junction polymer solar cell
having a power conversion efficiency exceeding 11% [J]. Advanced Materials, 2014, 26 (32):
5670 – 5677.

[64] Ju M J, Jeon I Y, Kim J C, et al. Graphene nanoplatelets doped with N at its edges as metal –
free cathodes for organic dye – sensitized solar cells[J]. Advanced Materials, 2014, 26 (19):
3055 – 3062.

[65] Nechiyil D, Vinayan B P, Ramaprabhu S. Tri – iodide reduction activity of ultra – small size PtFe
nanoparticles supported nitrogen – doped graphene as counter electrode for dye – sensitized[J].
Solar Cell, 2017, 488: 309 – 316.

[66] Mahmoudi T, Wang Y, Hahn Y B. Graphene and its derivatives for solar cells application[J].
Nano Energy, 2018, 47: 51 – 65.

[67] Cheng W Y, Wang C C, Lu S Y. Graphene aerogels as a highly efficient counter electrode
material for dye – sensitized solar cells[J]. Carbon, 2013, 54: 291 – 299.

[68] Yu K, Wen Z, Pu H, et al. Hierarchical vertically oriented graphene as a catalytic counter
electrode in dye – sensitized solar cells[J]. Journal of Materials Chemistry A, 2012, 1: 188 – 193.

[69] Song M, Ameen S, Akhtar M, et al. HFCVD grown graphene like carbon – nickel nanocomposite

thin film as effective counter electrode for dye sensitized solar cells [J]. Materials Research Bulletin, 2013, 48 (11): 4538 – 4543.

[70] Gomes K K, Mar W, Ko W, et al. Designer dirac fermions and topological phases in molecular graphene[J]. Nature, 2012, 483 (7389): 306 – 310.

[71] Shin S H, Shin D H, Choi S H. Enhancement of stability of inverted flexible perovskite solar cells by employing graphene – quantum – dots hole transport layer and graphene transparent electrode codoped with gold nanoparticles and Bis (trifluoromethanesulfonyl) amide[J]. ACS Sustainable Chemistry & Engineering, 2019, 7(15): 13178 – 13185.

[72] Kongkanand A, Martínez Domínguez R, Kamat P V. Single wall carbon nanotube scaffolds for photoelectrochemical solar cells. Capture and transport of photogenerated electrons [J]. Nano Letters, 2007, 7 (3): 676 – 680.

[73] Chen J, Li B, Zheng J, et al. Role of Carbon nanotubes in dye – sensitized TiO2 – based solar cells[J]. The Journal of Physical Chemistry C, 2012, 116 (28): 14848 – 14856.

[74] Yang N, Zhai J, Wang D, et al. Two – dimensional graphene bridges enhanced photoinduced charge transport in dye – sensitized solar cells[J]. ACS Nano, 2010, 4 (2): 887 – 894.

[75] Chen J, Li C, Eda G, et al. Incorporation of graphene in quantum dot sensitized solar cells based on ZnO nanorods[J]. Chemical Communications, 2011, 47 (21): 6084 – 6086.

[76] Luo B, Zhi L. Design and construction of three dimensional graphene – based composites for lithium ion battery applications[J]. Energy & Environmental Science, 2015, 8 (2): 456 – 477.

[77] Zhu Y, Cui H, Jia S, et al. 3D graphene frameworks with uniformly dispersed CuS as an efficient catalytic electrode for quantum dot – sensitized solar cells[J]. Electrochimica Acta, 2016, 208: 288 – 295.

[78] Ye M, Chen C, Zhang N, et al. Quantum – dot sensitized solar cells employing hierarchical Cu2S microspheres wrapped by reduced graphene oxide nanosheets as effective counter electrodes[J]. Advanced Energy Materials, 2014, 4 (9): 1301564.

[79] Duan J, Tang Q, Li R, et al. Multifunctional graphene incorporated polyacrylamide conducting gel electrolytes for efficient quasi – solid – state quantum dot – sensitized solar cells[J]. Journal of Power Sources 2015, 284: 369 – 376.

[80] Martin A Green, Anita Ho – Baillie, Henry J Snaith. The emergence of perovskite solar cells[J]. Nature Photonics, 2014, 8: 506 – 514.

[81] Xing G, Mathews N, Sun S,et al. Long – range balanced electron and hole – transport lengths in organic – inorganic CH3NH3PbI3[J]. Science, 2013, 342: 344 – 347.

[82] Mohammad K Nazeeruddin. Twenty – five years of low – cost solar cells[J]. Nature, 2016, 538: 463 – 464.

[83] Sung H, Ahn N, Jang M S, et al. Transparent conductive oxide – free graphene – based perovskite solar cells with over 17% efficiency[J]. Advanced Energy Materials, 2016, 6(3) : 1501873.

[84] You P, Liu Z, Tai Q, et al. Efficient semitransparent perovskite solar cells with graphene electrodes[J]. Advanced Materials, 2015, 27(24): 3632 – 3638.

[85] Gyujeong Jeong, Donghwan Koo, Jihyung Seo, et al. Suppressed interdiffusion and degradation in flexible and transparent metal electrode – based perovskite solar cells with a graphene interlayer [J]. Nano Lett, 2020, DOI:10. 1021/acs. nanolett. 0c00663.

[86] Zhu Z, Ma J, Wang Z, et al. Efficiency enhancement of perovskite solar cells through fast electron extraction: the role of graphene quantum dots[J]. Journal of the American Chemical Society, 2014, 136(10): 3760 – 3763.

[87] Wang J T W, Ball J M, Barea E M, et al. Low – temperature processed electron collection layers of graphene/TiO2 nanocomposites in thin film perovskite solar cells[J]. Nano Letters, 2013, 14 (2): 724 – 730.

[88] Li S, Tu K, Lin C, et al. Solution – processable graphene oxide as an efficient hole transport layer in polymer solar cells[J]. ACS Nano, 2010, 4(6): 3169 – 3174.

[89] Liu J, Xue Y, Dai L. Sulfated graphene oxide as a hole – extraction layer in high – performance polymer solar cells[J]. The Journal of Physical Chemistry Letters, 2012, 3(14): 1928 – 1933.